构建高质量软件

持续集成与持续交付系统实践

心蓝 ◎ 著

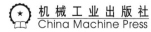

机械工业出版社
China Machine Press

图书在版编目（CIP）数据

构建高质量软件：持续集成与持续交付系统实践/心蓝著 . -- 北京：机械工业出版社，
2021.9
ISBN 978-7-111-69020-7

I. ①构… II. ①心… III. ①软件 – 测试 IV. ① TP311.55

中国版本图书馆 CIP 数据核字（2021）第 177496 号

构建高质量软件：持续集成与持续交付系统实践

出版发行：机械工业出版社（北京市西城区百万庄大街 22 号　邮政编码：100037）
责任编辑：杨绣国　　　　　　　　　　　　责任校对：马荣敏
印　　刷：大厂回族自治县益利印刷有限公司　版　　次：2021 年 9 月第 1 版第 1 次印刷
开　　本：186mm×240mm　1/16　　　　　印　　张：22.75
书　　号：ISBN 978-7-111-69020-7　　　　定　　价：99.00 元

客服电话：（010）88361066　88379833　68326294　　投稿热线：（010）88379604
华章网站：www.hzbook.com　　　　　　　　　　　读者信箱：hzjsj@hzbook.com

$\mathcal{P}reface$ 前　言

为什么写这本书

技术在变，市场在变，需求在变，用户的诉求在变，一切都在快速变化着。因此，在某个固定时间进行软件发布的传统作业方式已经远远无法适应当下急速变化的世界。

越来越多的公司和团队在追求以最快的速度交付软件，像谷歌这样的互联网顶级公司甚至在几分钟之内就可以提交一个"具备交付能力的"软件版本，而国内的阿里则能够在一小时以内发布一整套全量功能的淘宝、天猫商城为用户服务。

"快"的前提是高质量的交付，而高质量的交付则离不开一套稳健的持续（continuous）环境。所谓的持续，并不是一直运行（always running），而是具备持续运行（always ready to run）的能力。因此，基于"持续"概念衍生出了持续集成（CI）、持续交付和持续部署（CD）等工程实践，在每一个细分领域中又诞生了琳琅满目的工具和工具组合，如图 0-1 所示。

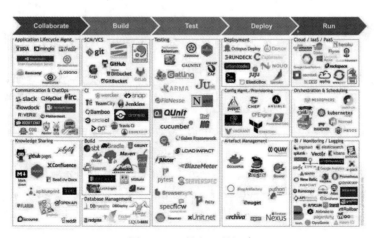

图 0-1　工具和工具组合

如何在如此之多的工具中挑选出合适的工具集来构建自己的"持续"环境呢？这正是本书所要解决的问题。只有真正理解了什么是持续集成、持续交付和持续部署，才能理解单元测试、功能测试，以及集成环境中每一个环节的作用和重要性。

本书将从理论、最佳实践的角度出发，为读者介绍 CI/CD 环节中不同工具的使用和整合，使读者能够快速搭建起适合自己团队的持续构建环境。

读者对象

本书适合以下读者：

❑ 从事软件测试的人员

❑ Java 程序开发者

❑ 从事 Java 系统架构的架构师

❑ 开设 Java 课程的专业院校和培训机构

如何阅读本书

本书包含四大部分，共 10 章。第一部分（第 1～4 章）主要围绕如何提高软件的开发质量和效率展开，详细讲述了单元测试的常用工具和最佳实践，并给出了持续集成、持续交付、持续部署等概念；第二部分（第 5～6 章）详细讲解了两个常用的 mock 工具——Mockito 和 Powermock，通过实例详尽地讲解了它们的语法规则和使用场景，目的是让开发者在尽可能不修改软件源代码和程序结构的前提下确保软件具备可测试性；第三部分（第 7～8 章）为读者详细讲述了两个行为驱动开发工具（功能测试）Concordion 和 Cucumber 的使用，这两个工具可以帮助我们很好地完成功能测试、验收测试、回归测试等工作；第四部分（第 9～10 章）综合前面三部分的知识点，并引入代码风格检查、静态代码分析、第三方依赖安全性检查、企业内部私服的原理和搭建、Ansible 自动化软件部署工具、Jenkins Pipeline 等知识，构建了一个完整的 CI/CD 流程。

书中出现的代码及工具均已上传至 GitHub，读者可以下载参阅。

❑ 随书代码 -I：https://github.com/wangwenjun/cicd

❑ 随书代码 -II：https://github.com/wangwenjun/cicd-powermock

❑ Jenkins 插件：https://github.com/wangwenjun/jenkins_plugins

❑ 综合实例：https://github.com/wangwenjun/simple_application

❑ 综合实例功能测试：https://github.com/wangwenjun/simple_application_acceptance

❑ Ansible 相关脚本：https://github.com/wangwenjun/ansible_tutorial

勘误和支持

由于作者的水平有限，编写的时间也很仓促，书中难免会出现一些错误或者表述不准确的地方，恳请读者批评指正。如果读者在阅读的过程中发现了问题，欢迎将宝贵意见发送到我的个人邮箱（532500648@qq.com），我真挚地期待着你的建议和反馈。

致谢

感谢机械工业出版社华章公司的杨绣国（Lisa）编辑，从选题立项到图书命名，从大纲确定到内容剪裁，她都给了我很多意见和指导。

感谢我的家人，感激他们的陪伴和对我的支持。

感谢我的上一家公司——汇丰科技在我过去的七年中提供了如此优秀的平台和环境，也让我结识了一群可爱又可敬的同事。

最后感谢我的读者，希望你们能够快乐工作，认真生活。

谨以此书，献给我最亲爱的家人，以及众多坚持在一线的开发者朋友。

目 录 *Contents*

第一部分 *Part 1*

提高软件的开发质量及开发效率

第一部分共包含四章，第 1 章主要介绍什么是单元测试，什么是测试驱动开发（Test Driven Development，TDD）。如果说单元测试是一种技术（我们可以借助于很多工具或框架，完成对函数级别或代码片段级别的测试和验证工作），那么 TDD 则是一种方法论和开发模式。本书不会具体讲解单元测试技术（比如 JUnit）的使用方法，但是会非常详细地讲解 mock 技术（本书的第二部分会有详细讲解）。

第 2 章将详细讲解 Hamcrest，Hamcrest 可以理解为一个灵活的、强大的期望值和实际值的匹配（Matcher）库，Hamcrest 与 JUnit、Mockito 和 Powermock 等都可以进行很好的集成。通过 assertThat 方法，再结合 Hamcrest 提供的对象匹配库，我们完全可以摒弃 JUnit 自带的各种断言工具和方法，达到与之一样的断言效果，甚至功能更为强大，且容易扩展，优雅易读。

第 3 章主要介绍 Git 这一分布式版本控制系统（Version Control System，VCS）的使用方法，如果一个团队想要更好地协同工作，就要拟定一套适用于团队协作、并行开发工作的版本控制流程，本章将以目前使用最广泛的 Git Work Flow 作为参考进行讲解。

第 4 章将从背景、流程和生命周期等角度，解析现代软件开发模式：持续集成（Continuous Integration，CI）、持续交付（Continuous Delivery，CD）、持续部署（Continuous Deployment，CD）。

另外需要说明的一点是，本书会涉及比较多的工具和技术（比如 JUnit、Hamcrest、Git、GitHub、Maven、Nexus、Jenkins、Ocean Blue、Mockito、Powermock、Concordion、Cucumber、Ansible、Ansible-Playbook 等），以及一些代码规范类的检查插件或服务（比如 JaCoCo、PMD、FindBugs、SpotBots、OWASP 等）。由于篇幅所限，部分工具无法进行详细讲解，各章最后均会提供相关拓展阅读，大家如有需要可以自行学习。作为开发人员，我们的首要目标是保证开发出高质量的代码，以及进行快速测试、快速集成和高质量的交付等。因此本书将重点讲解所涉及的单元测试和功能测试等相关内容。

单元测试与 TDD

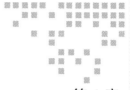 关于单元测试、功能测试、白盒测试、黑盒测试、集成测试、验收测试、冒烟测试等概念，大学开设了专门的课程（软件工程）进行讲解，对程序进行单元测试是开发人员的主要工作之一。单元测试能够保证软件的高质量交付，快速发现和定位问题所在，并进行回归测试，除此之外，它还是持续集成、持续交付、持续部署、DevOps、TDD、BDD 等一系列现代软件方法论的基础和前提。

本章将介绍如下内容。

❑ 什么是单元测试，以及为什么需要单元测试？

❑ 单元测试能为软件开发带来哪些好处？

❑ 如何写出比较好的单元测试？详解 FIRST 原则。

❑ JUnit 最佳实践。

❑ 什么是测试驱动开发？

❑ TDD 最佳实践。

1.1　单元测试的定义

单元测试并没有一个特别官方的定义，维基百科对其的定义[一]是："单元测试的工作通常由开发人员完成，主要是针对软件源代码进行较小粒度的测试，这种类型的测试通常称为白盒测试，因此单元测试的前提是测试者（开发者）需要足够了解源代码本身，在理想情况下，单元测试需要覆盖所有的源代码，以确保所有源代码都能够正确执行。"

[一]　https://en.wikipedia.org/wiki/Unit_testing。

姑且将此认为是对单元测试比较官方和权威的定义也无妨，我们可以从中摘录出如下几点比较重要的关键信息。

❑ 单元测试的工作需要由开发人员完成：假如 A 是开发人员，那么单元测试是由 A 自己编写，还是由同样是开发人员的 B 去完成呢？通常情况下，开发人员需要自己完成单元测试代码，甚至在 TDD 模型下，单元测试代码的编写要早于软件的源代码开发，因此如果是 A 开发了源代码，那么 A 同时也要编写针对源代码的单元测试代码，但是现实情况往往没有这么简单。比如，A 离开了原有的项目团队，并且遗留了未完成的单元测试，那么 B 就要负责编写原本应该由 A 编写的单元测试，这也是实际工作中经常遇到的场景。再比如，当软件交由测试人员进行测试，或者已经部署到了生产环境但出现了问题时，开发人员首先要重现这些问题（进行单元测试），然后尝试修复，修复问题的开发人员有时并不是原来编写源代码的开发人员。

❑ 单元测试是白盒测试：从广义上来说，可以笼统地将测试分为白盒测试和黑盒测试，白盒测试需要测试人员足够熟悉源代码的逻辑、结构，以及其中的算法，因此开发人员是最适合写单元测试代码的人。

❑ 单元测试代码需要针对源代码进行最细粒度的测试：单元测试应尽可能全面地覆盖源代码中的每一个分支，如 if/else/ifelse、循环、异常、switch/case/default 等。

在了解了单元测试是什么，以及详细探讨了几点关键信息之后，下面看看通常情况下单元测试在开发生命周期中所处的具体位置，如图 1-1 所示。

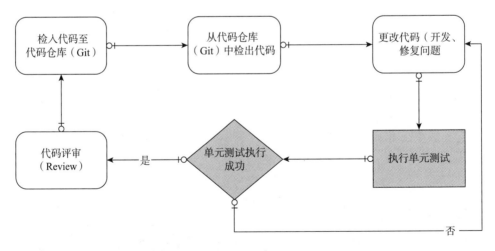

图 1-1　单元测试生命周期

由图 1-1 可知，每次对源代码进行修改之后、将其提交至代码仓库之前，都要执行所有的单元测试，以确保程序能够正确运行。

1.2　单元测试的好处

单元测试为软件开发提供了诸多好处，比如可尽早发现软件的缺陷、促进源代码和结构的完善、简化软件集成测试的流程（也可以理解为早期集成）、减少软件漏洞、提高交付质量、提升开发效率等，下面就来详细探讨单元测试的好处。

（1）使编码过程更加敏捷

单元测试最大的好处之一是可以使编码过程更加敏捷。当软件中要加入越来越多的特性和功能时，往往需要更改旧的设计结构和代码。众所周知，更改已经测试过的代码充满风险，且成本高昂，因为新增的代码很有可能会导致已有的功能不可用。有了单元测试的加持，就可以放心地进行代码重构了。单元测试需要与各种风格的敏捷编程紧密结合在一起，因为只有确保单元测试顺利执行，才能提交代码，这一机制使得我们可以更加从容地修改源代码（详见图 1-1）。一言以蔽之：单元测试可以确保安全重构，进而促进代码的敏捷开发。

（2）提升代码质量

单元测试对于代码质量的提升非常关键，由于它在软件集成测试之前进行，因此可以尽早发现代码中可能存在的缺陷。如果软件开发是以 TDD（测试驱动开发）方法论作为指导，那么开发人员将在编写源代码之前就写好单元测试的代码，从而可以更进一步地促使开发人员细致认真地考虑每一个逻辑分支的细节，以增强源代码的稳健性。

（3）尽早发现缺陷

单元测试可以尽早发现源代码中的很多问题，并且使之能够得到及时、快速的修复，从而避免后期高成本（时间成本、人力成本等）的返工和回退等问题。

（4）简化集成测试

开发人员为了添加新功能、新特性，对源代码进行修改之后，可以快速地对整个项目工程进行单元测试，然后决定是否提交更改后的代码，这种方式很容易发现更改的代码是否会影响其他功能模块的正常运行，这将使得后续的系统集成测试变得更加容易（有人将整个项目中所有单元测试的执行过程称为简易版集成测试）。

（5）提供文档帮助

大家可能会有这样的经历，当我们在开源库中查找某些第三方类库的帮助文档时，有的文档比较简略，甚至根本就没有系统性的文档，从而导致我们很难了解这些第三方类库是如何使用的，但是将单元测试代码（开源项目通常都会包含单元测试代码）作为入口，很容易就能掌握它们的使用方法，甚至是一些高阶技巧，因为通常情况下，专业的开发人员会保证单元测试方法足够小巧清晰且容易阅读。

（6）易于调试（debug）

由于单元测试的粒度非常小，因此如果在执行单元测试的过程中出现了错误，那么将单元测试方法作为入口进行调试就会非常方便，根本无须进入项目的 main 函数来启动运行后再调试，直至追踪到问题源代码。

（7）促进开发者优化代码的设计和结构

理论上，所有的源代码都应该是可进行单元测试的，否则开发人员就需要思考自己的代码结构是否存在问题（比如，是否由于存在较强的耦合，导致单一方法职责过重，承载了大多数业务逻辑），进而促使开发人员主动优化代码的结构和设计。从这个意义上来看，单元测试能够促进开发人员开发出结构清晰、层次分明、容易维护和阅读的软件源代码（在敏捷方法实践中有一派观点认为：源代码不应该有任何文档注释，因为优秀的代码本身就是优秀的文档，由此可见，代码并不是越复杂越好，简洁明了、层次分明的代码才是上乘之作）。

（8）降低软件开发成本

对于这一点，其实我们已经提到过很多次了。由于单元测试能够尽早发现代码中的问题，因此其能有效降低漏洞修复的成本。如果到了项目开发的后期（如系统测试或验收测试期间）才发现错误，然后对问题进行排查、定位和修复，那么修复后，其他本可以正常运行的功能很有可能也会受到影响，乃至某些地方可能还需要进行大规模重构等，这些都需要付出很大的代价。

1.3 单元测试的 FIRST 原则

通过 1.1 节和 1.2 节的讨论，我们已经了解到了单元测试的重要性，可是如何才能高效正确地编写单元测试，而不是使其成为开发人员的负担呢？（可能有些开发人员认为单元测试加重了自己的工作量，称之为一种"负担"。实际上在项目初期，单从源代码开发的角度来看，单元测试的编写确实增加了工作量，但是随着项目进度的深入，进行集成测试、问题重现与修复时，单元测试的优势就会凸显出来，我们将这种特性称为"早期的增负未来的减负"。）在编写单元测试代码时，应尽可能地遵循 F（Fast）、I（Independent）、R（Repeatable）、S（Self-validating）、T（Thorough）原则（简称 FIRST 原则），该原则可以提高开发人员编写单元测试的效率，以及开发有价值的、正确的单元测试程序。

（1）快（Fast）

"快"是指单元测试的执行速度应该很快，否则就会降低编译、打包和部署的效率。通常情况下，影响单元测试执行速度的主要因素是对一些外部组件资源的依赖，比如，源代码程序依赖于数据库、网络资源、本地文件读写和中间件调用等。因此，在对须调用外部资源的源代码进行测试时，需要使用 mock 技术模拟真实资源的行为（本书的第二部分会讲解 mock 技术的使用），而不是真正地发起对外部资源的读写访问，进而提高单元测试的执行速度。

（2）独立、无依赖（Independent）

单元测试之间应该彼此独立、互不干扰，坚决不能出现互相依赖的情况，比如，某单元测试方法 F2 依赖于单元测试方法 F1 的执行结果。同时，每个单元测试在执行前后，其环境应该完全一致。比如，某单元测试方法执行后会在某个路径下生成数据文件，这就违背了单元测试执行前后一致性的原则，因为该单元测试方法在运行之前原本并没有这样的数据文件。除此之外，后来的单元测试方法由于能够看到前一个单元测试方法生成的数据文件，进而导致这两个单元测试方法拥有不一样的执行环境（JUnit 的设计哲学完全遵从这样的原则，比如单元测试方法之间彼此独立，在每个单元测试方法执行前后都有对应的套件方法进行资源初始化（setUp）和测试后的环境恢复（tearDown）；而测试框架 testNG 则允许测试方法之间互相依赖）。

　　程序代码 1-1 和程序代码 1-2 分别演示了 JUnit 3.x 和 JUnit 4.x 版本下的套件方法，相信大家对此已经非常熟悉了，因此这里就不做过多的解释和说明了。

程序代码1-1　JUnit 3.x套件方法

```
import junit.framework.TestCase;

//在JUnit 3.x版本中，套件方法需要继承自TestCase基类。
public class SimpleTestSuite3 extends TestCase
{
    //资源初始化的套件方法。每个单元测试方法在执行之前，都会调用一次该方法。
    @Override
    protected void setUp() throws Exception
    {
        //resource initialize
    }

    //单元测试方法。在JUnit 3.x中，方法名必须以test开头，且是受public修饰的。
    public void testFun()
    {
        //unit test code.
    }

    //该方法不是单元测试方法。
    public void funTest()
    {
        //this method is not the unit test function
    }

    //测试后的环境恢复套件方法。每个单元测试方法在执行之后，都会调用一次该方法。
    @Override
    protected void tearDown() throws Exception
    {
        //resource release/destroy
    }
}
```

　　JUnit 3.x 版本比较老，只有在一些较早以前的开源项目中才能见到该方法，现在几乎没有人会基于 JUnit 3.x 版本编写单元测试代码了。JUnit 3.x 需要继承 TestCase 基类才能成为单元测试类，相较于这种比较烦琐的方式，JUnit 4.x 则要简单得多，只需要在相应的方法上标记注解（annotation）即可，程序代码 1-2 演示了 JUnit 4.x 的套件方法。

程序代码1-2　JUnit 4.x套件方法

```
import org.junit.After;
import org.junit.Before;
import org.junit.Test;

public class SimpleTestSuite
{
    @Before
    public void setUp()
    {
        //resource initialize
    }

    @Test
    public void simpleTest()
    {
        //unit test code.
    }

    @After
    public void tearDown()
    {
        //resource release/destroy
    }
}
```

JUnit 4.x 除了提供在每个单元测试前后都会执行的套件方法 @Before 和 @After 之外，还提供了针对单元测试类的套件方法 @BeforeClass 和 @AfterClass，但是这两个注解所标注的方法必须是类方法。单元测试类在执行所有的单元测试方法之前，首先会调用 @BeforeClass 标注的类方法，同样，执行完所有的单元测试方法之后，就会调用 @Afterclass 标注的类方法。

（3）可重复（repeatable）

单元测试的可重复性是指，每次执行单元测试时所产生的结果应该相同，为了保证测试结果的可重复性，单元测试与外部资源应尽可能地隔离开来（mock 外部资源而不是直接操作和访问外部资源）。

大家可能会有这样的疑问，既然单元测试提供了初始化和资源回收的套件方法，那么是否可以在初始化访问中就执行资源的初始化操作，在测试方法中对外部资源进行操作，在资源回收方法中对测试方法产生的副作用数据进行还原，以达到单元测试方法执行前后环境一致的目的？答案是不能，虽然可以在套件方法中对外部资源进行初始化和还原，但是我们在运行单元测试的同时，很有可能其他同事也在执行单元测试，这样就会导致双方在执行单元测试的过程中相互影响。

某些项目很难避免对外部资源的依赖，比如使用了数据库持久层解决方案（比如，Hibernate、JOOQ、MyBatis）的项目，mock 技术很难大规模地模拟持久层 API，或者说模拟持久层 API 的方法的成本非常高，有点得不偿失，那么对于这种场景又该如何处理呢？
这种情况通常需要使用当前单元测试执行环境的私有沙箱技术（如图 1-2 所示），可以利用
内存数据库解决方案（比如，H2、Derhy、HSQLDB 等）替代具体的外部数据库，使这些持
久层解决方案能够不被 mock 也能正确执行（10.1.3 节将有具体演示）。

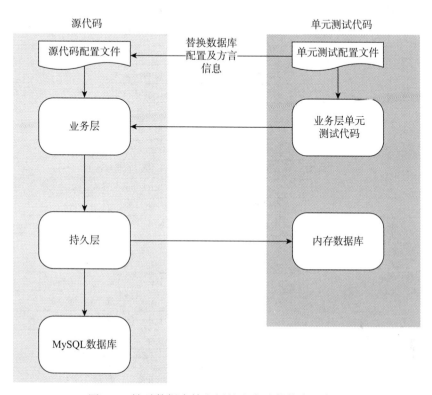

图 1-2　针对数据库持久层的私有沙箱技术示意图

（4）自我验证（self-validating）

　　每个单元测试都应该对期望的测试结果自动进行自我验证，以验证实际值与期望
值是否相等，JUnit 会通过一些断言语句进行自我验证，比如 assertEqual（expectValue,
actualValue）或 assertTrue()。不过，第 2 章将介绍 Hamcrest 这样一个 Matcher 类库，配合
assertThat() 方法，可以更加灵活优雅地对单元测试中的数据进行自我验证。

（5）周密、细致、全面（thorough）

　　每个单元测试都应该尽可能周密、细致而又全面地覆盖源代码方法中的每一个分支，
比如，单元测试需要涵盖 if、else 和 else if，switch 的所有 case 和 default，以及每个异常的
try 语句块、catch 语句块、finally 语句块等，因为它们在不同的条件下对应着不同的逻辑处
理方式。

1.4 JUnit 最佳实践

当前的软件开发人员越来越重视单元测试在软件项目中的作用，甚至还将其地位提升至与源代码同等重要的位置，因此针对不同的开发语言，业内涌现出了大量单元测试工具和框架（如表 1-1 所示）。

表 1-1 部分语言的部分单元测试工具和框架

开发语言	工具和框架	官网地址
Java	JUnit 4.x	https://junit.org/junit4/
	JUnit 5	https://junit.org/junit5/
	Mockito	https://site.mockito.org/
	Easymock	https://easymock.org/
	jMock	http://jmock.org/
	testNG	https://testng.org/doc/index.html
	Powermock	http://powermock.github.io
Groovy	Spock	http://spockframework.org/
Python	Robot	https://pypi.org/project/robotframework/
	PyTest	https://pypi.org/project/pytest/
	unittest	https://github.com/Codewars/python-unittest
	DocTest	https://github.com/onqtam/doctest
	Nose2	https://pypi.org/project/nose2/
	Testify	https://pypi.org/project/testify/
Scala	ScalaTest	https://www.scalatest.org/
	StoryPlayer	https://datasift.github.io/storyplayer/
PHP	PHPUnit	https://phpunit.de/
	SimpleTest	http://simpletest.org/
	Atoum	https://github.com/atoum/atoum
C/C++	Embunit	https://embunit.com/
	Cpputest	https://cpputest.github.io

表 1-1 仅列举了针对部分开发语言的部分单元测试工具和框架，穷举所有的工具和框架并不是一件容易的事情。Java 程序员最常使用的是 JUnit 4.x，虽然 JUnit 5 自 2017 年就已正式发布，但是目前使用最广的单元测试工具仍然是 JUnit 4.x，因此本书中有关单元测试的所有代码都是基于 JUnit 4.x 完成的。

本书的开端已经声明了不会详细讲解 JUnit 的用法，希望大家在阅读本书之前已经具备了 JUnit 的使用经验，这将有助于理解本书的内容。虽然本书不会专门讲解 JUnit 的用法，但是书中会列举很多关于 JUnit 的最佳实践，供大家参考。基于这些最佳实践和 JUnit 工具，结合 1.3 节中讨论过的 FIRST 原则，相信大家可以编写出合理且有价值的单元测试代码。下面列举 JUnit 最佳实践的 13 条建议。

1）单元测试应该尽量避免操作外部资源和数据。这一点在单元测试的可重复性原则中已经详细说明了，如果需要用到外部资源或数据，请尽量使用 mock 技术（比如 Mockito、Powermock 等，本书的第二部分将会进行详细讲解）或私有沙箱技术。

2）在软件工程进行编译打包的时候不要跳过（skip）单元测试的执行。单元测试虽然不能替代集成测试和验收测试等，但它是保证软件质量的第一道关口，因此只有在特殊情况下才可以跳过单元测试的执行，比如，在执行 mvn 命令时跳过单元测试的执行（"mvn clean package -DskipTests=true"）。有时我们需要通过编译的方式安装第三方软件（比如，ZooKeeper、Kafka 等），为了提高编译打包的速度而跳过其单元测试方法，这种情况也是允许的，因为优秀的开源软件在发布之前，已经经历了无数次单元测试的考验，可以确保所有的功能都能正确运行。

3）不要试图在一个单元测试方法中覆盖所有的可能性。比如，程序代码 1-3 所示的是一个很简单的方法，用于验证一串字符串是否为合法的邮编号码。

程序代码1-3 验证邮编是否合法

```
public boolean isZipCode(String zipCode)
{
    if (null == zipCode || zipCode.isEmpty())
        return false;
    Matcher m = Pattern.compile("\\d{6}").matcher(zipCode);
    return m.matches();
}
```

对于这个简单的方法，我们首先能够想到的是，入参 zipCode 可能会有如下几种非法的传入值。

❑ zipCode 的值为 null。

❑ zipCode 的值为空（""）。

❑ zipCode 的值不是数字。

可能会有程序员将单元测试方法写成如下的样子。

```
@Test
public void testZipCodeWithMutipleConditions()
{
    assertThat(isZipCode(null), equalTo(false));
    assertThat(isZipCode(""), equalTo(false));
    assertThat(isZipCode("sfsff"), equalTo(false));
}
```

请尽量避免这样做！首先，该单元测试方法并没有完全覆盖各种非法输入的情况。比如，zipCode 有可能是 6 个空格，也有可能长度不足 6 位。甚至随着我们对 isZipCode 方法要求的提高，需要真实匹配邮政编码，比如 999999 虽然能够通过 isZipCode 方法的检测，但是在真实的世界中，这样的邮政编码很显然是不存在的。随着测试条件和用例的增多，单元测试方法也会越来越复杂，因此我们需要将不同的测试条件分散在不同的单元测试方法中，具体实现如程序代码 1-4 所示。

程序代码1-4 不同的单元测试方法对应于不同的测试条件

```java
@Test
public void testZipCodeInvalidNullValue()
{
    assertThat(isZipCode(null), equalTo(false));
}
@Test
public void testZipCodeInvalidBlackValue()
{
    assertThat(isZipCode(""), equalTo(false));
}
@Test
public void testZipCodeInvalidNaNValue()
{
    assertThat(isZipCode("abcde"), equalTo(false));
}
@Test
public void testZipCodeValid()
{
    assertThat(isZipCode("100000"), equalTo(true));
}
```

4）单元测试方法中必须包含 assertion（断言）操作。很多程序员喜欢通过控制台输出，然后肉眼判断结果是否符合预期，请尽量不要这样做，最好是使用 assertion 语句而不是控制台打印输出的方式。

```java
//请使用断言语句，而不是控制台输出，然后验证结果。
@Test
public void noAssertion()
{
    boolean isZipCode = isZipCode("100000");
    System.out.println(isZipCode);
}
```

5）单元测试方法所在的包名与源程序所在的包名应该一致。这一点很好理解，通常情况下，我们会将源代码放置在 src/main/java 目录中，而将测试代码放置在 src/test/java 目录中，但是两者的包名 package 应该一致。

6）不要为了提高单元测试的数量，而编写一些无意义的单元测试方法。比如，下面这样的单元测试方法。

```java
//这样的单元测试方法是没有意义的。
@Test
public void noMeaningTest()
{
    assertThat(true,equalTo(true));
    //or
    assertTrue(true);
}
```

7）对于期望的异常处理不要进行刻意的捕获并断言。比如，在配置文件加载的过程中，很有可能会出现文件路径错误或者文件不存在的情况（如下所示），这就难免会出现 I/O 异常的问题，那么在 I/O 出现异常时，如何才能很好地进行捕获并且断言呢？

```
public Configuration loadConf(String fileName) throws IOException
{
    //这里省略部分代码。
}
```

一些程序开发人员可能会将单元测试代码写成如下所示的样子。

```
@Test
public void testLoadConf()
{
    //故意定义一个不存在的配置文件。
    final String conf = "/home/wangwenjun/app/xxx/a.xml";
    boolean loadConfSuccess = true;
    try
    {
        loadConf(conf);
    } catch (IOException e)
    {
        loadConfSuccess = false;
    }
    assertThat(loadConfSuccess, equalTo(false));
}
```

虽然上面的单元测试方法也可以保证 loadConf 方法在配置文件不存在时抛出异常，并且成功捕获和断言，但是我们根本无须这样做。下面这种方式会更直接一些，因为它期望的结果并不是 loadConf 返回的 Configuration 实例，而是一个 I/O 异常。

```
//在Test注解中，传入期望的异常类型，如果该方法不抛出异常则无法通过测试。
@Test(expected = IOException.class)
public void testLoadConf() throws Exception
{
    final String conf = "/home/wangwenjun/app/xxx/a.xml";
    loadConf(conf);
}
```

8）不要在单元测试方法中捕获了异常，却什么也不做，而是仅仅输出异常堆栈信息。比如，下面列举的测试代码。

```
@Test
public void testLoadConf()
{
    final String conf = "/home/wangwenjun/app/xxx/a.xml";
    try
    {
        loadConf(conf);
    } catch (IOException e)
    {
    //除了打印异常的堆栈信息之外，什么都没做，我们应该避免这种方式，具体做法请参考第7条的建议。
        e.printStackTrace();
    }
}
```

9）即使是在单元测试代码下也应该激活日志（log）的功能。我们通常会在源代码的类路径（classpath）下配置用于控制日志信息的配置文件，比如 log4j.properties 或 logback.xml 等。在单元测试目录中也应该保持这样的优良习惯，也可以只开启控制台的日志输出，以观察源代码程序运行的关键信息。

10）使用自动化的构建工具。我们应当尽可能地使用构建工具，以自动化的方式执行单元测试方法，比如 Maven、Sbt、Gradle 等。几乎所有的构建工具都具备测试的功能，在当下的软件开发中，使用构建工具几乎已成为一种约定俗成的规范。

11）对源代码的单元测试覆盖率应该达到一定的要求。单元测试的覆盖率应满足一定的要求，以确保源代码能够充分测试，比如不低于 80%，可以通过 JCoCo 或 Sonar 等工具进行统计分析。有些团队要求单元测试覆盖率达到 100%，这的确有些太严格了。因为大多数时候是很难达到这样的覆盖率的，比如使用 Powermock 时生成的动态代理类与源代码的类根本不是同一个，对此 JCoCo 这样的工具在即时检测模式下是很难进行统计的。而有些时候则完全没有必要对某些方法进行单元测试，比如 POJO 的 get 和 set 方法。

12）保持单元测试方法简洁小巧，快速执行。单元测试方法应当秉持职责单一的原则，尽量不要在单元测试方法中做过多的事情。另外，单元测试应该对执行速度有一定的要求，甚至可以在 @Test 注解中增加对超时（timeout）的约束，以确保将项目工程的构建速度控制在一个既定的合理时间范围之内。

13）最重要的一条提示：单元测试应当与源代码同等重要。单元测试虽然不会被打包部署在生产环境中，支撑真实业务的运行，但是它可以在开发阶段起到确保源代码正确运行的作用。

1.5 测试驱动开发

测试驱动开发（Test Driven Development，TDD）是一种敏捷的软件开发方法论，提倡在开发者开发足够多的代码之前优先编写单元测试方法，然后重构开发者编写的源代码。一些刚入职场，或者对单元测试应用很少的开发者可能会有这样的疑问：源代码都没有，单元测试要怎么写？测试什么？请注意上述文字中的"**开发足够多的代码之前**"，这就意味着会有少量的源代码开发工作优先于单元测试代码的开发，比如开发一些功能模块的骨架、方法的定义、方法模块之间的依赖关系等基本代码，否则就会真的什么也做不了。

关于测试驱动开发的概念，如果大家还想从理论上进一步深究，则请参考收录在《计算机科学》刊物中的一篇论文"Using test-driven development to improve software development practices"，该论文对 TDD 进行了非常系统化、理论化的总结和描述，该论文地址为 https://pdfs.semanticscholar.org/c7a8/205b4d8a8d3eee7b6d4f631c65d73a24cdb5.pdf。

1.5.1　红 – 绿 – 重构

在 TDD 中有一个非常重要的红 – 绿 – 重构三段式方法，可用于指导我们在实际开发中践行 TDD，本节就来详细介绍该三段式方法所代表的含义。

"红"指的是单元测试运行失败的状态，即在软件中开发新特性、新功能，或者当现有的软件出现缺陷对其进行重现时，我们首先需要开发新的单元测试代码。由于此刻软件的新功能并没有具体的源代码实现，因此单元测试的执行结果必然是失败的，单元测试的运行状态也必然是红色状态，如图 1-3 所示。

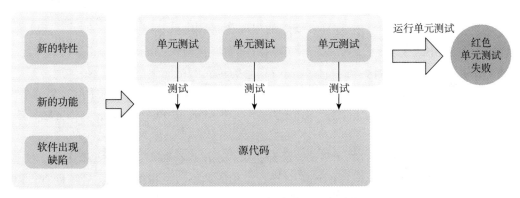

图 1-3　单元测试运行失败的红色阶段

当单元测试运行失败时，开发人员应该修改源代码，使单元测试方法能够顺利通过运行。也就是说，单元测试执行失败，将促使开发人员修复源代码，使其正常运行，以达到让所有单元测试都能成功运行的目的，这一阶段即为绿色阶段，如图 1-4 所示。

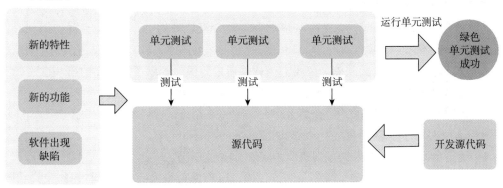

图 1-4　单元测试运行成功的绿色阶段

开发人员通过对源代码的开发，使所有的单元测试方法都能成功执行之后，整个开发过程并没有完全完成。也许某些新增的源代码还有一些可以进行优化和结构调整的地方，需要进一步拆解和抽象，因此接下来还有一个非常重要的阶段，这就是重构，并且这二个阶段需要反复执行多次（如图 1-5 所示），才能最终确保开发者完成正确的程序开发。

对图 1-5 各阶段的说明如下。

1）红色阶段：代表软件无法满足某种功能，无论是新的功能需求还是已有的功能存在缺陷，都代表当前的软件无法满足某种功能。这种情况下，所有针对无法满足特定功能的单元测试肯定是不能正常运行的。

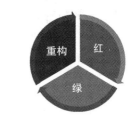

图 1-5　TDD 红 – 绿 – 重构
三阶段关系

2）绿色阶段：单元测试无法成功执行，开发人员需要对源代码进行相应的修改，无论是开发全新的代码还是解决已有代码的缺陷问题，当变更的源代码使单元测试能够正确执行时，就是所谓的绿色阶段。但是仅仅使得现有的单元测试能够顺利执行还远远不够，因为即使单元测试全部执行成功，也并不能代表所编写的单元测试方法覆盖了所有测试条件，下一轮的红色阶段或许还会将单元测试方法进一步拆分成粒度更小的单元测试方法，或者新增更多其他的单元测试方法。

3）重构阶段：当所有的单元测试方法都能顺利通过执行时，也并不意味着开发者所开发的代码就是最终态了，代码可能还需要进行结构的调整、逻辑的优化、容错处理，以及各种依赖关系的抽象和重构等。在完成诸如此类的所有动作之后，还需要通过已有的单元测试和新增的单元测试验证所做的操作是否正确。

1.5.2　TDD 工作流程

如果你对 TDD 的红 – 绿 – 重构三阶段的理解还存在困难，觉得这些概念还是有些抽象，不用担心，本节会将其进一步分解为若干个步骤，再结合开发人员日常熟悉的工作来进一步详细说明。TDD 的工作流程示意图如图 1-6 所示。

图 1-6 所示的 TDD 工作流程进一步细分了红 – 绿 – 重构三个主要阶段的工作流程步骤，其中，每个阶段都需要执行单元测试，这也是我们反复强调的单元测试是 TDD 的基础，也是持续集成和交付的基础，因为它为软件质量的保障提供了最重要的第一道关口。

1）编写单元测试，用于验证当前软件是否满足新的功能需求。

2）运行所有的单元测试，检查是否存在失败的单元测试代码。

3）开发基本的功能代码，使单元测试能够成功执行。

4）运行单元测试，如果失败则跳回步骤 3。

5）重构代码，并且再次运行单元测试代码，以确保重构代码的正确性，如果失败则跳回步骤 3。

6）重复整个流程，直到所有的测试条件都能顺利通过验证并充分覆盖源代码中的逻辑分支。

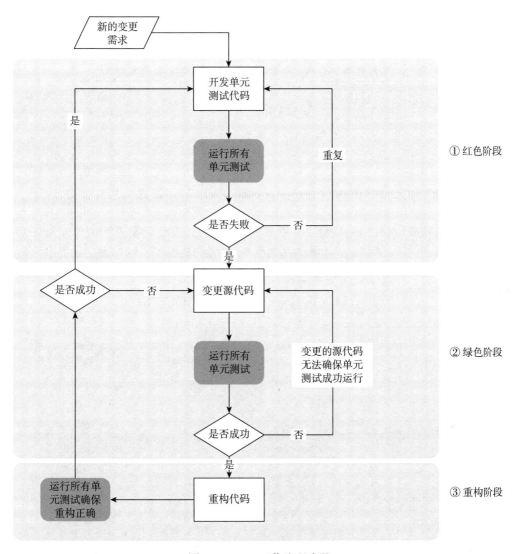

图 1-6 TDD 工作流程步骤

1.5.3 TDD 实践

了解了 TDD 的基本理论之后，下面就来讲解如何将其应用在实际开发工作中，也就是我们通常所说的"落地"。在 TDD 方法论的实践过程中，开发者需要反复不断地思考，以确保程序代码的正确性。本节将开发一个简单的应用程序，并以此为例来实践 TDD 的落地，示例程序将传入数学表达式并输出计算结果，比如输入字符串"1+2"，计算结果为3.0，输入字符串"2*3"，计算结果为 6.0，等等。

简单了解应用程序需要满足的基本功能之后，下面我们就来着手开始相关的开发工作。

首先，确定一个最基本的类 NumericCalculator 和基本的方法 eval，具体实现如程序代码 1-5 所示。

程序代码1-5　NumericCalculator最初的框架代码

```
//这里省略部分代码。
public class NumericCalculator
{
    public double eval(String expression)
    {
        return 0.0D;
    }
}
//这里省略部分代码。
```

"在开发足够多" 满足 eval 方法的代码之前，我们首先会开发若干个单元测试方法，对 eval 方法进行测试，最基本的运算表达式当然是 "加减乘除"，测试方法如程序代码 1-6 所示。

程序代码1-6　NumericCalculatorTest单元测试

```
import org.junit.Before;
import org.junit.Test;

import static org.hamcrest.core.IsEqual.equalTo;
import static org.hamcrest.MatcherAssert.assertThat;

public class NumericCalculatorTest
{
    private NumericCalculator calculator;

    @Before
    public void setup()
    {
        this.calculator = new NumericCalculator();
    }

    @Test
    public void textEvalAddExpression()
    {
        final String expression = "1+2";
        assertThat(calculator.eval(expression), equalTo(3.0D));
    }

    @Test
    public void textEvalSubtractExpression()
    {
        final String expression = "3-1";
        assertThat(calculator.eval(expression), equalTo(2.0D));
    }

    @Test
    public void textEvalMultiplyExpression()
    {
```

```
        final String expression = "3*2";
        assertThat(calculator.eval(expression), equalTo(6.0D));
    }

    @Test
    public void textEvalDivideExpression()
    {
        final String expression = "3/2";
        assertThat(calculator.eval(expression), equalTo(1.5D));
    }
}
```

根据最基本的数学运算方法，我们分别开发了"加减乘除"四个最基本的单元测试，并且对其进行了断言操作。运行上面的单元测试，我们会发现所有的单元测试方法都无法通过测试（如图 1-7 所示），也就是说出现了失败的测试用例方法，这一阶段就是上文所描述的"红色"阶段。

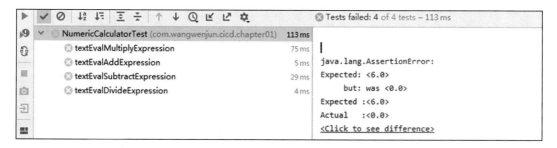

图 1-7　单元测试执行失败

根据 1.5.1 节和 1.5.2 节中关于 TDD 三大阶段及执行流程步骤的描述，当单元测试运行失败时，我们需要更新相关的源代码，使单元测试方法能够正常运行，因此我们增加了计算逻辑的 eval 方法，具体实现如程序代码 1-7 所示。

程序代码1-7　eval方法实现基本的数学运算

```
//这里省略部分代码。
public double eval(String expression)
{
    final String operation;
    final String[] data;
    if (expression.contains("+"))
    {
        operation = "+";
        data = expression.split("\\+");
    } else if (expression.contains("-"))
    {
        operation = "-";
        data = expression.split("-");
    } else if (expression.contains("*"))
    {
        operation = "*";
```

```
        data = expression.split("\\*");
    } else if (expression.contains("/"))
    {
        operation = "/";
        data = expression.split("/");
    } else
        throw new IllegalArgumentException("Unrecognized operator.");

    switch (operation)
    {
        case "+":
            return Double.parseDouble(data[0]) + Double.parseDouble(data[1]);
        case "-":
            return Double.parseDouble(data[0]) - Double.parseDouble(data[1]);
        case "*":
            return Double.parseDouble(data[0]) * Double.parseDouble(data[1]);
        case "/":
            return Double.parseDouble(data[0]) / Double.parseDouble(data[1]);
        default:
            throw new UnsupportedOperationException();
    }
}
//这里省略部分代码。
```

当我们完成了对 eval 方法的代码开发之后，再次运行所有的单元测试，会发现每一个测试用例方法都能正确运行（如图 1-8 所示），这一阶段就是上文所描述的"绿色"阶段。

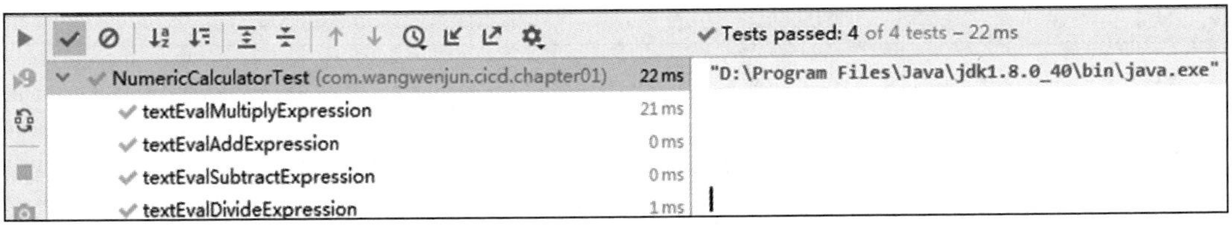

图 1-8　单元测试执行成功

就像上文所提到的，虽然功能源代码能够保证最基本的单元测试方法都能顺利通过并正常运行，但是目前源代码的设计仍然非常粗糙，比如 eval 方法职责太重，除了要解析表达式字符串之外，还承载了数学运算。另外，该方法中存在大量的重复性代码。因此我们需要对其进行重构，重构的最基本思想是将参与运算的数据和运算符号抽象出来，并将表达式的解析从 eval 方法中抽取出来。重构后的 eval 方法如程序代码 1-8 所示。

程序代码1-8　重构后的eval方法

```
//这里省略部分代码。
public double eval(String expression)
{
    final Expression expr = Expression.of(expression);
    switch (expr.getOperator())
    {
        case ADD:
```

```
            return expr.getLeft() + expr.getRight();
        case SUBTRACT:
            return expr.getLeft() - expr.getRight();
        case MULTIPLY:
            return expr.getLeft() * expr.getRight();
        case DIVIDE:
            return expr.getLeft() / expr.getRight();
        default:
            throw new UnsupportedOperationException();
    }
}
//这里省略部分代码。
```

重构后的 eval 方法看起来简洁、清晰了很多，屏蔽了表达式 expression 的解析过程，减少了代码的重复，但是也由此引入了新的代码结构，即新增了对 Expression 类的依赖，Expression 类的实现如程序代码 1-9 所示。

程序代码1-9 Expression类的实现

```
package com.wangwenjun.cicd.chapter01;

public class Expression
{
    enum Operator
    {
        ADD("+"),
        SUBTRACT("-"),
        MULTIPLY("*"),
        DIVIDE("/");
        private final String opt;

        Operator(String opt)
        {
            this.opt = opt;
        }

        @Override
        public String toString()
        {
            return opt;
        }
    }

    private final Operator operator;
    private final double left;
    private final double right;

    public static Expression of(Operator operator, double left, double right)
    {
        return new Expression(operator, left, right);
    }

    public static Expression of(String expression)
    {
```

```java
    if (expression.contains("+"))
    {
        String[] data = expression.split("\\+");
        return of(Operator.ADD, Double.parseDouble(data[0]), Double.parseDouble
            (data[1]));
    } else if (expression.contains("-"))
    {
        String[] data = expression.split("-");
        return of(Operator.SUBTRACT, Double.parseDouble(data[0]), Double.parseDouble
            (data[1]));
    } else if (expression.contains("*"))
    {
        String[] data = expression.split("\\*");
        return of(Operator.MULTIPLY, Double.parseDouble(data[0]), Double.parseDouble
            (data[1]));
    } else if (expression.contains("/"))
    {
        String[] data = expression.split("/");
        return of(Operator.DIVIDE, Double.parseDouble(data[0]), Double.
            parseDouble(data[1]));
    } else
    {
        throw new IllegalArgumentException("Unrecognized operator.");
    }
}

public Expression(Operator operator, double left, double right)
{
    this.operator = operator;
    this.left = left;
    this.right = right;
}

public Operator getOperator()
{
    return operator;
}

public double getLeft()
{
    return left;
}

public double getRight()
{
    return right;
}
}
```

　　至此，重构阶段的任务已全部完成。需要注意的是，不要忘记在代码重构完成之后继续执行所有的单元测试代码，以确保重构的代码是正确的。

　　实际上，TDD 的实践过程就是一个不断思考和迭代的过程，其会推动开发者不断思考怎样做才能使项目程序足够正确和稳健，比如，针对目前的 eval 方法，我们还可以思考如下的问题。

- ❑ 如果 eval 方法中传入的表达式 expression 为空或 null 怎么办？
- ❑ 如果表达式中不包含任何运算符号怎么办？
- ❑ 如果表达式中包含除了运算符之外的非数字内容怎么办？
- ❑ 如果表达式不完整（比如"1+"）怎么办？
- ❑ 如果进行除法运算时，除数为 0 怎么办？

答案是增加新的测试代码，继续回到"红色"阶段，程序代码 1-10 所示的是新增的单元测试代码，其中的代码注释详细描述了每个单元测试的测试意图。

程序代码1-10　新增的单元测试方法

```java
//当表达式字符串为空时，期望抛出IllegalArgumentException异常。
@Test(expected = IllegalArgumentException.class)
public void testExpressionStringBlack()
{
    calculator.eval("");
}
//当表达式字符串为null时，期望抛出IllegalArgumentException异常。
@Test(expected = IllegalArgumentException.class)
public void testExpressionStringNull()
{
    calculator.eval(null);
}
//当表达式包含不支持的运算符时，期望抛出IllegalArgumentException异常。
@Test(expected = IllegalArgumentException.class)
public void testExpressionNoOperator()
{
    calculator.eval("1?2");
}

//当表达式包含非数字数值时，期望抛出IllegalArgumentException异常。
@Test(expected = IllegalArgumentException.class)
public void testExpressionNotNumeric()
{
    calculator.eval("x+y");
}

//当表达式非法时，期望抛出IllegalArgumentException异常。
@Test(expected = IllegalArgumentException.class)
public void testExpressionInvalid()
{
    calculator.eval("1+");
}

//当表达式除数为0时，期望抛出IllegalArgumentException异常。
@Test(expected = IllegalArgumentException.class)
public void testExpressionDivisorIsZero()
{
    calculator.eval("1/0");
}
```

继续执行所有的单元测试方法，我们会看到运行结果中出现了运行失败的单元测试用例方法，如图 1-9 所示。

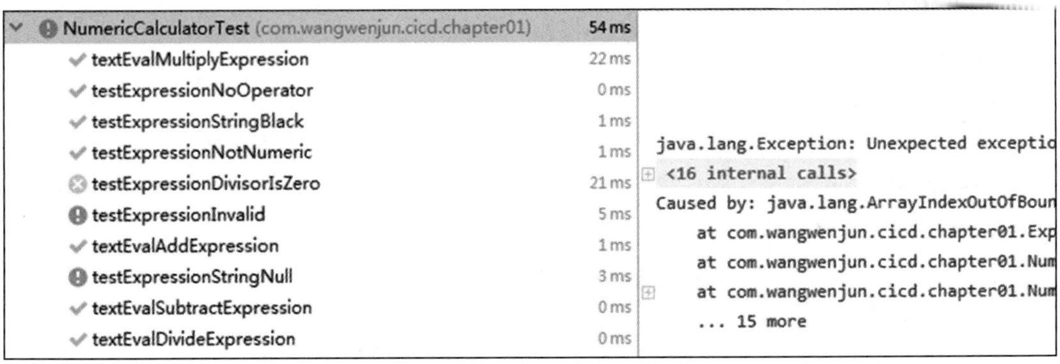

图 1-9　部分单元测试方法执行失败

此刻再次进入"绿色阶段"，我们需要进一步修改代码，使单元测试方法能够正常运行。由于源代码越来越多，需要考虑的细节也越来越多，因此这次修改代码所要涉及的地方会更多一些。为了方便起见，笔者将所有的代码更改都汇合在一起进行展示，如程序代码 1-11 所示（为了节约篇幅，未变动的源代码会省略，具体请参考随书代码）。

程序代码1-11　修改后的计算器程序

```
//修改NumericCalculator类的eval方法，增加了对输入表达式expression是否为空的判断。
public double eval(String expression)
{
    if (null == expression || expression.isEmpty())
        throw new IllegalArgumentException("the expression can't be null or black.");
    final Expression expr = Expression.of(expression);
//这里省略部分代码。

//修改枚举Operator类，增加了类型映射方法。
//这里省略部分代码。
private static Map<String, Operator> typeMapping = new HashMap<>();
static
{
    typeMapping.put(ADD.opt, ADD);
    typeMapping.put(SUBTRACT.opt, SUBTRACT);
    typeMapping.put(MULTIPLY.opt, MULTIPLY);
    typeMapping.put(DIVIDE.opt, DIVIDE);
}
public static Operator getOperator(String opt)
{
    return typeMapping.get(opt);
}

//这里省略部分代码。
//重写Expression的of方法，使用正则表达式对字符串进行split操作，使代码更加简洁。
private final static String regexp = "^(\\d+)([\\+|\\-|\\*|\\/])(\\d+)$";
private final static Pattern pattern = Pattern.compile(regexp);
```

```
public static Expression of(String expression)
{
    final Matcher matcher = pattern.matcher(expression);
    if (!matcher.matches())
        throw new IllegalArgumentException("Illegal expression.");
    final Expression exp = of(Operator.getOperator(matcher.group(2)),
            Double.parseDouble(matcher.group(1)),
            Double.parseDouble(matcher.group(3)));
    if (exp.getOperator() == Operator.DIVIDE && exp.getRight() == 0)
        throw new IllegalArgumentException("The divisor cannot be zero. ");
    return exp;
//这里省略部分代码。
```

至此，源代码已全部修改完毕。现在所有的单元测试考验都可以正常通过了（限于篇幅，此处省略单元测试的执行过程，大家可以自行测试运行），接下来无须再进行进一步的重构工作，可以提交当前数值计算器的初级版本了。虽然该版本看起来还是比较脆弱，不支持多个数值的计算，不支持"加减乘除"优先级，不支持大括号、小括号、花括号，不支持高阶的数学运算，但这些对我们来说都是新的需求，只有当需要的时候才会进行进一步的完善和开发，我们可以将其纳入任务列表（Sprint Backlog）中，通过项目的不断迭代，实现更复杂、更强大的表达式计算操作。

那么，单元测试到底有没有覆盖到所有的测试条件和可能性呢？除了开发人员进行人工分析之外，更严谨的做法是再借助测试覆盖率工具（如图1-10所示），进一步确认是否有必要补充新的单元测试方法。

图1-10 单元测试覆盖率报告

从图1-10所示的覆盖率报告来看，除了枚举类Operator的toString()方法没有进行测试之外，单元测试覆盖率几乎达到100%，这也从侧面印证了应用TDD这一敏捷方法论可以很好地完成基本数学表达式的解析和运算功能。

扩展阅读：如果想要实现更复杂的数学表达式计算，可以借助数据结构Stack来实现，"1+2"这样的表达式是我们比较习惯的"中缀表达式"，可以将其转换为"右缀表达式"（比如"12+"，代表1和2相加），分别将数值和运算符压入两个栈中，然后用弹栈的方式进行计算，即可实现更复杂的数学表达式计算（比如1+2+3×4-2+100/5等）。随着对()、[]和{}符号，以及其他数学运算（比如乘方、三角函数等）的引入，程序会变得越来越复杂，这里推荐一个非常好用的第三方类库exp4j，通过下面的方式将其引入项目工程中即可。

```
<dependency>
    <groupId>net.objecthunter</groupId>
    <artifactId>exp4j</artifactId>
    <version>0.4.8</version>
</dependency>
```

我们可以写一个简单的单元测试方法来验证 exp4j 的功能，代码如下。

```
@Test
public void testExp4j()
{
    net.objecthunter.exp4j.Expression expression =
        new ExpressionBuilder("(1+2)*10-5/3+40").build();
    double result = expression.evaluate();
    assertThat(result, equalTo(68.33333333333333D));
}
```

exp4j 不仅支持很多种类的数学计算，而且支持变量名定义、异步运算等，如果对该类库感兴趣，则可以通过如下官网地址获取更多帮助。

exp4j 库的官网地址为 https://www.objecthunter.net/exp4j/。

1.6　本章总结

本章首先详细介绍了单元测试的定义，以及单元测试作为开发人员的主要工作之一是为软件的质量保驾护航；然后充分讲解了单元测试能够提供的好处，除了可以提高软件的质量和软件开发的效率之外，单元测试还是 TDD、持续集成、持续交付等方法论的基础，没有单元测试，这些都将无从谈起；紧接着又详细介绍了 FIRST 原则，它指导我们如何开发合理且正确的单元测试方法。

在 Java 程序员的工作中，JUnit 是使用最多的单元测试工具之一，虽然本章并未详细讲解该工具的使用方法，但是笔者列举了 JUnit 最佳实践的 13 条建议，以帮助大家更好地利用 JUnit 工具开发出更具价值的单元测试方法。

本章最后从 TDD 的三个主要阶段及工作流程方面，详细地阐述了这一优秀的现代软件开发方法论，并且使用该方法论作为指导，从零开始完成了一个较为简单的程序开发，窥一斑而见全豹，相信大家现在都能理解什么是 TDD，以及如何践行 TDD 了。

【拓展阅读】

1）维基百科：什么是单元测试，网址为 https://en.wikipedia.org/wiki/Unit_testing。

2）维基百科：Test-driven development，网址为 https://en.wikipedia.org/wiki/Test-driven_development。

3）计算机科学杂志. 使用 TDD 方法论提高软件开发效率，网址为 https://pdfs.semanticscholar.org/c7a8/205b4d8a8d3eee7b6d4f631c65d73a24cdb5.pdf。

4）数学表达式计算库：exp4j，网址为 https://www.objecthunter.net/exp4j/。

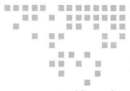

Hamcrest：优雅强大的对象匹配器

Hamcrest

Matchers that can be combined to create flexible expressions of intent

第 1 章介绍了单元测试方法中应该包含实际值与期望值的断言语句，该语句旨在断言源程序方法的返回值在某种测试条件下是否满足预期，进而验证源程序方法的正确性。一种简洁的说法就是，单元测试是用代码测试代码。在单元测试中，断言（Assertion）语句直接决定了源程序代码的功能正确与否。试想一下，如果所使用的断言语句本身就存在缺陷，那么原本正确的程序代码很有可能会判错。在 JUnit 4.4 以前的版本中，我们可以直接使用 JUnit 自带的断言方法，比如，assertTrue()、assertFalse()、assertEquals()、assertNotEquals() 等。虽然在大多数情况下，这些断言方法可以满足我们的断言需要，但是 JUnit 自带的断言方法也存在着某些缺陷，本章将会逐一列举并说明。

自 JUnit 4.4 版本引入了对 Hamcrest 的依赖之后，我们就可以直接使用 Hamcrest 提供的对象匹配器进行断言了。本书关于断言的所有操作都是直接使用 Hamcrest 提供的对象匹配器进行的。本章将详细讲解 Hamcrest 的优点及其使用方法。

本章将重点介绍如下内容。

❑ 相对于 JUnit 的断言，Hamcrest 有哪些优势？

❑ Hamcrest 提供了哪些不同类型的对象匹配器？

❑ 如何自定义 Hamcrest 对象匹配器？

❑ 在 REST-Assured 中如何使用 Hamcrest？

2.1　Hamcrest 概述

Hamcrest 是一个框架，可用于创建匹配器对象，这些匹配器对象常用于编写特定条件下的规则匹配。Hamcrest 通常用于与一些测试工具（比如 JUnit、Mockito、Powermock、JMock、REST-assured 等）进行集成。除了应用于单元测试之外，Hamcrest 还可以直接应用于其他场景，比如数据验证、逻辑判断等。Hamcrest 的官方地址为 http://hamcrest.org/。

由于 Hamcrest 具有灵活性、可扩展性，以及强大的规则匹配能力，因此很多开源项目都引入并使用它，通过 Maven 中央仓库对 Hamcrest 的引用统计可以看出，当前已有 4281 个知名开源项目引用 Hamcrest（如图 2-1 所示），其中不仅包括一些测试工具，还不乏一些大型的分布式计算平台（比如 Spark、Hadoop 等），也就是说，Hamcrest 不仅可以应用于测试代码的期望结果与实际结果断言中，而且可以直接应用于软件源代码中。

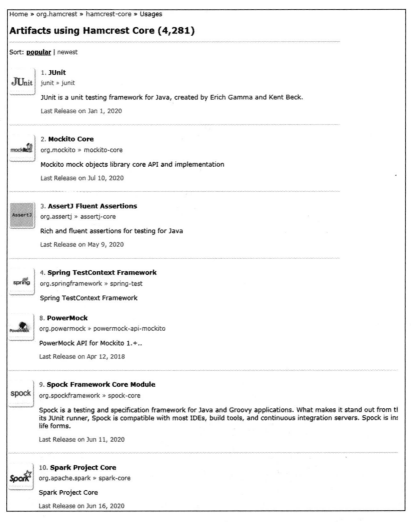

图 2-1 开源项目大规模引用 Hamcrest

在大致了解了 Hamcrest 是干什么的，及其得到大规模引用之外，我们需要客观对比一下，相较于直接使用 JUnit 断言方法，Hamcrest 具备哪些优势。在正式使用 Hamcrest 之前，我们需要将其引入 Maven 工程之中。JUnit 4.4 以后的版本默认依赖 Hamcrest，如下所示，JUnit 4.13 依赖于 hamcrest-core 的 1.3 版本。

```
C:\Users\wangwenjun\IdeaProjects\cicd>mvn dependency:tree -Dverbose
[INFO] Scanning for projects...
[INFO]
[INFO] ------------------------------------------------------------------------
[INFO] Building cicd 1.0-SNAPSHOT
[INFO] ------------------------------------------------------------------------
[INFO]
[INFO] --- maven-dependency-plugin:2.8:tree (default-cli) @ cicd ---
[INFO] com.wangwenjun.books:cicd:jar:1.0-SNAPSHOT
[INFO] +- junit:junit:jar:4.13:test
[INFO] |  \- org.hamcrest:hamcrest-core:jar:1.3:test
[INFO] ------------------------------------------------------------------------
[INFO] BUILD SUCCESS
[INFO] ------------------------------------------------------------------------
[INFO] Total time: 3.598 s
[INFO] Finished at: 2020-07-13T22:16:05+08:00
[INFO] Final Memory: 13M/193M
[INFO] ------------------------------------------------------------------------
```

相对于本节所学的内容，hamcrest-core 1.3 版本有些老旧，因此最好显式指定一个较新的 Hamcrest 版本，否则本章中的很多例子都将无法执行，如下所示的 pom 配置是笔者写作本书时所用的配置，在此列出以供大家参考借鉴。

```xml
<dependency>
    <groupId>junit</groupId>
    <artifactId>junit</artifactId>
    <version>4.13</version>
    <scope>test</scope>
    <exclusions>
        <exclusion>
            <groupId>org.hamcrest</groupId>
            <artifactId>hamcrest-core</artifactId>
        </exclusion>
    </exclusions>
</dependency>
<dependency>
    <groupId>org.hamcrest</groupId>
    <artifactId>hamcrest-core</artifactId>
    <version>2.2</version>
    <scope>test</scope>
</dependency>
```

环境准备就绪，我们将从如下几个方面对比 JUnit 断言方法与 Hamcrest 对象匹配器的使用，以及相较于 JUnit 断言方法，Hamcrest 到底具备哪些优点。

（1）可读性强

相较于 JUnit 提供的断言方法，assertThat 具有更好的可读性，这主要得益于 Hamcrest 各种对象匹配器的陈述式编程风格（关于陈述式编程风格的详情，大家可以参考维基百科的介绍资料 https://en.wikipedia.org/wiki/Declarative_programming），下面我们来看一个简单的例子，如程序代码 2-1 所示。

程序代码2-1　Hamcrest具有更好的可读性

```java
import org.junit.Assert;
import org.junit.Test;

import static org.hamcrest.CoreMatchers.*;
import static org.hamcrest.MatcherAssert.assertThat;

public class JunitAssertionVsHamcrest
{

    @Test
    public void hamcrestMoreReadability()
    {
        //JUnit 的断言方法，期望值为10，实际值为4+6的计算结果，该方法用于断言期望值与实际值是否相等。
        Assert.assertEquals(10, 4 + 6);
        //assertThat方法，实际值（4+6的计算结果）是否与10相等。
        assertThat(4 + 6, is(equalTo(10)));

        //JUnit的断言方法，期望值为10，实际值为4+7的计算结果，该方法用于断言期望值与实际值是
            否不相等。
        Assert.assertNotEquals(10, 4 + 7);
        //assertThat方法，实际值（4+7的计算结果）是否与10不相等。
        assertThat(4 + 7, is(not(equalTo(10))));
    }
}
```

请注意，JUnit 提供的断言方法的期望值是第一个参数，而实际值则是第二个参数。assertThat 则与之相反，第一个参数是实际值，第二个参数是 Matcher（对象匹配器），比如，equalTo 方法的返回值实际上是一个 Matcher，is 方法的返回值实际上也是一个 Matcher。对比上面的这两个小例子不难看出，assertThat 方法具有更好的可读性，各种 Matcher 的组合非常接近我们日常的交流表达方式（这也是陈述式编程风格所倡导的一大亮点）。

（2）良好的错误信息输出

断言失败时，assertThat 提供的错误提示更加友好易懂，可以帮助开发人员快速发现和定位问题所在。首先，我们要基于上述代码增加 JUnit 的套件（suite）方法（如程序代码 2-2 所示，因为我们要在套件方法中创建一个保存姓名的 list 容器），然后分别用 JUnit 断言和 assertThat 断言输出当某个名字不存在于 list 容器时的错误信息。

程序代码2-2　增加套件方法

```java
//这里省略部分代码。
private List<String> names;
@Before
public void setUp()
{
    names = Arrays.asList("Alex", "Jeffrey", "Alice", "John",
        "Jack", "Wangwenjun");
```

```
    }
    //这里省略部分代码。
```

接下来，我们先基于 JUnit 断言方法进行单元测试（如程序代码 2-3 所示），很遗憾，JUnit 中并未提供某个元素是否存在于集合之中的断言方法，因此我们只能借助 assertTrue 工具方法来实现。

程序代码2-3　JUnit断言失败

```
@Test
public void junitAssertionFailure()
{
    Assert.assertTrue(names.contains("Tina"));
}
```

很明显，names 容器中并没有包含元素"Tina"，因此运行该单元测试方法肯定会失败，不过这也正是我们所期望的。运行该单元测试方法，我们将会看到如图 2-2 所示的错误信息（根本看不出来发生了什么，如果程序员想要定位问题所在，就要通过测试代码进行排查）。

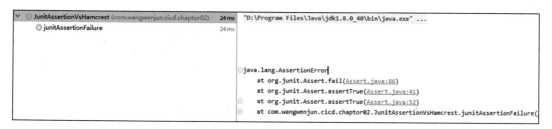

图 2-2　几乎没有任何帮助的错误信息

为了进行对比，接下来再通过 assertThat 来断言某个元素存在于 list 容器中（如程序代码 2-4 所示），然后观察当断言失败时，程序是否能够提供有助于快速定位问题所在的错误提示信息。

程序代码2-4　assertThat断言失败

```
@Test
public void assertThatFailure()
{
    assertThat(names, hasItem("Tina"));
}
```

在 assertThat 方法中，如果要判断某个元素是否存在于容器中，则只需要使用 hasItem 方法返回的 Matcher 即可，而无须像 assertTrue 那样，必须调用 list 的 contains 方法，显式地返回一个布尔结果。运行该单元测试方法，根据输出的错误信息（如图 2-3 所示），我们可以轻而易举地发现问题所在。

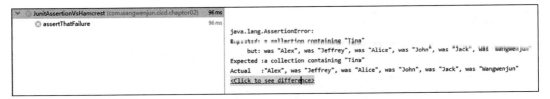

图 2-3　assertThat 可以提供非常有帮助的错误信息

除此之外，某些 IDE 工具（比如，Intellij Idea）还可以对 assertThat 提供更好的支持，点击图 2-3 中的"Click to see difference"，还会弹出非常有帮助的错误信息，并且提供了对比功能（如图 2-4 所示）。

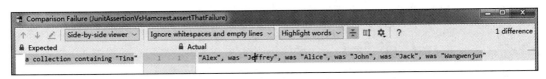

图 2-4　Intellij Idea 的失败对比

（3）灵活

虽然目前我们还没有系统地讲解 Hamcrest 的具体用法，但是想必大家通过之前的代码示例，已经可以感受到 Hamcrest 的灵活性了。下文将通过多个对象匹配器逻辑组合的示例（如程序代码 2-5 所示），讲解 Hamcrest 的灵活性。

程序代码2-5　assertThat的灵活性示例代码

```java
@Test
public void assertThatAny()
{
    //如果anyOf方法中的任何一个Matcher匹配成功，则断言成功。
    //在Hamcrest中，is和equalTo实际上是等价的，is起到的是语法糖的作用。
    assertThat("Hello", anyOf(is("Hello"), equalTo("Hello"),
        containsString("llo"), endsWith("LLO"))
    );
}

@Test
public void assertThatAll()
{
    //allOf方法要求所有的Matcher全部匹配成功才能断言成功，很明显，"hello"并不是以"LLO"
        结尾的，所以断言会失败。
    assertThat("Hello", allOf(is("Hello"), equalTo("Hello"),
        containsString("llo"), endsWith("LLO"))
    );
}
```

运行上面的单元测试，会看到 assertThatAll 单元测试方法提供了非常详细的断言失败错误信息，如图 2-5 所示。

图 2-5　Hamcrest 支持多个匹配器的组合

（4）可移植性强

由于单元测试没有使用 JUnit 的断言方法（这就意味着没有侵入 JUnit 的代码），而是直接使用 Hamcrest 的 assertThat 方法及各种对象匹配器，因此单元测试代码很容易就能移植到其他单元测试工具或框架中，比如 TestNG、Spock 等。

（5）可自定义对象匹配器

JUnit 的 Assert 类中定义了很多用于断言的方法（如图 2-6 所示），这就意味着我们只能使用这些断言方法进行期望值与实际值的断言操作，因为 JUnit 的 Assert 类不允许开发者进行扩展。例如，要想断言容器中是否存在某个元素，我们只能通过 assertTrue 显式调用容器的 contains 方法的返回值进行断言，而 Hamcrest 允许开发者根据自己的需要自定义对象匹配器，关于自定义对象匹配器的相关内容将在 2.2 节详细讲述。

图 2-6　JUnit Assert 提供的断言方法

2.2　Hamcrest 对象匹配器详解

在了解了 Hamcrest 及其优点之后，本节将深入掌握 Hamcrest 所提供的各类灵活且强大的对象匹配器的用法。总体来说，Hamcrest 的对象匹配器大致可以分为如下几类。

- ❑ org.hamcrest.beans：对象实例和对象属性相关的匹配器，其底层使用的是 Property-Descriptor 相关的 API。
- ❑ org.hamcrest.collection：Java 容器和元素关系相关的匹配器。
- ❑ org.hamcrest.number：Double 及 BigDecimal 相关的匹配器。
- ❑ org.hamcrest.object：Object 对象相关的匹配器（由于对象匹配器比较简单，因此本节不做讲解）。
- ❑ org.hamcrest.text：文本字符相关的匹配器。
- ❑ org.hamcrest.xml：XML 文档相关的匹配器。
- ❑ org.hamcrest.core：核心匹配器，比如 is、not、equalTo、anyOf、allOf 等都属于这类匹配器，也是使用最多的对象匹配器。

2.2.1　org.hamcrest.core

核心匹配器是应用范围最广泛的一组匹配器，JUnit 4.4 以后的版本默认依赖 Hamcrest 的核心匹配器。大多数情况下，核心匹配器其实已能足够应对日常工作的需要了。在使用核心匹配器时，建议大家通过静态导入的方式，将所有核心匹配器引入单元测试类中，具体做法如下。

```
import static org.hamcrest.CoreMatchers.*;
import static org.hamcrest.MatcherAssert.assertThat;
```

核心匹配器相对来说比较多（如图 2-7 所示），限于篇幅，本节无法讲解所有匹配器的具体用法，因此这里只是挑选介绍几个逻辑相关的匹配器，其他的匹配器将在示例代码中进行介绍，比如，Mockito 和 Powermock 中都会讲解核心匹配器的使用。

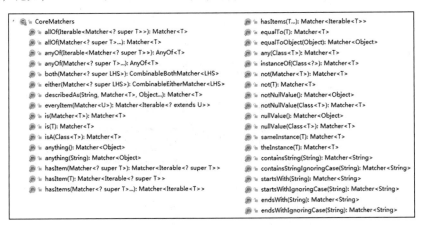

图 2-7　Hamcrest 核心匹配器列表

1）allOf：只有当所有的匹配条件都满足时，断言才能成功。

```
@Test
public void testAllOf()
{
    String actually = "Hello Hamcrest";
    //只有当下列匹配条件都满足时，才能断言成功。
    //actually与"Hello Hamcrest"的值相同（equal）。
    assertThat(actually, allOf(is(equalTo("Hello Hamcrest")),
            //actually中包含字符串"llo Ha"。
            containsString("llo Ha"),
            //actually是以"Hello"开头的。
            startsWith("Hello"),
            //actually是以"crest"结尾的。
            endsWith("crest"),
            //actually是String类型的一个实例。
            instanceOf(String.class),
            //actually不为null。
            notNullValue(),
            stringContainsInOrder("Hello", "Hamcrest"))
    );
    //与上面的写法等价，将allOf方法传入匹配器List。
    assertThat(actually, allOf(Arrays.asList(
            //actually与"Hello Hamcrest"的值相同（equal）。
            is(equalTo("Hello Hamcrest")),
            //actually中包含字符串"llo Ha"。
            containsString("llo Ha"),
            //actually是以"Hello"开头的。
            startsWith("Hello"),
            //actually是以"crest"结尾的。
            endsWith("crest"),
            //actually是String类型的一个实例。
            instanceOf(String.class),
            //actually不为null。
            notNullValue(),
            stringContainsInOrder("Hello", "Hamcrest")))
    );
```

在上述示例代码中，只有当所有的条件匹配都是符合期望的，断言才能够成功。allOf
方法提供了两种重载形式，Matcher 的可变长数组和 Iterable<Matcher>，具体形式如下。

- allOf(java.lang.Iterable<org.hamcrest.Matcher<? super T>> matchers)
- allOf(org.hamcrest.Matcher<? super T>... matchers)

2）anyOf：若有任意一个匹配条件成立，则断言成功。

```
@Test
public void testAnyOf()
{
    String actually = "Hello Hamcrest";
    //下列匹配条件只要有一个满足，则断言成功。
    //actually与"Hello Hamcrest1"的值相同（equal）。  ×
    assertThat(actually, anyOf(is(equalTo("Hello Hamcrest1")),
            //actually中包含字符串"llo Xa"。  ×
            containsString("llo Ha"),
```

```
                        //actually是以"Hello"开头的。  √
                        startsWith("Hello"),
                        //actually是以"crest"结尾的。  ×
                        endsWith("crest?"),
                        //actually是Integer类型的一个实例。  ×
                        instanceOf(Integer.class),
                        //actually不为null。  ×
                        nullValue(),
                        //顺序错误。  ×
                        stringContainsInOrder("Hamcrest", "Hello"))
    );
    //与上面的写法等价。

        assertThat(actually, anyOf(Arrays.asList(
        //actually与"Hello Hamcrest1"的值相同（equal）。  ×
            is(equalTo("Hello Hamcrest1")),
            //actually中包含字符串"llo Xa"。  ×
            containsString("llo Ha"),
            //actually是以"Hello"开头的。  √
            startsWith("Hello"),
            //actually是以"crest"结尾的。  ×
            endsWith("crest?"),
            //actually是Integer类型的一个实例。  ×
            instanceOf(Integer.class),
            //actually不为null。  ×
            nullValue(),
            //顺序错误。  ×
            stringContainsInOrder("Hamcrest", "Hello")))
        );
}
```

在上面的代码中，只有"Hello Hamcrest"以"Hello"开头是正确的，其他的条件匹配都不成立，但是这并不妨碍断言的最终成功。anyOf方法提供了两种重载形式，具体如下所示。

❑ anyOf(java.lang.Iterable<org.hamcrest.Matcher<? super T>> matchers)

❑ anyOf(org.hamcrest.Matcher<? super T>... matchers)

3）both：两个匹配条件的逻辑"与"。

```
@Test
public void testBoth()
{
    String actually = "Hello Hamcrest";
    assertThat(actually, both(
            allOf(
                    //actually与"Hello Hamcrest"的值相等（equal）。
                    is(equalTo("Hello Hamcrest")),
                    //actually中包含字符串"llo Ha"。
                    containsString("llo Ha"),
                    //actually是以"Hello"开头的。
                    startsWith("Hello"),
                    //actually是以"crest"结尾的。
                    endsWith("crest"))
            ).and(
```

```
        allOf(
            instanceOf(String.class),
            //actually不为null。
            notNullValue(),
            //顺序正确。
            stringContainsInOrder("Hello", "Hamcrest")
        )
    )
);
}
```

上面这段代码稍微有些复杂，但只需要重点关注 both().and() 语法即可，该语法能够很好地支持 both 方法和 and 方法中的对象匹配器，这也是 Hamcrest 语法的强大之处，不同的 Matcher 可以实现非常灵活的组合。

4）either：两个匹配条件的逻辑"或"。

```
@Test
public void testEither()
{
    String actually = "Hello Hamcrest";
    //与"Hello Hamcrest"相等或为null，只要满足一个匹配条件即可断言成功。
    assertThat(actually, either(is(equalTo("Hello Hamcrest"))).or(nullValue()));
}
```

5）语法糖方法：为了使单元测试方法更具可读性，Hamcrest 还提供了很多语法糖方法。比如，equalTo 与 is(equalTo(...)) 本身是没有任何区别的，这么做的目的只是为了提高可读性，是一种更具陈述性的表达方式。

2.2.2　org.hamcrest.beans

如果想要判断某个对象 O 中是否包含属性 P、P 的值为 X，以及两个对象 O 是否拥有相同的属性，并且每一个属性的值都相等，则可以使用 beans 下的对象匹配器。比如，使用 ORM（Object Relational Mapping，对象关系映射）框架从数据库中获取某个 Entity 对象，或者调用一个远程方法返回 Entity 对象时，没有必要在获取对象的每一个实例属性后都进行断言操作，直接通过 beans 中相关的对象匹配器就可以完成判断。具体实现代码如程序代码 2-6 所示。

程序代码2-6　org.hamcrest.beans匹配器示例

```
//这里省略部分代码。
public class SimpleBean
{
    private String name;
    private int age;

    public SimpleBean()
    {
    }
```

```java
    public SimpleBean(String name, int age)
    {
        this.name = name;
        this.age = age;
    }
//这里省略get和set方法。
}
//下面是单元测试的相关代码，其中包含了beans下匹配器的用法示例。
import org.junit.Test;

import static org.hamcrest.CoreMatchers.equalTo;
import static org.hamcrest.CoreMatchers.is;
import static org.hamcrest.MatcherAssert.assertThat;
import static org.hamcrest.Matchers.hasProperty;
import static org.hamcrest.Matchers.samePropertyValuesAs;

public class HamcrestUsageTest
{
    @Test
    public void testHasProperty()
    {
        final SimpleBean bean = new SimpleBean();
        //断言bean中包含属性name。
        assertThat(bean, hasProperty("name"));
    }

    @Test
    public void testHasPropertyWithValue()
    {
        final SimpleBean bean = new SimpleBean("Alex", 35);
        //断言bean中包含属性及期望值。
        assertThat(bean, hasProperty("name", is(equalTo("Alex"))));
        assertThat(bean, hasProperty("age", is(equalTo(35))));
    }

    @Test
    public void testSamePropertyValuesAs()
    {
        final SimpleBean bean1 = new SimpleBean("Alex", 35);
        final SimpleBean bean2 = new SimpleBean("Alex", 35);
        final SimpleBean bean3 = new SimpleBean("Alex", 100);
        //断言bean1和bean2具有相同的属性，并且每个属性值都相等。
        assertThat(bean1, samePropertyValuesAs(bean2));
        //断言bean1和bean3具有相同的属性，并且属性值都相等（忽略对age属性的比较，因为age不相等）。
        assertThat(bean1, samePropertyValuesAs(bean3, "age"));
    }
}
```

2.2.3 org.hamcrest.collection

collection下的对象匹配器主要用于匹配元素、数组与collection、map之间的关系，下面通过示例代码（关于匹配器的相关信息，代码注释进行了详细描述）进行讲解。

1）IsArray<T>：匹配数组中所有元素的匹配器。

```
@Test
public void testIsArray()
{
    Integer[] actually = {1, 2, 3};
    //断言匹配actually数组中的元素个数及内容。
    assertThat(actually, is(array(equalTo(1), equalTo(2), equalTo(3))));
    //下面的断言匹配会失败，因为匹配器的顺序与actually 中元素的顺序不一致。
    //assertThat(actually, is(array(equalTo(1), equalTo(3), equalTo(2))));
}
```

2）IsArrayContaining<T>：匹配数组中是否包含某个元素。

```
@Test
public void testHasItemInArray()
{
    String[] actually = {"foo", "bar"};
    //断言匹配actually数组中包含元素"foo"。
    assertThat(actually, hasItemInArray(is("foo")));
    //断言匹配actually数组中包含以"ba"开头的元素。
    assertThat(actually, hasItemInArray(startsWith("ba")));
}
```

3）IsArrayWithSize<E>：匹配数组长度或数组为空。

```
@Test
public void testIsArrayWithSize()
{
    Integer[] actually = {1, 2, 3};
    //以下三种写法是等价的，都是用于断言匹配actually数组的长度。
    assertThat(actually, arrayWithSize(3));
    assertThat(actually, arrayWithSize(is(3)));
    assertThat(actually, arrayWithSize(equalTo(3)));

    //数组不为空。
    assertThat(actually, is(not(emptyArray())));
}
```

4）IsArrayContainingInOrder<E>：按顺序匹配数组中的所有元素。

```
@Test
public void testIsArrayContainingInOrder()
{
    Integer[] actually = {1, 2, 3};
    //断言匹配actually包含元素1、2、3（顺序要求与actually 一致），以下三种写法是等价的。
    assertThat(actually, arrayContaining(1, 2, 3));
    assertThat(actually, arrayContaining(equalTo(1), equalTo(2), equalTo(3)));
    assertThat(actually,
    arrayContaining(
        Arrays.asList(equalTo(1), equalTo(2), equalTo(3)))
    );
}
```

5）IsArrayContainingInAnyOrder<E>：以任意顺序匹配数组中的所有元素。

```
@Test
```

```
public void testArrayContainingInAnyOrder()
{
    Integer[] actually = {1, 2, 3};
    //断言匹配actually是否包含元素1、2、3（允许任意顺序），以下三种写法是等价的。
    assertThat(actually, arrayContainingInAnyOrder(
        equalTo(1), equalTo(3), equalTo(2)));
    assertThat(actually, arrayContainingInAnyOrder(1, 3, 2));
    assertThat(actually, arrayContainingInAnyOrder(
        Arrays.asList(equalTo(1), equalTo(3), equalTo(2)))
    );
}
```

6）IsCollectionWithSize<E>：断言 collection 元素的个数。

```
@Test
public void testIsCollectionWithSize()
{
    Collection<Integer> actually = Arrays.asList(1, 2, 3);
    //断言匹配actually元素的个数，以下两种写法是等价的。
    assertThat(actually, hasSize(3));
    assertThat(actually, hasSize(equalTo(3)));
}
```

7）IsEmptyCollection<E>：断言 collection 为空的匹配器。

```
@Test
public void testIsEmptyCollection()
{
    Collection<Integer> actually = Collections.emptyList();
    //actually为空。
    assertThat(actually, empty());
    //actually为空，且actually中的元素类型为Integer。
    assertThat(actually, emptyCollectionOf(Integer.class));
}
```

8）IsEmptyIterable<E>：断言 Iterable 为空的匹配器。

```
@Test
public void testIsEmptyIterable()
{
    //Collection是Iterable的子接口。
    Collection<Integer> actually = Collections.emptyList();
    //actually为空。
    assertThat(actually, emptyIterable());
    //actually为空，且actually中的元素类型为Integer。
    assertThat(actually, emptyIterableOf(Integer.class));
}
```

9）IsMapContaining<K,V>：匹配 Map 中 key、value、entry 等相关的匹配器。

```
@Test
public void testIsMapContaining()
{
    //actually map
    Map<String, String> actually = new HashMap<String, String>()
    {
        {
```

```
        put("Alex", "Hello Alex");
        put("Wang", "Hello Wang");
        put("Tina", "Hello Tina");
    }
};

//断言匹配actually中存在key为"Alex"、value为"Hello Alex"的Entry。
assertThat(actually, hasEntry("Alex", "Hello Alex"));
assertThat(actually, hasEntry(is("Alex"), endsWith("Alex")));

//断言匹配actually中存在Key为"Wang"的item。
assertThat(actually, hasKey("Wang"));
assertThat(actually, hasKey(is(equalTo("Wang"))));

//断言匹配actually中存在value为"Hello Alex"的item。
assertThat(actually, hasValue("Hello Alex"));
assertThat(actually, hasValue(is("Hello Alex")));
}
```

10）IsIn<T>：用于匹配某元素存在于数组（Array）、collection 或可变长数组中的对象匹配器。

```
@Test
public void testIsIn()
{
    //断言匹配ArrayList中存在元素1，但是这种写法已被标注为过期，请使用下面的写法。
    assertThat(1, isIn(Arrays.asList(1, 2, 3)));

    //等价于上一行代码，但未被标注为过期。
    assertThat(1, is(in(Arrays.asList(1, 2, 3))));

    //断言匹配数组中存在元素1，但是这种写法已被标注为过期，请使用下面的写法。
    assertThat(1, isIn(new Integer[]{1, 2, 3}));
    //等价于上一行代码，但未被标注为过期。
    assertThat(1, is(in(new Integer[]{1, 2, 3})));
    //断言可变长数组中存在元素1。
    assertThat(1, oneOf(1, 2, 3));
}
```

collection 下还有关于 Iterable 接口的几个匹配器，限于篇幅此处就不再赘述了，大家可以在本书代码 com.wangwenjun.cicd.chapter02.HamcrestUsageTest 中找到其用法细节。

2.2.4　org.hamcrest.number

number 下的对象匹配器主要用于匹配 Double、BigDecimal 和其他实现了 Comparable 接口类型的对象。

1）IsCloseTo：用于匹配在某个 delta 范围之内的 Double 类型的数字。

```
@Test
public void testIsCloseTo()
{
    /*
    operand - the expected value of matching doubles
```

```
        error - the delta (+/-) within which matches will be allowed
        */
        //1.0为期望的操作数，而0.04是delta值。
        assertThat(1.03, is(closeTo(1.0, 0.04)));
    }
```

2）BigDecimalCloseTo：用于匹配在某个 delta 范围之内的 BigDecimal 类型的数字。

```
@Test
public void testBigDecimalCloseTo()
{
    /**
     * operand - the expected value of matching BigDecimals
     * error - the delta (+/-) within which matches will be allowed
     */
    //1.0为期望的操作数，而0.03是delta值。
    assertThat(new BigDecimal("1.03"),
        is(closeTo(new BigDecimal("1.0"), new BigDecimal("0.03")))
    );
}
```

3）OrderingComparison<T extends Comparable<T>>：用于匹配实现了 Comparable 接口的类型。

```
@Test
public void testOrderingComparison()
{
    //2>1
    assertThat(2, greaterThan(1));
    //1>=1
    assertThat(1, greaterThanOrEqualTo(1));
    //1<2
    assertThat(1, lessThan(2));
    //1<=1
    assertThat(1, lessThanOrEqualTo(1));
    //H的ASCII码<W的ASCII码。
    assertThat("Hello", lessThan("World"));
}
```

2.2.5 org.hamcrest.text

text 下的对象匹配器主要用于判断字符串是否相等，以及是否存在包含关系等，它还提供了可以忽略空格、大小写的功能（需要注意的是，其中很多方法已被标记为过期，下面的代码注释中已添加了说明和替代方案，请大家在阅读时多留意）。

```
@Test
public void testIsEmptyString()
{
    //字符串为空或null，已标记为过期，请使用下一行代码。
    assertThat((String) null, isEmptyOrNullString());
    //与上一行代码等价，但未标记为过期。
    assertThat((String) null, is(emptyOrNullString()));
    //字符串为空，或者已标记为过期，请使用下一行代码。
    assertThat("", isEmptyString());
```

```
    //与上一行代码等价，但未标记为过期。
    assertThat("", is(emptyString())));
}
@Test
public void testIsEqualIgnoringCase()
{
    //忽略大小写匹配字符串。
    assertThat("alex", equalToIgnoringCase("ALEX"));
}

@Test
public void testIsEqualIgnoringWhiteSpace()
{
    //忽略空格、制表符匹配字符串，但是该方法已标记为过期方法。
    assertThat("  my\tfoo  bar ", equalToIgnoringWhiteSpace(" my  foo bar"));
    //与上一行代码等价，但未标记为过期方法。
    assertThat("  my\tfoo  bar ",
        equalToCompressingWhiteSpace(" my  foo bar")
    );
}

@Test
public void testStringContainsInOrder()
{
    //断言匹配"alexwangwenjun"中的文本顺序："alex"在"jun"之前。
    assertThat("alexwangwenjun",
        stringContainsInOrder(Arrays.asList("alex", "jun"))
    );
}
```

2.2.6　org.hamcrest.xml

xml 下的对象匹配器主要使用 xpath 表达式，对 XML 文本的节点、内容和命名空间进行相关的匹配操作（笔者将若干个重载的 hasXpath 方法测试都写在了同一个单元测试方法中，并且附加了详细的注释说明，在实际工作中，建议大家分开编写单元测试代码，同时应尽量避免单元测试的方法太过复杂，以及包含太多的断言语句）。

```
@Test
public void testHasXPath() throws Exception
{
    //自定义xml命名空间。
    final NamespaceContext ns = new NamespaceContext()
    {
        public String getNamespaceURI(String prefix)
        {
            return "www.wangwenjun.com/profile";
        }
        public String getPrefix(String namespaceURI)
        {
            return "alex";
        }
        public Iterator getPrefixes(String namespaceURI)
        {
```

```
                    return Arrays.asList("alex").iterator();
            }
    };
    //定义包含命名空间的xml字符串。
    String actuallyXml = "<?xml version = \"1.0\" encoding = \"UTF-8\"?>" +
            "<alex:contact xmlns:alex = \"www.wangwenjun.com/profile\">" +
            "<alex:name>Wangwenjun</alex:name>" +
            "<alex:age>35</alex:age>" +
            "</alex:contact>";

    //将xml解析为Document。
    Document xmlNode = parse(actuallyXml);
    //断言匹配该文档满足"/contact/age" xpath表达式，即包含age节点。
    assertThat(xmlNode, hasXPath("/contact/age"));
    //断言匹配该文档满足"/contact/age" xpath表达式，即包含age节点，同时位于ns命名空间中。
    assertThat(xmlNode, hasXPath("/contact/age", ns));
    //断言匹配该文档满足"/contact/name"，且name节点的值为"wangwenjun"(忽略大小写)。
    assertThat(xmlNode, hasXPath("/contact/name", is(equalToIgnoringCase
            ("wangwenjun"))));
    //断言匹配该文档满足"/contact/age"，且age节点的值为"35"，同时位于ns命名空间中。
    assertThat(xmlNode, hasXPath("/contact/age", ns, equalTo("35")));
}

//将xml字符串解析为Document对象的方法。
private Document parse(String xml) throws Exception
{
    DocumentBuilderFactory documentBuilderFactory =
            DocumentBuilderFactory.newInstance();
    documentBuilderFactory.setNamespaceAware(false);
    DocumentBuilder documentBuilder =
            documentBuilderFactory.newDocumentBuilder();
            return documentBuilder.parse(
            new ByteArrayInputStream(xml.getBytes()));
}
```

2.3 自定义对象匹配器

通过前面几节的学习，我们了解到，Hamcrest 提供了非常丰富的对象匹配器。大多数时候，这些对象匹配器足以应对日常工作的需要。如果你觉得这些还不能满足自己的要求，则可以通过自定义对象匹配器的方式进行扩展，本节将通过字符串正则匹配的示例来演示如何自定义 Hamcrest 的对象匹配器。示例代码如程序代码 2-7 所示。

程序代码2-7　RegexMatcher.java

```
package com.wangwenjun.cicd.chapter02;

import org.hamcrest.Description;
import org.hamcrest.TypeSafeMatcher;

import java.util.regex.Matcher;
import java.util.regex.Pattern;
```

```java
public class RegexMatcher<E extends CharSequence> extends
TypeSafeMatcher<String>
{
    //传入的正则表达式。
    private E expected;

    public RegexMatcher(E expected)
    {
        this.expected = expected;
    }

    //正则表达式既可以是String类型，也可以是StringBuilder/StringBuffer类型。
    @Override
    protected boolean matchesSafely(String item)
    {
        String reg = "";
        if (expected instanceof String)
        {
            reg = (String) expected;
        } else if (expected instanceof StringBuffer)
        {
            reg = ((StringBuffer) expected).toString();
        } else if (expected instanceof StringBuilder)
        {
            reg = ((StringBuilder) expected).toString();
        } else
        {
            return false;
        }

        //进行正则匹配。
        final Pattern pattern = Pattern.compile(reg);
        Matcher matcher = pattern.matcher(item);
        return matcher.matches();
    }

    @Override
    public void describeTo(Description description)
    {
        //期望结果信息描述。
        description.appendText("matched the regex: ").appendValue(expected);
    }

    @Override
    public void describeMismatchSafely(String item,
            Description mismatchDescription)
    {
        //匹配失败时会输出如下描述信息。
        mismatchDescription.appendText("String ")
        .appendValue(item)
        .appendText(" missed match regex: ")
        .appendValue(expected);
    }
```

```
//静态工厂方法。
public static <T extends CharSequence> RegexMatcher match(T t)
{
    return new RegexMatcher<T>(t);
}
}
```

开发一个对象匹配器还是很容易的，只需要继承 TypeSafeMatcher 类，重写三个简单方法即可，其中，matchesSafely() 方法比较重要，它能直接决定对象匹配器成功与否。下面就来验证我们自定义的对象匹配器，首先，编写一个能够正确运行的匹配断言，代码如下。

```
@Test
public void testRegexMatcher()
{
    assertThat("test zip code", "123456", match("\\d{6}"));
    assertThat("test zip code", "123456", is(match("\\d{6}")));
    assertThat("test zip code", "123456", not(not(match("\\d{6}"))));
    assertThat("test zip code", "123456",
        match(new StringBuilder("\\d{6}")));
    assertThat("test ip v4 address", "127.0.0.1", match(
    new StringBuffer("[0-9]{1,3}\\.[0-9]{1,3}\\.[0-9]{1,3}\\.[0-9]{1,3}")));
}
```

这里需要注意的一点是，上面的代码不仅可以直接使用 match 静态方法，而且可以使用 Hamcrest 提供的语法糖 is() 方法，其中甚至还使用了双重否定语句 not(not(match(...)))。运行单元测试方法，结果没有任何问题，那么匹配失败的情况又是怎样的呢？下面是一个不能正确匹配断言的单元测试方法（请重点关注错误提示信息）。

```
@Test
public void testRegexMatcherFailed()
{
    //断言失败。
    assertThat("test zip code", "123456", match("\\d{5}"));
}
```

当断言失败时，RegexMatcher 中的 describe 方法可以在输出中提供详细的错误描述信息，这非常便于定位问题所在，如图 2-8 所示。

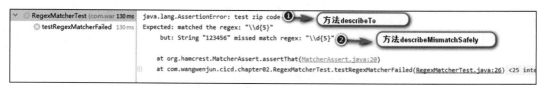

图 2-8　自定义对象匹配器断言失败时的错误提示

2.4 REST-Assured 的使用

REST-Assured 是一个专门用于测试 RESTful API 的工具，它与 Hamcrest 深度集成，为开发者提供了诸多测试 RESTful API 的便利方法，下面就来具体讲解该工具的使用方法。

首先，在项目工程中引入对 REST-Assured 的依赖，具体配置如下所示。

Maven 的引入方式：

```
<dependency>
    <groupId>io.rest-assured</groupId>
    <artifactId>rest-assured</artifactId>
    <version>4.3.1</version>
    <scope>test</scope>
</dependency>
```

Gradle 的引入方式：

```
testImplementation 'io.rest-assured:rest-assured:4.3.1'
```

成功引入对 REST-Assured 的依赖后，接下来就是检查 REST-Assured 对其他第三方类库的依赖情况。从图 2-9 中我们可以看到，REST-Assured 依赖了很多与编码、HTTP、JSON、XML 等相关的第三方类库，这是因为 REST-Assured 需要具备 HTTP 的访问能力，以及 JSON、XML 等报文格式的解析能力。同样，我们还会发现它对 Hamcrest 的依赖，由于在 pom 文件中，我们显式地指定了其对 Hamcrest 的依赖，因此 REST-Assured 所依赖的 Hamcrest 将被忽略。

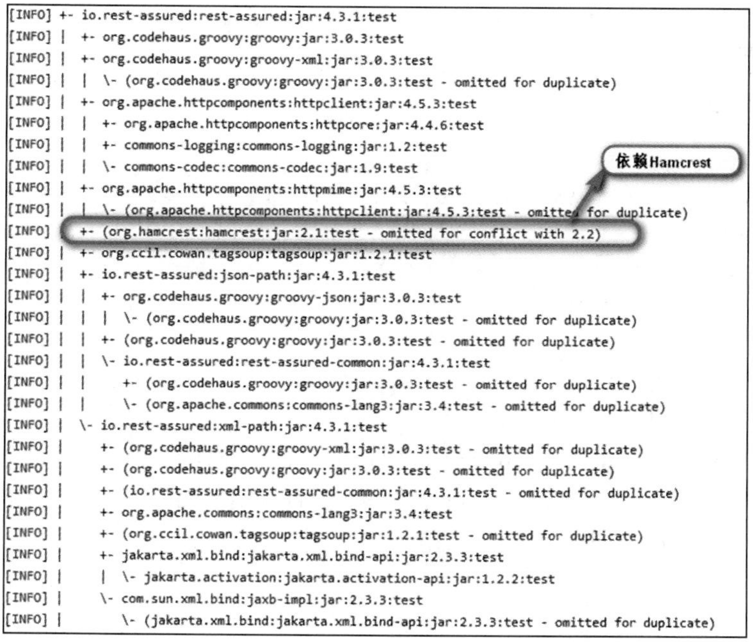

```
[INFO] +- io.rest-assured:rest-assured:jar:4.3.1:test
[INFO] |  +- org.codehaus.groovy:groovy:jar:3.0.3:test
[INFO] |  +- org.codehaus.groovy:groovy-xml:jar:3.0.3:test
[INFO] |  |  \- (org.codehaus.groovy:groovy:jar:3.0.3:test - omitted for duplicate)
[INFO] |  +- org.apache.httpcomponents:httpclient:jar:4.5.3:test
[INFO] |  |  +- org.apache.httpcomponents:httpcore:jar:4.4.6:test
[INFO] |  |  +- commons-logging:commons-logging:jar:1.2:test
[INFO] |  |  \- commons-codec:commons-codec:jar:1.9:test
[INFO] |  +- org.apache.httpcomponents:httpmime:jar:4.5.3:test
[INFO] |  |  \- (org.apache.httpcomponents:httpclient:jar:4.5.3:test - omitted for duplicate)
[INFO] |  +- (org.hamcrest:hamcrest:jar:2.1:test - omitted for conflict with 2.2)
[INFO] |  +- org.ccil.cowan.tagsoup:tagsoup:jar:1.2.1:test
[INFO] |  +- io.rest-assured:json-path:jar:4.3.1:test
[INFO] |  |  +- org.codehaus.groovy:groovy-json:jar:3.0.3:test
[INFO] |  |  |  \- (org.codehaus.groovy:groovy:jar:3.0.3:test - omitted for duplicate)
[INFO] |  |  +- (org.codehaus.groovy:groovy:jar:3.0.3:test - omitted for duplicate)
[INFO] |  |  \- io.rest-assured:rest-assured-common:jar:4.3.1:test
[INFO] |  |     +- (org.codehaus.groovy:groovy:jar:3.0.3:test - omitted for duplicate)
[INFO] |  |     \- (org.apache.commons:commons-lang3:jar:3.4:test - omitted for duplicate)
[INFO] |  \- io.rest-assured:xml-path:jar:4.3.1:test
[INFO] |     +- (org.codehaus.groovy:groovy-xml:jar:3.0.3:test - omitted for duplicate)
[INFO] |     +- (org.codehaus.groovy:groovy:jar:3.0.3:test - omitted for duplicate)
[INFO] |     +- (io.rest-assured:rest-assured-common:jar:4.3.1:test - omitted for duplicate)
[INFO] |     +- org.apache.commons:commons-lang3:jar:3.4:test
[INFO] |     +- (org.ccil.cowan.tagsoup:tagsoup:jar:1.2.1:test - omitted for duplicate)
[INFO] |     +- jakarta.xml.bind:jakarta.xml.bind-api:jar:2.3.3:test
[INFO] |     |  \- jakarta.activation:jakarta.activation-api:jar:1.2.2:test
[INFO] |     \- com.sun.xml.bind:jaxb-impl:jar:2.3.3:test
[INFO] |        \- (jakarta.xml.bind:jakarta.xml.bind-api:jar:2.3.3:test - omitted for duplicate)
```


图 2-9 REST-Assured 使用 Hamcrest 的对象匹配器

REST-Assured 主要用于测试 RESTful API，限于篇幅，本书不会为此专门开发一个 RESTful API 以演示如何使用 REST-Assured，幸运的是如今互联网上有很多 RESTful 的站点可以达到相同的目的，我们可以基于 jsonplaceholder 提供的 RESTful 在线 API 进行演示。

1）http://jsonplaceholder.typicode.com:80/posts/：列出所有文章列表。

在正式测试该接口之前，我们需要大致熟悉一下该接口的访问方法，以及返回的数据结构（如图 2-10 所示）。通常情况下，获取数据列表都会使用 HTTP 的 GET 请求。下面通过 Postman 做个简单测试。

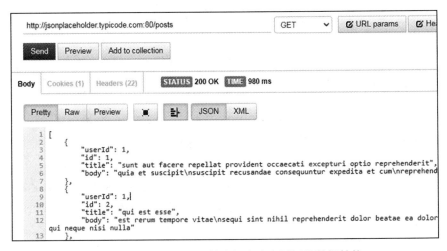

图 2-10 posts resource 的访问方法和返回的数据结构

```
@Test
public void testRequestHttpStatus_OK()
{
    //当通过GET方法请求"/posts"时，HTTP的状态码为200。
    when().request("GET", "/posts").then().statusCode(is(200));
}

@Test
public void testListPosts()
{
    // "/posts"返回的文章数据列表超过10个。
    get("/posts").then().assertThat().body("size()", greaterThan(10));
}
```

2）http://jsonplaceholder.typicode.com:80/posts/{ID}：获取某篇指定文章。

"/posts/{ID}"用于获取指定文章的详细信息，返回结果同样为 JSON 结构，包含 title、body、id 等字段，图 2-11 所示的是获取 id 为 1 的文章的方法，以及服务器端返回的数据结构。

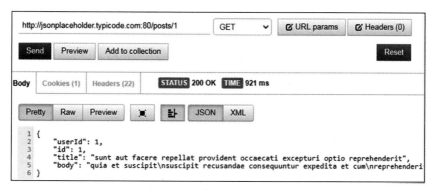

图 2-11　获取指定文章的详细信息

```java
@Test
public void testRequestSpecPost()
{
    //通过get方法访问 URI "/posts/1"，然后对结果进行断言。
    get("/posts/1").then().assertThat()
    //从body中获得title属性，REST_Assured可以自动解析出title属性。
.body("title", is(equalTo("sunt aut facere repellat provident occaecati
    excepturi optio reprehenderit")));

}
```

运行上面的单元测试，不出意外的话肯定能够成功运行（除非测试数据被删除，导致单元测试运行失败）。第 1 章曾提到，单元测试应该尽可能全面地覆盖各种情况，如果所访问的文章不存在，那么根据 RESTful 规范，需要响应 404 这样的 HTTP 状态码，这一切都可以交给 REST-Assured 来完成。

```java
@Test
public void testRequestPostNotExist()
{
    //get方法请求path: /posts/12345。
    //期望返回404这样的HTTP状态码。
    get("/posts/12345").then().statusCode(is(404));
}
```

限于篇幅，关于 REST-Assured 的介绍就到这里，大家如想进一步深入了解，可以通过阅读其官方资料获取更多帮助。程序代码 2-8 所示的是通过 REST-Assured 测试 RESTful API 的完整代码。

程序代码2-8　REST_AssuredTest.java

```java
package com.wangwenjun.cicd.chapter02;

import io.restassured.RestAssured;
import org.junit.After;
import org.junit.Before;
import org.junit.Test;
```

```java
import static io.restassured.RestAssured.get;
import static io.restassured.RestAssured.when;
import static org.hamcrest.CoreMatchers.equalTo;
import static org.hamcrest.CoreMatchers.is;
import static org.hamcrest.Matchers.*;

public class REST_AssuredTest
{

    @Before
    public void setup()
    {
        //指定base URI。
        RestAssured.baseURI = "http://jsonplaceholder.typicode.com";
        //指定端口。
        RestAssured.port = 80;
    }

    @Test
    public void testRequestHttpStatus_OK()
    {
        //通过get方法请求“/posts”时，HTTP得到状态码为200。
        when().request("GET", "/posts").then().statusCode(is(200));
    }

    @Test
    public void testListPosts()
    {
        // “/posts”返回的文章数据列表超过10个。
        get("/posts").then().assertThat().body("size()", greaterThan(10));
    }

    @Test
    public void testRequestSpecPost()
    {
        get("/posts/1").then().assertThat().body("title", is(equalTo("sunt aut
            facere repellat provident occaecati excepturi optio reprehenderit")));
    }

    @Test
    public void testRequestPostNotExist()
    {
        get("/posts/12345").then().statusCode(is(404));
    }

    @After
    public void tearDown()
    {
        RestAssured.reset();
    }
}
```

在对 RESTful API 进行单元测试时，REST-Assured 不仅可用于屏蔽 HTTP 的访问细节，而且在其内部还可以针对不同的返回类型进行解析（比如 JSON、XML 等），因此我们可以非常方便地使用 Hamcrest 的各种对象匹配器，对 HTTP 的请求结果执行断言操作。

2.5　本章总结

　　本章首先通过对比 JUnit 自身的断言方法和 Hamcrest 对象匹配器发现，在很多 JUnit 断言方法无法胜任的场景或者做得不够好的地方，Hamcrest 都能够做得很好。Hamcrest 功能强大齐全、灵活性强、易于扩展，这些优点使得它在对象匹配这一垂直细分领域具有很高的地位。除了能够提供大量优秀工具、框架、平台集成之外，Hamcrest 还广泛应用于各种开发语言，比如 Python、Ruby、Objective-C、PHP、Erlang、Swift 等。

　　本章还通过大量代码示例，详细介绍了 Hamcrest 匹配器的用法，相信这些用法足以让你应对日常的开发工作。强烈建议大家养成使用 Hamcrest 的习惯。如果 Hamcrest 自带的匹配器还不足以满足工作的需要，那么自定义对象匹配器也是非常好的选择。

　　本章最后介绍了专门用于测试 RESTful API 的工具：REST-Assured。该工具由于利用了 Hamcrest 强大的对象匹配库，以及自身 DSL 风格的编码方式，因此得到了开发者的广泛认可。限于篇幅，本章无法详尽展开讲解 REST-Assured 的每一个使用细节，大家可以参考相关资料以进一步学习。

　　由于本书的其他章节还会涉及 Hamcrest 对象匹配器的使用，因此希望大家能够熟练掌握这部分内容，从而获得更好的学习效果。

　　【拓展阅读】

　　1）Hamcrest Java 语言版帮助文档，网址为 http://hamcrest.org/JavaHamcrest/tutorial。

　　2）Hamcrest Python 语言版帮助文档，网址为 http://github.com/hamcrest/PyHamcrest。

　　3）Hamcrest Ruby 语言版帮助文档，网址为 https://github.com/hamcrest/ramcrest。

　　4）Hamcrest Objective-C 语言版帮助文档，网址为 https://github.com/hamcrest/OCHamcrest。

　　5）Hamcrest PHP 语言版帮助文档，网址为 https://code.google.com/p/hamcrest/downloads/list?q=label:PHP。

　　6）Hamcrest Erlang 语言版帮助文档，网址为 https://github.com/hyperthunk/hamcrest-erlang。

　　7）Hamcrest Swift 语言版帮助文档，网址为 https://github.com/nschum/SwiftHamcrest。

　　8）维基百科：陈述式风格编程，网址为 https://en.wikipedia.org/wiki/Declarative_programming。

　　9）Hamcrest 被引用情况在 Maven 中央仓库的统计，网址为 https://mvnrepository.com/artifact/org.hamcrest/hamcrest-core/usages。

　　10）REST-assured 的官方网址为 http://rest-assured.io/。

　　11）REST-assured 用户手册，网址为 https://github.com/rest-assured/rest-assured/wiki/Usage。

　　12）REST-assured 的介绍见 https://github.com/rest-assured/rest-assured/wiki/GettingStarted。

　　13）在线 API 测试站点，网址为 https://apitester.com/。

Git 及 Git 工作流程

 将项目工程的所有变更（代码、配置、文档、手册等与项目有关的变更）全部纳入版本控制（version control），可以很清晰地追踪到项目工程从诞生到结束整个过程中的所有变化。除此之外，版本控制还可以帮助我们退回到某个正确的历史版本。我们将具有版本控制能力的系统称为版本控制系统（Version Control System，VCS），目前业界有很多可提供版本控制能力的软件，大致上可将其分为两大类，具体如下。

❏ 集中式版本控制系统：CVS（Concurrent Version Control，并发版本控制）、SVN（subversion）、TFS（Team Foundation Server）和 Perforce 等都属于集中式的版本控制解决方案。在集中式的版本控制系统中，仅拥有一个控制文件及版本的中央服务器，如果出现网络问题，那么对变更的提交将会失败。

❏ 分布式版本控制系统：Bazaar、Mercurial、Git 均属于分布式的版本控制解决方案，在分布式的版本控制系统中，即使远程服务器出现问题，也丝毫不会影响变更的提交操作。开发人员可以在脱机（offline）状态下工作，首先，将变更提交至本地仓库并记录在案，然后，在未来的某个时间将本地变更同步至远程仓库，供其他人获取。

Git 出自大师 Linus Torvalds（Linux 操作系统内核的缔造者）之手，经过多年的发展，已经成为分布式版本控制系统领域事实上的标准，目前全球最大的代码仓库 GitHub 就是基于 Git 开发的。

本章将重点介绍如下内容。

❏ Git 的安装和基本操作。

❏ Git 的常用命令和本地操作。

❏ Git 与远程仓库的交互和操作。

❏ Git 常见的配置和别名 alias 用法。

❑ 团队协作 Git Work Flow。

3.1　快速上手 Git

　　Git 是一个开源项目，几乎所有的操作系统都支持 Git 的安装。我们既可以从 Git 官网上下载最新的安装包进行安装，也可以使用 apt、yum 等软件包管理命令进行安装。Git 官网下载地址为 https://git-scm.com/downloads。本章所列举的 Git 示例都将基于 Ubuntu 操作系统（与在 Windows 下直接使用 Git Bash 一模一样）。如果你已经安装了 Git，或者对 Git 的安装过程很熟悉，则可以跳过本节，这并不会影响后续章节的学习。安装命令具体如下。

```
> sudo apt-get update
> sudo apt-get install git -y
//这里省略部分代码。
Selecting previously unselected package git-man.
Preparing to unpack .../git-man_1%3a2.7.4-0ubuntu1.9_all.deb ...
Unpacking git-man (1:2.7.4-0ubuntu1.9) ...
Selecting previously unselected package git.
Preparing to unpack .../git_1%3a2.7.4-0ubuntu1.9_amd64.deb ...
Unpacking git (1:2.7.4-0ubuntu1.9) ...
Processing triggers for man-db (2.7.5-1) ...
Setting up liberror-perl (0.17-1.2) ...
Setting up git-man (1:2.7.4-0ubuntu1.9) ...
Setting up git (1:2.7.4-0ubuntu1.9) ...
```

　　使用“sudo apt-get install git -y”命令，很容易就能完成对 Git 及其依赖包的安装，当 Git 成功安装后，我们可以通过“git --version”命令检查当前所安装 Git 的版本，以及通过“git --help”命令获取更多 git 命令的使用帮助，具体操作如下所示。

```
#检查Git版本。
> git --version
> git version 2.7.4
#获得git命令的使用帮助。
> git --help
usage: git [--version] [--help] [-C <path>] [-c name=value]
           [--exec-path[=<path>]] [--html-path] [--man-path] [--info-path]
           [-p | --paginate | --no-pager] [--no-replace-objects] [--bare]
           [--git-dir=<path>] [--work-tree=<path>] [--namespace=<name>]
           <command> [<args>]

These are common Git commands used in various situations:

start a working area (see also: git help tutorial)
    clone     Clone a repository into a new directory
    init      Create an empty Git repository or reinitialize an existing one

work on the current change (see also: git help everyday)
    add       Add file contents to the index
    mv        Move or rename a file, a directory, or a symlink
    reset     Reset current HEAD to the specified state
    rm        Remove files from the working tree and from the index
```

```
examine the history and state (see also: git help revisions)
    bisect     Use binary search to find the commit that introduced a bug
    grep       Print lines matching a pattern
    log        Show commit logs
    show       Show various types of objects
    status     Show the working tree status

grow, mark and tweak your common history
    branch     List, create, or delete branches
    checkout   Switch branches or restore working tree files
    commit     Record changes to the repository
    diff       Show changes between commits, commit and working tree, etc
    merge      Join two or more development histories together
    rebase     Forward-port local commits to the updated upstream head
    tag        Create, list, delete or verify a tag object signed with GPG

collaborate (see also: git help workflows)
    fetch      Download objects and refs from another repository
    pull       Fetch from and integrate with another repository or a local branch
    push       Update remote refs along with associated objects
```

当 Git 软件在 Ubuntu 操作系统的安装完成之后，我们可以使用 git 命令创建本地仓库，提交版本变更，具体步骤如下。

1）进入工作目录，命令如下。

```
> cd /home/wangwenjun/git/lesson01/
```

2）执行 git init 命令，创建一个空的 Git 仓库并初始化，命令如下：

```
> git init
```

3）空的 Git 仓库创建并初始化成功后，工作目录下会出现一个 ".git" 目录，其结构如图 3-1 所示。

```
Initialized empty Git repository in /home/wangwenjun/git/lesson01/.git/
```

图 3-1　".git" 目录的结构

　　需要特别说明的一点是，".git"目录只会出现在工作目录的根目录下（这一点与 SVN 完全不一样，SVN 除了在根目录下创建".svn"目录之外，还会在所有的子目录下创建".svn"目录），一般情况下，请不要直接手动修改".git"目录中的内容，否则就会出现不可恢复的错误，其中的内容应由 Git 自行维护和管理。

　　至此，我们只是创建了一个空的 Git 仓库，并没有添加或提交任何文件。现在需要在工作目录下创建一个文件，然后执行 git status 命令，以查看工作目标的状态，代码如下。

```
# 在工作目录中创建一个文件。
> echo "hello git" >a.txt
# 执行git status命令，查看工作目录的状态。
> git status
On branch master
Initial commit
Untracked files:
    (use "git add <file>..." to include in what will be committed)
        a.txt
nothing added to commit but untracked files present (use "git add" to track)
```

在当前工作目录中执行 git status 命令，我们将会看到 Git 并未对 a.txt 文件进行版本跟踪（a.txt 文件的状态是 Untracked 的），如果此刻删除 a.txt 文件，则该文件将会无法恢复。若要对 a.txt 文件进行版本控制，则还要再次执行 git add 命令。

```
# 执行git add命令（将变更加入暂存区，后文会讲到）。
> git add a.txt
# 再次执行git status命令，查看工作目录的状态。
> git status
On branch master
Initial commit
Changes to be committed:
    (use "git rm --cached <file>..." to unstage)
        new file:   a.txt
```

将文件加入暂存区后，就可以通过 git commit 命令将变更提交至本地仓库了。需要注意的是，首次使用 git commit 命令时会出现错误提示，原因是当前并未设置提交者的 email 和 name 等信息。

```
#将变更提交至本地仓库。
> git commit --message "first commit"
# 出现错误提示信息。
*** Please tell me who you are.
Run
    git config --global user.email "you@example.com"
    git config --global user.name "Your Name"

to set your account's default identity.
Omit --global to set the identity only in this repository.
```

根据 Git 的错误提示信息和指引，首先需要设置好提交者的 email 和 name 信息，然后再次执行提交命令即可成功。

```
# 设置提交者的邮箱地址。
```

```
> git config --local user.email "alex@wangwenjun.com"
# 设置提交者的用户名。
> git config --local user.name "Alex Wang"
# 再次提交变更。
> git commit --message "first commit"
[master (root-commit) f7c6a65] first commit
 1 file changed, 1 insertion(+)
 create mode 100644 a.txt
```

如果要获得本地仓库的历史提交记录，就需要执行 git log 命令来查看（git log 命令是常用的命令之一）。关于 Git 文件的生命周期和三大区域，3.2 节将结合实例进行深度剖析，关于 Git 的配置，3.5 节将会进行详细介绍。

```
# 执行 git log命令查看历史提交记录。
> git log --decorate --graph --oneline --all
* f7c6a65 (HEAD -> master) first commit
```

至此，Git 软件安装完毕。接下来，我们将进一步学习 Git 的其他常用命令，以及如何通过 Git 命令创建并初始化一个空的本地仓库，如何将未跟踪的文件纳入 Git 版本管理并提交至本地仓库。

3.2 文件状态生命周期及 Git 中的对象

简单了解 Git 的基本操作之后，本节将深入讲解 Git 如何管理数据文件，以及 Git 中不同对象之间的关联关系。

3.2.1 文件状态生命周期

如果想要进一步深入了解 Git 的内部原理，就必须清晰地掌握文件在 Git 中的状态生命周期，本节将通过若干个示例共同探讨文件状态生命周期的相关内容。

通过 git init 命令创建并初始化一个空的本地仓库之后，该本地仓库所在的目录就称为工作目录，工作目录中存在一个与 Git 相关的隐藏目录，名为 ".git"，整个工作目录都可以移动至其他任意路径中，且不用担心有版本信息丢失的风险，这也是 Git 相较于 SVN 的优点之一。

在工作目录中首次创建一个文件时，该文件的状态为 "Untracked"，该状态的意思是：Git 知道有一个新的文件加入了工作目录，但是并不会对该文件进行任何管理，原因是 Git 之前没有 "见过" 它。如果想要让 Git 仓库管理 "Untracked" 状态的文件，则必须使用 add 命令将该文件纳入版本控制中。一旦对新创建的文件执行 add 命令，该文件的状态就会变为 "Unmodified"，此状态的意思是：该文件是全新的，并且处于待提交状态（由于 Git 之前从未 "见过" 该文件，因此 Git 无法得知它是否被修改过），对文件执行 add 命令之后，文件就会进入索引目录或暂存（staging）目录，我们就可以进一步将该文件提交至本地仓库了。

当修改一个已经提交至本地仓库的文件时，执行 git status 命令就会发现它的状态为

"Modified"，图 3-2 详细描述了文件状态的整个生命周期和不同状态之间的转换关系。

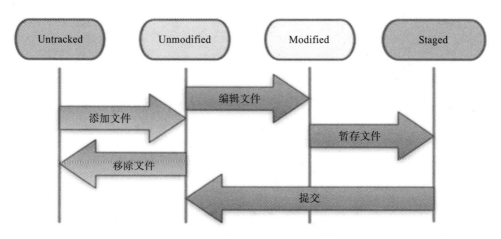

图 3-2　文件状态生命周期

本地工作目录很好理解，它其实就是一个磁盘路径。本地仓库或已提交目录（committed 目录）也很好理解，它代表着 Git 的本地仓库。而暂存目录（staging 目录）理解起来相对来说就有些难度了，主要原因是该目录是一个虚拟的目录，它是在文件由工作目录提交至提交目录之间的一个过渡目录，所有新建或修改的文件，在进入提交目录之前都必须先经过暂存目录，也就是前文中介绍的 git add 命令，示例代码如下。

```
#在工作目录或工作区中创建一个新的文件。
> echo "the new file named b.txt" >>b.txt
# 试图将文件直接提交至本地仓库或已提交区。
> git commit --message "add the new file b.txt"
On branch master
Untracked files:
        b.txt
# 提示无法提交至已提交区，必须先将其加入暂存目录或暂存区中。
nothing added to commit but untracked files present
# 将b.txt文件加入暂存区中。
> git add b.txt
# 再次提交。
> git commit --message "add the new file b.txt"
# 文件成功进入已提交区。
[master f30ebbc] add the new file b.txt
 1 file changed, 1 insertion(+)
 create mode 100644 b.txt
```

如果误将文件加入至暂存目录，想要让其回退至 Untracked 状态，就要使用 reset 命令，示例代码如下。

```
# 创建一个空的文件，并将其加入暂存区。
> touch c.txt && git add c.txt
> git status
On branch master
```

```
Changes to be committed:
    (use "git reset HEAD <file>..." to unstage)
        new file:   c.txt
> git reset HEAD c.txt
> git status
On branch master
Untracked files:
    (use "git add <file>..." to include in what will be committed)
        c.txt
nothing added to commit but untracked files present (use "git add" to track)
```

另外，还有一种命令是 git rm，可用于将暂存区文件回退至 Untracked 状态，示例代码如下。

```
# 创建一个空的文件，并将其加入暂存区。
> touch c.txt && git add c.txt
> git status
On branch master
Changes to be committed:
    (use "git reset HEAD <file>..." to unstage)
        new file:   c.txt
> git rm  --cached c.txt
rm 'c.txt'
> git status
On branch master
Untracked files:
    (use "git add <file>..." to include in what will be committed)
        c.txt
nothing added to commit but untracked files present (use "git add" to track)
```

加入暂存区的文件在提交之后就会进入已提交区，实际上，Git 的仓库正是由若干个提交动作构成的，换言之，Git 仓库管理了一系列的提交动作，如图 3-3 所示。

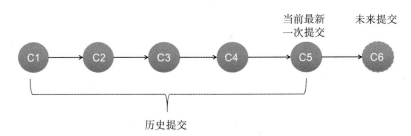

图 3-3　Git 仓库中包含了一系列的提交动作

在 Git 的历史提交记录中，始终存在一个指针 HEAD 指向最近（最后）一次的提交（如图 3-4 所示），HEAD 指针可用于将文件回溯到以前的某次提交。

```
# git log命令可用于列出历史提交记录。
> git log
commit f30ebbc1fc5507e176653329801044a0e090a4bc
Author: Alex Wang <alex@wangwenjun.com>
Date:   Wed Feb 17 23:34:58 2021 -0800
```

```
    add the new file b.txt

commit f7c6a653954df76767e5a85f7d2472cbab5010f4
Author: Alex Wang <alex@wangwenjun.com>
Date:   Wed Feb 17 21:39:02 2021 -0800

first commit
#最近一次的提交编号为: f30ebbc1fc5507e176653329801044a0e090a4bc。
# cat HEAD文件。
> cat .git/HEAD
# HEAD文件指向当前的分支(master)文件。
ref: refs/heads/master
# cat当前的分支文件, 可以发现它保存的就是最后一次文件的提交编号。
> cat .git/refs/heads/master
f30ebbc1fc5507e176653329801044a0e090a4bc
```

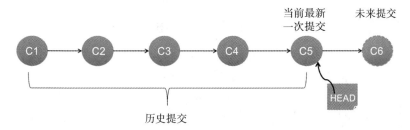

图 3-4　HEAD 指针始终指向当前分支的最后一次提交

3.2.2　Git 中的对象

数据对象在 Git 中的存储与传统的版本控制系统不同，以 SVN 为例，SVN 将首次提交至仓库的数据文件存储为初始版本，之后对于该文件的任何修改，都会记录补丁文件（delta）的变化。如图 3-5 所示，获取最新一次版本（Version 6）的某个文件（A）时，它实际上是原始文件 A 与三次不同的补丁文件（delta1、delta2、delta3）合并的结果。

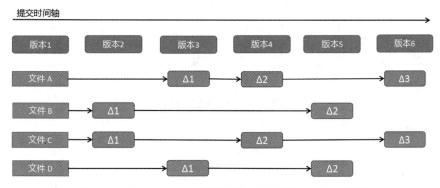

图 3-5　传统 VCS 版本控制系统对不同版本的文件存储

Git 不会在不同的版本中存储每个文件的补丁文件列表，而是会记录下每个文件的快照，以及它们相对于本地仓库的相对路径，即在 Git 中以文件树的形式跟踪仓库中文件的变化，Git 中的每次提交都会记录在文件树中（后文将会通过示例演示文件的不同版本的 Git 文件树之间的关系）。Git 版本控制系统在不同版本中对文件的存储示意图如图 3-6 所示。

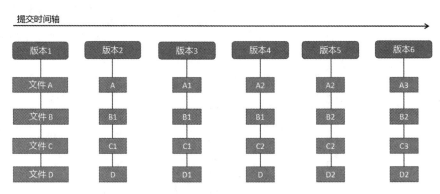

图 3-6　Git 版本控制系统在不同版本中对文件的存储

大致了解了 Git 本地仓库不同版本中文件的存储形式之后，下面就来通过一个示例进行深入分析。首先，创建并初始化一个新的本地仓库，然后分别提交三个文件至本地仓库，每一次提交都会使本地仓库产生一个最新的版本（HEAD 指针始终指向当前分支的最近或最后一次提交）。

```
# 创建一个新的目录。
> mkdir -p lesson02
# 进入该目录。
> cd lesson02
# 创建一个空的本地仓库并且初始化。
> git init
Initialized empty Git repository in /home/wangwenjun/git/lesson02/.git/
# 创建一个文本文件并将其提交至暂存区。
> echo "test">test.txt && git add test.txt
# 提交test.txt文件至本地仓库（已提交区）。
> git commit --message "first commit"
# 每次提交都会产生一个SHA-1算法生成的唯一数字b9d95ff，代表当前最新的版本。
[master (root-commit) b9d95ff] first commit
 1 file changed, 1 insertion(+)
 create mode 100644 test.txt
```

待文件提交至本地仓库后，文件会以 blob 的形式存储于文件树（tree）结构中，除了 blob 之外，Git 还支持文件目录（它是 Git 仓库文件树的子树）的存储。

```
# 使用cat-file命令读取最后一次提交的HEAD。
> git cat-file -p HEAD
# 当前文件树的SHA-1值。
tree 2b297e643c551e76cfa1f93810c50811382f9117
author Alex Wang <alex@wangwenjun.com> 1613655644 -0800
committer Alex Wang <alex@wangwenjun.com> 1613655644 -0800
```

```
first commit
# 查看当前文件树的文件列表。
> git cat-file -p 2b297e643c551e76cfa1f93810c50811382f9117
# 只有一个blob类型的文件。
100644 blob 9daeafb9864cf43055ae93beb0afd6c7d144bfa4    test.txt
```

那么，最后一个 SHA-1 值代表什么意思呢？看了下面的命令示例之后就会明白，它是
Git 通过 zlib 库对 test.txt 文本内容进行压缩后产生的一个 SHA-1 值。

```
> echo "test" | git hash-object --stdin
# 输出test的SHA-1值。
9daeafb9864cf43055ae93beb0afd6c7d144bfa4
> git cat-file -p 9daeafb9864cf43055ae93beb0afd6c7d144bfa4
# 输出内容test。
test
```

接下来再分别创建两个新的文件 git.txt 和 hub.txt 并提交（为了节约篇幅，这里省略了
具体的操作过程）。

```
# 使用cat-file命令读取最后一次提交的HEAD。
> git cat-file -p HEAD
tree aefbe4a0061f550a60f6acb234b56ec08537bfd8
parent 4434483509292b7b19f7e7447cfb8d7a1749f54b
author Alex Wang <alex@wangwenjun.com> 1613657492 -0800
committer Alex Wang <alex@wangwenjun.com> 1613657492 -0800

third commit
-------当前文件树的SHA-1值。
> git cat-file -p aefbe4a0061f550a60f6acb234b56ec08537bfd8
# 有三个文件在已提交区（本地仓库）。
100644 blob 5664e303b5dc2e9ef8e14a0845d9486ec1920afd    git.txt
100644 blob 122a5d7890d39b2c3fcd75ece90f11a6eff4ca63    hub.txt
100644 blob 9daeafb9864cf43055ae93beb0afd6c7d144bfa4    test.txt
----------分割线
> git cat-file -p HEAD^
tree 9207512fb747c40eb6b9eaff4c774dfec2090c29
parent b9d95ff8cae0a149c9850ab3a70d8cf829148790
author Alex Wang <alex@wangwenjun.com> 1613657472 -0800
committer Alex Wang <alex@wangwenjun.com> 1613657472 -0800

second commit
---------前一次文件树的SHA-1值。
> git cat-file -p 9207512fb747c40eb6b9eaff4c774dfec2090c29
# 有两个文件在已提交区（本地仓库）。
100644 blob 5664e303b5dc2e9ef8e14a0845d9486ec1920afd    git.txt
100644 blob 9daeafb9864cf43055ae93beb0afd6c7d144bfa4    test.txt
-----------分割线
> git cat-file -p HEAD^^
tree 2b297e643c551e76cfa1f93810c50811382f9117
# 请注意，这里已经没有parent了，因为first commit是首次提交。
author Alex Wang <alex@wangwenjun.com> 1613655644 -0800
committer Alex Wang <alex@wangwenjun.com> 1613655644 -0800

first commit
```

```
---------第一次文件树的SHA-1值。
> git cat-file -p 2b297e643c551e76cfa1f93810c50811382f9117
100644 blob 9daeafb9061ef13055ac93bcb0afd6e7d111bfa1     test.txt
```

根据上面的操作再结合图 3-6，我们可以更进一步地细化出三个不同版本下文件树的结构和进化过程（如图 3-7 所示）。

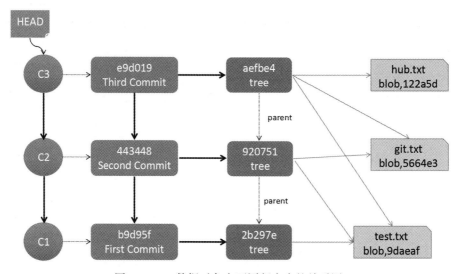

图 3-7　Git 数据对象在不同版本中的关系图

需要注意的是，默认情况下，SHA-1 会生成 40 位的哈希值，但是在大多数情况下，数值的前 6 位已经足以区分出不同的对象了。

了解了 blob 数据对象在不同版本下的关系图和文件树对象之后，接下来我们再进一步探究这些数据对象在 Git 本地仓库中是如何存储的。

```
# 通过cd命令进入".git"路径下的objects目录。
> cd .git/objects
# 最后一次提交hub.txt，SHA-1的值为：122a5d7890d39b2c3fcd75ece90f11a6eff4ca63
# 再次通过cd命令进入".git/objects"目录下名为12的文件夹。
> cd 12
# 在该目录下我们会看到文件2a5d7890d39b2c3fcd75ece90f11a6eff4ca63，其中存储了hub.txt的
内容。
```

如果修改了 hub.txt 之后再次提交，那么它前一个版本的数据内容是会被覆盖，还是会针对新版本的 hub.txt 创建一个新的数据对象呢？答案当然是创建一个新的数据对象了，否则怎么进行版本控制呢，但是不同版本的数据对象相对于本地仓库的相对路径却是完全一样的。

```
# 修改hub.txt文件。
> echo "new line" >>hub.txt
# 提交对hub.txt文件的修改。
> git commit -am "append new line in hub.txt"
# 执行cat-file命令。
```

```
> git cat-file -p 7a64db4
tree 409dabd9f8d6daa1b02b0d91a98d5d7ee0db8495
...
> git cat-file -p 409dabd9f8d6daa1b02b0d91a98d5d7ee0db8495
...
100644 blob 210a49ce8d5f5e498b85758e83aa773452155b5b    hub.txt
...
> cd .git/objects/
> ls
12  21  2b  39  40  44  4b  56  7a  92  9d  ae  b9  e1  e9  fe  info  pack
#其中，12和21目录下存储了hub.txt文件在两个不同版本下的数据对象文件。
```

每个文件树（tree）都有一个唯一的 SHA-1 值，每次提交都有一个唯一的 SHA-1 值，版本仓库中的不同分支也会有与之对应的 SHA-1 值，数据文件本身也具有唯一的 SHA-1 值，可见 SHA-1 哈希值在 Git 中的重要性。

文件树、提交、分支、数据文件，在 Git 中统称为对象，除此之外，Git 中还包含了其他类型的对象，比如，ref、reflog、index 等。这些不同的对象都有唯一能确定它们的 SHA-1 值，Git 也是借助对 SHA-1 的管理，进而索引和管理不同的对象。图 3-8 展示了当前 Git 本地仓库中所有对象之间的关系。

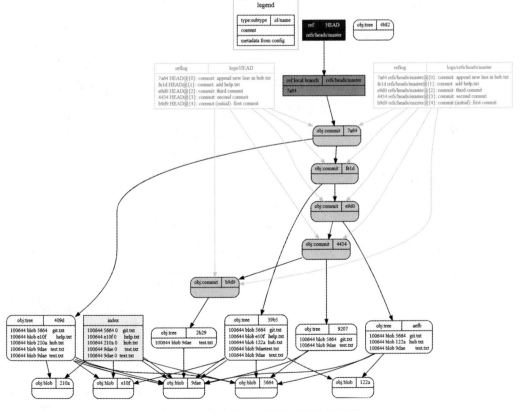

图 3-8　本地仓库下所有对象的关系图

3.3 Git 与本地仓库

在 3.2 节中，我们了解了 Git 文件状态的生命周期，探究了 Git 中对象之间的关系，本节就来学习 Git 的一些常用命令和操作，尽管已有很多集成开发环境对 Git 命令进行了可视化集成，但是掌握这些常用命令的使用方法和实现细节对我们理解 Git 会有很大的帮助。

3.3.1 add 与 commit 命令

add 命令主要用于将变更提交至暂存区，为下一步的 commit 操作做准备，常见的 add 命令有如下几种写法。

❑ 将某个文件提交至暂存区：git add 文件名。

❑ 将当前目录下的所有变更批量提交至暂存区：git add .（其中，"."代表当前目录）。

❑ 将当前目录及子目录下的所有变更提交至暂存区：git add --all。

❑ 将当前目录及子目录下的所有变更提交至暂存区：git add -A（同上一个命令）。

commit 命令主要用于将暂存区中的变更提交至本地仓库（已提交区），常见的 commit 命令有如下几种写法。

❑ 将某个指定文件（变更已被提交至暂存区）提交至本地仓库：git commit 文件名 --message "comments"。

❑ 将某个指定文件（变更已被提交至暂存区）提交至本地仓库：git commit 文件名 -m "comments"。

❑ 将工作目录中的变更提交至暂存区，并从暂存区提交至本地仓库：git commit -am "comments"（如果是新的文件则必须先执行"git add 文件"命令）。

❑ 修改最近一次的提交，并将所有已提交至暂存区的变更都提交至本地仓库，具体命令为：git commit --amend -m "comments"，请看下面的示例代码。

```
# 批量touch三个空的文件。
> touch {a.txt,b.txt,c.txt}
# 将a.txt文件提交至暂存区。
> git add a.txt
# 将a.txt文件的变更提交至本地仓库。
> git commit -m "commit a.txt"
# 检查当前文件树对象，可以得知只有a.txt文件提交到了本地仓库。
> git cat-file -p 65a457425a679cbe9adf0d2741785d3ceabb44a7
100644 blob e69de29bb2d1d6434b8b29ae775ad8c2e48c5391    a.txt
# 很明显，这里遗漏了对b.txt和c.txt这两个文件的提交操作，当然也可以选择再执行一次提交操作，但
是这样就会在提交日志中看到两次提交记录，能否对a.txt文件的提交操作稍作修改，在不增加提交记录的
前提下将b.txt和c.txt也提交至本地仓库呢？使用"--amend"参数就可以做到这一点。
# 先执行add命令。
> git add --all
# 再执行commit命令，且使用"--amend"参数。
> git commit --amend -m "initial commit"
# 查看提交记录，只有一次提交，不仅修改了comments，而且也提交了b.txt和c.txt。
> git log
commit 5c14f4d519c4537941ab5848c5db36b352e75c26
```

```
Author: Alex Wang <alex@wangwenjun.com>
Date:    Thu Feb 18 19:35:55 2021 -0800
    initial commit
```

3.3.2　log 命令

log 命令主要用于查看历史提交记录，也是使用较多的命令之一。目前已有大量集成开发环境都对该命令做了很好地可视化集成，因此使用起来比较方便，log 命令的常用方法包含如下几种形式。

- ❑ 查看所有的历史提交记录：git log --all。
- ❑ 查看最近几次的历史提交记录：git log -N(N ∈ Z)。
- ❑ 只查看某个作者的历史提交记录：git log --committer='Alex Wang' 或 git log --author='Alex Wang'。
- ❑ 查看几天之前的历史提交记录：git log --after 2.days.ago。
- ❑ 查看给定时间区间的历史提交记录：git log --after "2021-02-01" --before "2021-02-28"。
- ❑ 查看历史提交记录的同时列出详细的变更明细：git log -p。
- ❑ 查看历史提交记录中每次提交的摘要和统计：git log --stat。
- ❑ 精简模式输出提交记录：git log --oneline。
- ❑ ACSII 图形化输出提交记录（在多分支下比较有用）：git log --graph。
- ❑ 自定义提交记录的输出格式：git log --graph --pretty=format:"Commit Hash: %H, Author: %aN, Date: %aD"。
- ❑ 自定义输出的格式和字体的样式：git log --all --graph --pretty=format:'%Cred%h%Creset -%C(yellow)%d%Creset %s %Cgreen(%ci) %C(bold blue)<%an>%Creset'。
- ❑ 只输出某个文件的变更历史记录：git log < 文件名 >。

Git 对日志的输出形式包含多种样式，甚至还提供了一些工具专门针对 Git 的日志格式进行图形化输出，比如 Gitk。

3.3.3　diff 与 blame 命令

diff 命令主要用于对比两个提交之间的不同之处，还可以用于对比两个不同分支之间的不同之处（3.3.4 节将有详细介绍），下面来看一个简单的例子。

```
# 创建一个文本文件，然后写入三行内容。
> echo -e "hello\nworld\ni am git" >diff.txt
# 将diff.txt文件提交至本地仓库。
> git add diff.txt
> git commit -m "create the diff.txt file"
[master 7e955d3] create the diff.txt file
 1 file changed, 3 insertions(+)
 create mode 100644 diff.txt
```

```
-------删除该文件的第二行内容，并进行提交（此处省略了具体的操作步骤）。
-------新增一行内容，并再次进行提交（此处省略了具体的操作步骤）。
# 至此，diff.txt文件在本地仓库中共存在三次提交。
> git log diff.txt
commit e382906aaca914e62240379711e18492817f159b
Author: Alex Wang <alex@wangwenjun.com>
Date:   Thu Feb 18 23:29:23 2021 -0800

    add the new line

commit 067294b815a04a4d7494281f7e88a8cc6f126a9d
Author: Alex Wang <alex@wangwenjun.com>
Date:   Thu Feb 18 23:28:52 2021 -0800

    delete the line two

commit 7e955d32f931b13b7055dd5d7c1b3b2a4f2cc9e4
Author: Alex Wang <alex@wangwenjun.com>
Date:   Thu Feb 18 23:24:33 2021 -0800

    create the diff.txt file
```

如果想要对比提交编号 7e955d 和 e38290 之间发生的变更，则可以使用 diff 命令，下面是 diff 命令的具体使用示例。

```
#对比两次不同提交之间的不同之处。
> git diff 7e955d e38290
diff --git a/diff.txt b/diff.txt
index b0b46b7..ed6ade2 100644
--- a/diff.txt
+++ b/diff.txt
@@ -1,3 +1,3 @@
 hello
-world
 i am git
+new line
```

diff 命令可用于对比两次不同提交之间发生的变化：删除了 world，增加了 new line。虽然 diff 可以很好地帮助我们对比两次提交之间的不同之处，但是不能用于找出是哪个提交者进行的提交和改动，该需求需要借助于 blame 命令进行查看。

```
> git blame diff.txt
7e955d32 (Alex Wang 2021-02-18 23:24:33 -0800 1) hello
7e955d32 (Alex Wang 2021-02-18 23:24:33 -0800 2) i am git
e382906a (Alex Wang 2021-02-18 23:29:23 -0800 3) new line
```

关于 diff 命令和 blame 命令就简单介绍这么多，两者还提供了其他大量参数，大家可以通过阅读官方文档获得更多帮助。

3.3.4　Git 的分支及操作

无论有没有创建分支，在利用 Git 进行版本管理的目录中，每一次的提交实际上都是基于一个分支进行的，默认情况下，这个分支是 master 分支（GitHub 远程仓库原本默认的分支也名为 master，2020 年改名为 main 分支）。

```
#以下命令将会列出当前版本仓库的所有分支，其中，第三个命令还会列出远程仓库的分支。
> git branch
> git branch --list
> git branch --list --all
* master
```

第一个命令与第二个命令是等价的，两者都是用于列出当前本地仓库的所有分支，加入"--all"参数后，本地仓库和远程仓库的所有分支都会列出，由于目前仅有一个分支，且未与远程仓库建立绑定关系，所以只有一个称为 master 的分支。在列出的分支列表中，若前面带"*"号，则表示当前正在 master 分支中进行操作。

在开始学习如何创建分支之前，我们首先需要思考一个问题：为什么要有分支？想象一个场景：假设当前 Git 仓库 master 分支的最后一次提交为 c03f79，我们需要对当前及其所有的历史变更记录进行打包，并将它们部署在某个运行环境中，然后继续下一阶段的开发工作。如果软件在发布后测试出了缺陷，则需要对它进行修复。如果继续在主线（master）分支上修复问题，则势必会引入最近的一些提交，而这些提交并未完成测试，甚至连功能也不是完整的，这将会导致部署的又一次失败。

Git 仓库中的分支可以很好地解决上述场景中描述的冲突问题，比如，基于最近一次的提交创建一个新的分支（dev），用于软件的打包部署。主线分支（master）则继续提交其最新的开发变更，即使软件在部署后又出现问题，也是基于 dev 分支进行修复，因此问题修复后不会引入主线分支（master）中未被验证的变更提交。在实际的工作中，我们不建议将变更直接提交至主线分支。主线分支只用于存储全量的提交记录，派生其他新的分支，并且接收其他分支的增量 merge 操作（在本章的最后部分，Git Work Flow 会详细介绍不同分支之间的协同工作）。图 3-9 所示的是 dev 分支与 master 分支协同工作的示意图。

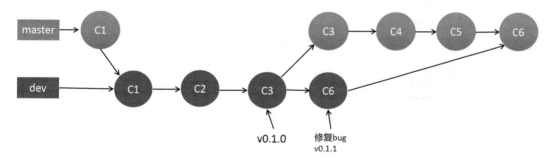

图 3-9　dev 分支与 master 分支的协同工作

了解了 Git 分支的使用场景之后，接下来再通过若干个 git 命令示例，讲解针对分支的操作，其中包含了分支的创建，不同分支之间的 merge 和 diff 等操作。

```
# 创建三个空的文件。
```

```
> touch {1.txt,2.txt,3.txt}
> git add .
> git commit -m "initial commit"
# 创建一个新的分支branch。
> git branch dev
> git branch --list
  dev
* master
# 切换至dev分支branch。
> git checkout dev
> git branch --list
* dev
  Master
# 在dev 分支branch中修改3.txt，并且新增一个文件，然后提交至本地仓库。
> echo "hello">3.txt
> git commit -am "modify the 3.txt"
> touch 4.txt && git add 4.txt
> git commit -m "add 4.txt file"
```

下面介绍几个常用的 git 命令。

❑ git branch 分支名：基于当前分支最新的提交创建一个新的分支。

❑ git checkout 分支名：将分支切换到指定的分支。

❑ git checkout -b 分支名：基于当前分支最新的提交，创建一个新的分支，然后切换（checkout）至新的分支。

至此，当前的 Git 仓库存在两个分支，分别为 master 和 dev，dev 分支是基于 master 创建而来的，而在 dev 分支中又有两个新的提交，通过 git log 命令可以看到它们之间的派生关系。

```
> git log --graph --abbrev-commit --decorate --oneline --date=relative --all
* 2128296 (HEAD -> dev) add 4.txt file
* 5f28260 modify the 3.txt
* 62df3ac (master) initial commit
# master最近一次的提交为62df3ac，dev分支最近一次的提交为2128296。
```

diff 命令除了可以对比两次提交之间的不同之外，还可以应用于两个分支之间，命令格式为"git diff 分支 1.. 分支 2"，示例代码如下：

```
> git diff master..dev
diff --git a/3.txt b/3.txt
index e69de29..ce01362 100644
--- a/3.txt
+++ b/3.txt
@@ -0,0 +1 @@
+hello
diff --git a/4.txt b/4.txt
new file mode 100644
index 0000000..e69de29
```

假设此时 dev 分支的变更比较稳定，需要合并至 master，那么此处可以使用 merge 命令进行操作，使 master 分支始终管理着"几乎"全量的变更记录。

```
# 先切换至master分支。
> git checkout master
Switched to branch 'master'
# 在master分支中执行merge命令。
> git merge dev
Updating 62df3ac..2128296
Fast-forward
 3.txt | 1 +
 4.txt | 0
 2 files changed, 1 insertion(+)
 create mode 100644 4.txt
# 再次执行log命令查看历史提交记录。
> git log --graph --abbrev-commit --decorate --oneline --date=relative --all
* 2128296 (HEAD -> master, dev) add 4.txt file
* 5f28260 modify the 3.txt
* 62df3ac initial commit
```

如果创建了错误的分支，或者想要删除某些历史分支（比如，feature/jiraxxx），则可以在本地仓库中删除该分支（3.4 节将会介绍如何删除远程仓库中的分支），删除本地分支的命令为"git branch -d 分支名"。

3.3.5　stash 命令

在通过示例讲解 stash 命令的用法之前，我们先来看一个场景：通常情况下，Git 仓库会存在多个分支，而开发人员也会同时在不同的分支中进行切换。当阶段性的开发任务完成后，开发人员会将软件打包部署在 UAT、SIT 这样的内部环境中进行测试。与此同时，开发人员必须在 DEV 分支中进行下一阶段的开发任务。假如此时在 UAT 环境中发现了某些问题，要求开发人员立即进行修复，可是该开发人员目前正工作在 DEV 分支上，并且这些工作还不能进行提交，如果此刻立即切换到 UAT 分支，那么本地仓库的 UAT 分支仍然会看到 DEV 分支中未完成提交的变更，这些未完成的变更对 UAT 分支来说便是一种"污染"。下面通过具体示例做进一步的说明。

```
# 这是当前三个分支之间的关系。
> git log --graph --abbrev-commit --decorate --oneline --date=relative --all
* 2b7e46c (HEAD -> dev-0.0.1, uat-0.0.1) add new file 3.txt
| * 5de450b (master) add new file 2.txt
|/
* f86920c initial commit
# 在dev分支上存在尚不能提交的变更（因为工作还未完成），假设是对3.txt文件的修改。
> git status
On branch dev-0.0.1
Changes not staged for commit:
    (use "git add <file>..." to update what will be committed)
    (use "git checkout -- <file>..." to discard changes in working directory)
        modified:   3.txt
no changes added to commit (use "git add" and/or "git commit -a")
# 切换到UAT分支后，仍然会看到对文件3.txt的变更。
> git checkout uat-0.0.1
M       3.txt
```

```
> git status
On branch uat-0.0.1
Changes not staged for commit:
    (use "git add <file>..." to update what will be committed)
    (use "git checkout -- <file>..." to discard changes in working directory)
        modified:   3.txt
no changes added to commit (use "git add" and/or "git commit -a")
```

那么，这种情况该如何处理呢？难道要放弃在 DEV 分支上的变更，再切换至 UAT 分支吗？显然，这种做法很不合理，毕竟 DEV 分支上已经做了比较多的工作，就此轻易放弃非常可惜。针对这种情况，Git 提供了 stash 命令，用于将当前分支未完成的提交暂时保存起来，这样切换至其他分支后，不会给其他分支带来"污染"，具体的操作步骤如下。

```
# 切回dev-0.0.1分支。
> git checkout dev-0.0.1
# 执行 stash命令暂存未提交的变更。
> git stash
Saved working directory and index state WIP on dev-0.0.1: 2b7e46c add new file 3.txt
HEAD is now at 2b7e46c add new file 3.txt
# 列出暂存列表。
> git stash list
stash@{0}: WIP on dev-0.0.1: 2b7e46c add new file 3.txt
# 切换至 UAT分支进行BUG修复。
> git checkout uat-0.0.1
> git status
# 看不到任何未提交的变更。
On branch uat-0.0.1
nothing to commit, working directory clean
# 当UAT分支的BUG修复完成之后，再切换至DEV分支。
> git checkout dev-0.0.1
# 从暂存区中将变更恢复至工作目录，继续完成未提交的工作。
> git stash apply
On branch dev-0.0.1
Changes not staged for commit:
    (use "git add <file>..." to update what will be committed)
    (use "git checkout -- <file>..." to discard changes in working directory)

        modified:   3.txt
```

这里需要特别说明的一点是，暂存列表中的记录在执行 stash apply 命令后不会自动清除，开发人员需要手动执行清除操作。

```
> git stash list
stash@{0}: WIP on dev-0.0.1: 2b7e46c add new file 3.txt
> git stash clear
> git stash list
#空。
```

3.3.6 reset 命令

如果不小心将工作区的文件提交至暂存区，则可以使用 reset 命令进行回退（请回顾 3.2.1 节的示例）。如果不小心将错误的变更提交至本地仓库（已提交区），也可以通过 reset

命令进行回退，本节将通过具体示例讲解如何使用 reset 命令对已提交至本地仓库中的错误变更进行回退操作。

```
# 假设当前有三个提交，其中，b732dd4提交存在问题，需要进行回退操作。
> git log --oneline
b732dd4 third commit
2072ed5 second commit
b72db0e first commit
# 回退到上一个提交版本，且保留最后一次提交的变更。
> git reset --soft HEAD^
> git log --oneline
2072ed5 second commit
b72db0e first commit
# 将最后一次提交的文件回退到暂存区，等待下一次的提交或修改。
> git status
On branch master
Changes to be committed:
  (use "git reset HEAD <file>..." to unstage)

        new file:   c
```

通过 reset 命令指向 HEAD 指针的上一个提交，也就是"HEAD^"，此时就会出现"HEAD= HEAD^"，这一点有些类似于数据结构中链表移除元素的做法。当最后一次提交从本地仓库移除并重新进入暂存区后，就可以对回退的文件进行修改，然后再次执行提交操作。另外，使用"--soft"参数的最大好处是，如果在 reset 之前，工作区存在尚未提交的变更，那么该变更也会保留下来，如图 3-10 所示。

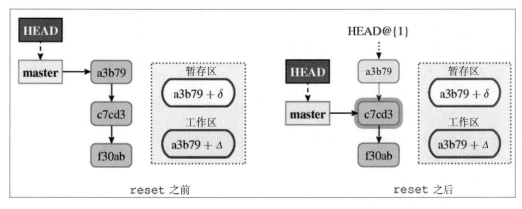

图 3-10　soft reset 会保留未提交的变更并且不会更新暂存区索引

"git reset --soft HEAD^"命令可用于将 HEAD 指针指向上一次提交，但其并不会从暂存区中移除最后一次提交的数据，如果使用"git reset --mixed HEAD^"命令，则除了将 HEAD 指针指向上一次提交之外，同时还会更新暂存区的索引，将最后一次提交的数据从暂存区中移除。

```
> git reset --mixed HEAD^
> git status
On branch master
Untracked files:
    (use "git add <file>..." to include in what will be committed)
        d
no changes added to commit (use "git add" and/or "git commit -a")
```

直接使用 git reset 命令时，默认使用的是"--mixed"参数，其工作原理如图 3-11 所示。

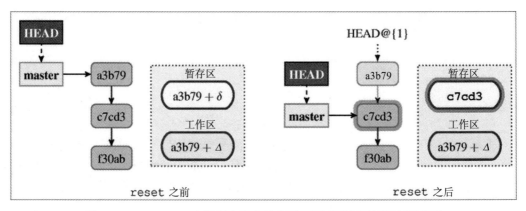

图 3-11 mixed reset 会保留未提交的变更，同时还会更新暂存区索引

除了"--soft"和"--mixed"之外，还有另外一种参数"--hard"，该参数不仅会移除本地仓库中的提交记录，还会一并移除工作目录中未完成提交的变更，是一种风险性较强的操作，在使用的过程中应该慎重，请看如下的示例演示。

```
# 本地仓库当前包含三个文件a、b和c，下面是历史提交记录。
> git log --oneline
330d908 third commit after soft reset
2072ed5 second commit
b72db0e first commit
# 修改文件a，增加一行内容，暂不做提交。
> echo "new line">a
# 执行hard reset。
> git reset --hard HEAD^
HEAD is now at 2072ed5 second commit
#检查本地目录下的文件，会发现该操作不仅丢弃了对a的变更，就连最后一次提交的文件c也被移除了（如果
文件a是未追踪（Untracked）状态，那么文件a的变更将不会丢弃）。
```

hard reset 的工作原理图如图 3-12 所示。

这里需要特别说明的是，HEAD 代表当前最新一次提交的指针，"HEAD^"是前一次，所以使用 git reset 命令也可以直接指向某次提交的 id，比如 git reset --soft 2072ed5。

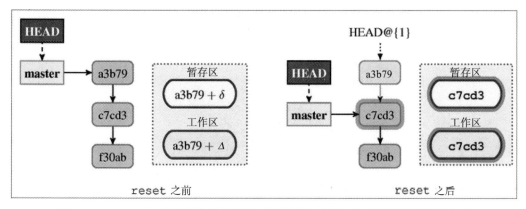

图 3-12　hard reset 会移除本地仓库中已提交的记录及工作区间中未提交的变更

3.3.7　标签的操作

当开发进入某个里程碑阶段时或需要发布时，会基于某次稳定的提交创建标签（Tag），Git 支持两种类型的 Tag：轻量级 Tag 和标记 Tag。其中，轻量级 Tag 与分支极为类似，最大的区别是分支的 HEAD 指针会随着新的提交不断变化（向前），而 Tag 与某次提交绑定之后将不再变动。

```
> git log --oneline
f2e2470 third commit
0b55fcc second commit
da33e16 first commit
# 基于提交f2e2470 创建一个轻量级Tag。
> git tag 'v0.0.1' f2e2470
# 列出本地仓库中所有的Tag。
> git tag -l
v0.0.1
#查看该Tag的明细。
> git show v0.0.1
commit f2e24701e9ade311f1f44bb2862360a0066acaa8
Author: Alex Wang <alex@wangwenjun.com>
Date:   Sat Feb 20 02:15:11 2021 -0800

    third commit

diff --git a/3 b/3
new file mode 100644
index 0000000..e69de29
```

上述示例代码演示了如何创建 Tag、列出本地仓库中所有的 Tag，以及查看某个 Tag 的明细的操作方法。除了这些操作之外，还可以直接执行 checkout Tag 命令，此操作与 checkout 分支类似。

如果在创建 Tag 的时候想要增加一些描述信息，则可以使用标记 Tag，即使用 "-m" 或 "--message" 参数添加描述信息。

```
# "--annotate" 参数可用于声明该Tag为标记Tag，也可以简写为 "-a"， "-m" 或 "--message" 后
    面跟着的就是描述信息。
> git tag --annotate -m 'the version v0.0.2' 'v0.0.2' 3a43ac0
> git tag -l
v0.0.1
v0.0.2
> git show v0.0.2
tag v0.0.2
Tagger: Alex Wang <alex@wangwenjun.com>
Date:   Sat Feb 20 02:25:07 2021 -0800
#这里是标记Tag的message信息。
the version v0.0.2

commit 3a43ac664bfd8dcb595740c85387ab3c5cee2ad0
Author: Alex Wang <alex@wangwenjun.com>
Date:   Sat Feb 20 02:23:36 2021 -0800

    fourth commit

diff --git a/4 b/4
new file mode 100644
index 0000000..e69de29
```

Tag 既可以创建，也可以删除，本地仓库中的删除方法与分支的删除方法类似，使用
"-d" 参数即可达到删除 Tag 的目的。

```
> git tag -d 'v0.0.1'
Deleted tag 'v0.0.1' (was f2e2470)
> git tag -l
v0.0.2
```

关于 Tag 的使用场景，在 3.6 节讲解 Git Work Flow 时还会有所涉及。

3.3.8 ".gitignore" 文件的规则

通常情况下，开发人员会借助一些集成开发工具进行软件开发，比如，IntelliJ IDEA、
Eclipse 等。除了代码文件和目录结构之外，这些集成开发工具还会生成一些额外的配置文
件或目录，诸如 bin、classes、target、".idea"".project" 等。这些额外的配置文件往往会
与开发者的本地环境紧密相连，如果将这些文件提交至版本仓库进行管理，那么其他人检
出这些文件之后可能会引起错误，毕竟不同的开发者本地磁盘的路径很可能也不相同。针
对这种情况，Git 提供了忽略某些文件的解决方案——编辑 ".gitignore" 文件。将所有需要
被版本控制忽略的文件编辑在 ".gitignore" 文件之后，Git 就不会再将其纳入版本管理中
了，从而也不会再提交这些文件了。

```
# 假设Git版本管理的项目路径下存在如下一些文件和子目录:
> ls
bin  lib  logs  sample.iml  src  target
#除了src及其子目录之外，其他的都不能纳入Git的版本管理中。
> git status
# Git提醒你需要将它们纳入暂存区。
On branch master
```

```
Untracked files:
    (use "git add <file>..." to include in what will be committed)

        bin/
        lib/
        logs/
        sample.iml
        src/
        target/

nothing added to commit but untracked files present (use "git add" to track)
#对于这种情况，我们可以简单地写一个".gitignore"文件，忽略除了src之外的其他文件和目录。
> cat .gitignore
target/
*.iml
bin/
logs/
lib/
> git status
On branch master
Changes not staged for commit:
    (use "git add <file>..." to update what will be committed)
    (use "git checkout -- <file>..." to discard changes in working directory)

        modified:   .gitignore

Untracked files:
    (use "git add <file>..." to include in what will be committed)

        src/
```

除了 src 目录之外，Git 将忽略其他的文件和目录，".gitignore"文件需要放置在项目工程的根路径下才会生效，除了上文示例代码中的规则配置之外，".gitignore"还支持如下规则。

❑ "test/"或"test/*"：忽略整个 test 目录及其子目录。

❑ "test/*.zip"：忽略 test 目录下所有的 zip 文件。

❑ "test.txt"：忽略所有名为 test.txt 的文件。

❑ "! /test/test.txt"：忽略了整个 test 目录，但不会忽略 test.txt 文件。

❑ "/*/test.txt"：忽略二级目录下所有的 test.txt 文件，但不会忽略三级目录下的 test.txt 文件。

❑ "/**/test.txt"：忽略所有目录下的 test.txt 文件。

3.4　Git 与远程仓库

正是由于远程仓库（GitHub）的存在，Git 才能具有分布式特质。在 Git 中，一个本地仓库可以同时绑定一个以上的远程仓库。对远程仓库而言，除了提供对外的网络服务之外，其本质上只是本地仓库的一个副本，本节将基于 GitHub 创建远程仓库，并实现与本地仓库的协同工作。

3.4.1 远程仓库的管理

在 GitHub 上创建 Git 仓库是一件很简单的事情，限于篇幅这里就不展开讲解了，假设我们在 GitHub 上有一个远程仓库，它的地址为 git@github.com:wangwenjun/git_section.git。

有两种做法可以让本地仓库和远程仓库建立绑定关系，第一种做法是使用 clone 命令获取远程仓库的所有数据对象，包括分支、Tag 等，这样的话，本地也会有一个与远程仓库一模一样的仓库。今后所有的提交操作都将在本地直接进行，然后定期将本地仓库提交的变更推送至远程仓库。第二种做法是为本地仓库增加远程仓库的配置，然后将本地仓库中已提交的所有变更全部推送至远程仓库。下面通过示例代码分别演示这两种做法。

（1）使用 git clone 命令

示例代码如下：

```
> git clone git@github.com:wangwenjun/git_section.git
Cloning into 'git_section'...
The authenticity of host 'github.com (13.250.177.223)' can't be established.
RSA key fingerprint is SHA256:nThbg6kXUpJWGl7E1IGOCspRomTxdCARLviKw6E5SY8.
Are you sure you want to continue connecting (yes/no)? yes
Warning: Permanently added 'github.com,13.250.177.223' (RSA) to the list of
known hosts.
warning: You appear to have cloned an empty repository.
Checking connectivity... done.
> cd git_section/
> ls -a
#发现多了一个".git"目录，通过clone命令即可创建一个与远程仓库一模一样的本地仓库，并建立绑定。
.    ..    .git
```

（2）手动添加远程仓库

示例代码如下：

```
# 首先在本地工作目录中执行git init命令。
> git init
# 手动添加远程仓库，其中，origin是远程仓库名。
> git remote add origin git@github.com:wangwenjun/git_section.git
# 还可以添加多个远程仓库，其中，https是远程仓库名。
> git remote add https https://github.com/wangwenjun/git_section.git
# 在本地列出所有的远程仓库。
> git remote -v
https    https://github.com/wangwenjun/git_section.git (fetch)
https    https://github.com/wangwenjun/git_section.git (push)
origin   git@github.com:wangwenjun/git_section.git (fetch)
origin   git@github.com:wangwenjun/git_section.git (push)
# 当然，我们也可以删除某个已经添加的远程仓库。
> git remote remove https
> git remote -v
origin   git@github.com:wangwenjun/git_section.git (fetch)
origin   git@github.com:wangwenjun/git_section.git (push)
```

　　本地仓库与某个远程仓库建立了绑定关系之后，就可以将本地仓库中的变更提交推送至远程仓库了，由于远程仓库的存在，即使因本地磁盘损坏而导致本地仓库中的所有数据丢失也不用担心，因为远程仓库中存储了一份与本地仓库一样的数据备份，只需要重新clone 一次即可。

3.4.2　远程仓库的操作

　　为本地仓库添加远程仓库后，本地已提交的变更就可以推送至远程仓库中了，其他开发人员也可以从远程仓库中将变更拉取至本地，如图 3-13 所示。

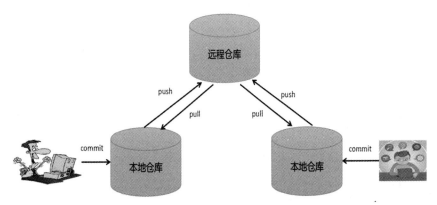

图 3-13　本地仓库与远程仓库的协同工作

　　下面的示例代码演示了如何将本地已提交的变更推送至远程仓库，以及如何从远程仓库拉取最新的变更等命令。

```
# 程序员 A将本地提交的变更推送到远程仓库的操作步骤如下：
> echo "Example">README.md
> git add README.md
> git commit -m "initial commit"
# 将本地变更推送至远程仓库，"--set-upstream" 命令可以简写为 "-u"。
# origin是配置在本地中的唯一一个表示远程仓库的名字，master是远程仓库的分支。
> git push --set-upstream origin master
Counting objects: 3, done.
Writing objects: 100% (3/3), 221 bytes | 0 bytes/s, done.
Total 3 (delta 0), reused 0 (delta 0)
To git@github.com:wangwenjun/git_section.git
 * [new branch]      master -> master
Branch master set up to track remote branch master from origin.
# 程序员A在本地创建一个新的分支，并在本地进行一些提交。
> git checkout -b dev
> echo "test">test.txt
> git add test.txt
> git commit -m "add the new file test.txt"
#将本地的dev分支推送至远程仓库
> git push -u origin dev
Counting objects: 3, done.
```

```
Compressing objects: 100% (2/2), done.
Writing objects: 100% (3/3), 289 bytes | 0 bytes/s, done.
Total 7 (delta 0), reused 0 (delta 0)
remote:
remote: Create a pull request for 'dev' on GitHub by visiting:
remote:        https://github.com/wangwenjun/git_section/pull/new/dev
remote:
To git@github.com:wangwenjun/git_section.git
 * [new branch]      dev -> dev
Branch dev set up to track remote branch dev from origin.
# 目前，本地仓库和远程仓库分别拥有两个分支。
> git branch --all --list
* dev
  master
  remotes/origin/dev
  remotes/origin/master
```

在上面的示例代码中，程序员 A 将本地提交的变更推送至远程仓库，并且创建了 dev 分支，现在，程序员 B 就可以通过远程仓库拉取到程序员 A 推送的提交了。

```
# 程序员 B从远程仓库拉取变更的操作步骤如下：
> git branch --list --all #空无一物。
> git log --oneline #也是空无一物。
# 获取（fetch）远程仓库的提交，但是不会直接应用于本地，执行了fetch命令后，远程仓库的分支、
tag等信息会同步到本地仓库(不会直接创建这些分支，需要通过checkout命令创建)。
> git fetch origin
remote: Enumerating objects: 6, done.
remote: Counting objects: 100% (6/6), done.
remote: Compressing objects: 100% (3/3), done.
remote: Total 6 (delta 0), reused 6 (delta 0), pack-reused 0
Unpacking objects: 100% (6/6), done.
From github.com:wangwenjun/git_section
 * [new branch]      master    -> origin/master
 * [new branch]      dev       -> origin/dev
> git branch --list --all
  remotes/origin/dev
  remotes/origin/master
# 如果想要直接拉取并应用远程仓库中的提交，则可以使用pull命令；如果本地仓库中还没有对应的分支，
则需要先执行checkout操作。
> git checkout -b master 'origin/master'
> git checkout -b dev 'origin/dev'
# 然后就可以在某个分支中进行拉取操作了。
> git pull origin master
```

这里需要特别说明的是，在团队协作时，push 和 pull 命令是会经常用到的两个命令，每次在对本地仓库进行变更之前，最好先执行 pull 操作，拉取远程仓库最新的提交；在完成了本地提交之后，应尽快将提交 push 至远程仓库，这样做的好处是，能够最大程度地避免因多个人修改同一个文件而引起冲突。

3.4.3　本地仓库与远程仓库的其他协同操作

在了解了本地仓库与远程仓库如何进行交互之后，下面就来讲解如何删除远程仓库的

分支和标签（Tag），以及如何回退（reset）已推送至远程仓库的提交等操作。

（1）本地仓库 Tag 与远程仓库 Tag 间的协同操作

下面的示例代码展示了如何将本地创建的 Tag 推送至远程仓库，如何将远程仓库的 Tag 拉取至本地，如何删除本地 Tag 并将 Tag 的删除动作同步至远程仓库。

```
# 在本地仓库中创建 Tag。
> git tag 'v0.0.1' ed7caa7
# 将本地仓库中的Tag推送至远程仓库。
> git push origin v0.0.1(只推送一个tag。)
> git push origin --tags (将本地仓库的所有Tag推送至远程仓库。)
Total 0 (delta 0), reused 0 (delta 0)
To git@github.com:wangwenjun/git_section.git
 * [new tag]         v0.0.1 -> v0.0.1
#将远程仓库中的Tag拉取至本地仓库。
> git tag -l #看不到v0.0.1。
# 执行拉取远程Tag的操作。
> git pull origin tag 'v0.0.1'
From github.com:wangwenjun/git_section
 * [new tag]     v0.0.1      -> v0.0.1
Already up-to-date.
> git show v0.0.1
commit ed7caa74e8734612eee9006d334df24d6e752861
Author: Alex Wang <alex@wangwenjun.com>
Date:   Sat Feb 20 19:28:19 2021 -0800

    initial commit

diff --git a/README.md b/README.md
new file mode 100644
index 0000000..12a719a
--- /dev/null
+++ b/README.md
@@ -0,0 +1 @@
+Example

# 删除本地仓库的Tag。
> git tag -d v0.0.1
# 将对本地仓库Tag的删除推送至远程仓库origin。
> git push origin :refs/tags/v0.0.1
# 与上面的命令等价。
> git push origin --delete v0.0.1
# 这样一来，远程仓库的v0.0.1 Tag也会被删除。
```

（2）本地仓库分支与远程仓库分支间的协同操作

下面的示例代码展示了如何将本地创建的分支推送至远程仓库，如何从远程仓库拉取分支至本地仓库，如何删除本地分支并将分支的删除动作同步至远程仓库。

```
# 在本地创建新的分支 test。
> git checkout -b test
#将变更提交至本地仓库。
> touch a && git add a && git commit -m "add new file a"
# 推送（push）本地变更和新的分支test。
> git push --set-upstream origin test
```

```
Counting objects: 3, done.
Compressing objects: 100% (2/2), done.
Writing objects: 100% (3/3), 304 bytes | 0 bytes/s, done.
Total 3 (delta 0), reused 0 (delta 0)
remote:
remote: Create a pull request for 'test' on GitHub by visiting:
remote:        https://github.com/wangwenjun/git_section/pull/new/test
remote:
To git@github.com:wangwenjun/git_section.git
 * [new branch]      test -> test
Branch test set up to track remote branch test from origin.
# 查看远程仓库的分支。
> git branch -r
  origin/dev
  origin/master
  origin/test

# 删除本地分支。
> git branch -d test
# 删除远程仓库的分支。
> git push origin --delete test
To git@github.com:wangwenjun/git_section.git
 - [deleted]         test
# 再次查看远程仓库的分支。
> git branch -r
  origin/dev
  origin/master
```

（3）回退远程仓库的提交

如果不小心把错误的变更提交到了本地仓库，并且推送到了远程仓库，那么是否可以借助于 reset 命令回退到某个正确的版本呢？答案是可以的，下面的示例代码展示了如何使用 reset 命令删除推送至远程仓库的提交。

```
# 将错误的变更提交到本地仓库。
> echo "error"> error.txt && git add error.txt && git commit -m "error commit"
# 将错误的提交推送至远程仓库。
> git push -u origin dev
> git log --oneline
8822b3a error commit
3eb4cc6 add the new file test.txt
ed7caa7 initial commit
# 由于8822b3a 是一次错误的提交，因此现在要让HEAD指向3eb4cc6。
> git reset --hard origin/dev^
HEAD is now at 3eb4cc6 add the new file test.txt
# 使用 "--force" 参数强制push至远程仓库。
> git push --force origin dev
Total 0 (delta 0), reused 0 (delta 0)
To git@github.com:wangwenjun/git_section.git
 + 8822b3a...3eb4cc6 dev -> dev (forced update)
> git log --graph --decorate --pretty=oneline --abbrev-commit
* 3eb4cc6 (HEAD -> dev, origin/dev) add the new file test.txt
* ed7caa7 (tag: v0.0.1, origin/master, master) initial commit
```

经过上面的操作，本地仓库和远程仓库中都删除了 8822b3a 提交，但是通常情况下，我们不建议使用 reset 命令进行 undo（回退）操作，虽然 reset 命令能够减少历史提交记录，但是这种做法毕竟是有一定风险性的（很容易出现数据丢失的问题）。这里还是推荐大家基于最新的提交进行修改，比如，新增数据文件、修改数据文件，或者删除某个文件，然后再次提交，这样的话所有的操作都会记录在案，即使出现了操作失误的情况，也可以基于历史提交记录进行恢复。

3.5　Git 的配置和别名操作

关于 Git 的配置，3.1 节已有所涉及，本节将进一步深入讲解 Git 配置的更多知识。在 Git 中，所有的配置均存储于文本文件中，并使用 git config 命令进行管理。

3.5.1　Git 的基本配置

Git 的配置包含三个不同的作用域，分别为 system、global 和 local，它们的配置信息分别存储在操作系统的不同位置中，具体说明如下。

- ❑ system："/etc/gitconfig"文件，作用于当前机器中所有用户的 Git 仓库。
- ❑ global："~/.gitconfig"文件，作用于当前用户的所有 Git 仓库。
- ❑ local：".git/config"文件，仅作用于某个 Git 仓库。

虽然可以手动配置这些文件，但是笔者还是建议大家通过 git config 命令进行配置，以免引起错误。配置命令具体如下。

```
# 列出Git的所有配置项。
> git config --list
user.email=alex@wangwenjun.com
user.name=Alex Wang
core.repositoryformatversion=0
core.filemode=true
core.bare=false
core.logallrefupdates=true
remote.origin.url=git@github.com:wangwenjun/git_section.git
remote.origin.fetch=+refs/heads/*:refs/remotes/origin/*
branch.master.remote=origin
branch.master.merge=refs/heads/master
branch.dev.remote=origin
branch.dev.merge=refs/heads/dev
branch.test.remote=origin
branch.test.merge=refs/heads/test
# 仅列出local作用域的配置项。
> git config --list --local
core.repositoryformatversion=0
core.filemode=true
core.bare=false
core.logallrefupdates=true
remote.origin.url=git@github.com:wangwenjun/git_section.git
```

```
remote.origin.fetch=+refs/heads/*:refs/remotes/origin/*
branch.master.remote=origin
branch.master.merge=refs/heads/master
branch.dev.remote=origin
branch.dev.merge=refs/heads/dev
branch.test.remote=origin
branch.test.merge=refs/heads/test
#在global作用域中新增配置。
> git config --global core.editor vim
#在system作用域中新增配置。
> git config --system user.email 'alex@wangwenjun.com'
```

如果 local、global 和 system 中拥有相同的配置项，则 local 的配置会优先生效，因为
Git 配置项的生效优先级采用就近原则，顺序依次为：local>global>system。

3.5.2　Git 的别名

Git 也支持将一些比较复杂或书写较长的命令定义成别名，保存在 Git 的配置文件中，
这有点类似于 UNIX/Linux 的别名操作，请看下面的示例代码。

```
# 新增别名配置，请注意配置别名的格式，必须要有 "alias." 作为前缀。
> git config --global alias.nice 'log --graph --decorate --pretty=oneline
--abbrev-commit'
> git config --global --list
user.email=alex@wangwenjun.com
user.name=Alex Wang
core.editor=vim
alias.nice=log --graph --decorate --pretty=oneline --abbrev-commit
# 使用配置的别名。
> git nice
* 3eb4cc6 (HEAD -> dev, origin/dev) add the new file test.txt
* ed7caa7 (tag: v0.0.1, origin/master, master) initial commit
```

别名可用于将一些常用的 Git 命令保存在配置文件中以方便操作。

3.6　Git 工作流程

图 3-14 所示的是 Git 工作流程（Git Work Flow）的示意图，目前业界主流的一种最佳
实践，笔者在日常工作中也经常使用这样的模型管理项目的代码。

图 3-14 中包含了五种类型的分支和 Tag，它们的用途和相互之间的关系说明如下。

❑ master 分支：首次创建 Git 仓库时，都会有一个 master 分支（GitHub 中称之为 main
分支），主要用于存储和管理相对全量的、稳定的变更提交。初始时的提交动作都发
生在 master 分支上，比如，图 3-14 中的 C1 提交。master 分支的另外一个用途是为
其他分支提供创建的基础（因为它的变化比较小，而且接收的都是经过了测试证明
且相对比较稳定的变更），也就是说其他分支将会基于 master 分支进行创建，比如，
develop 分支。根据图 3-14 所示的模型，master 分支只接受来自其他分支的 merge
提交，而不是直接在 master 分支上进行更改并提交。

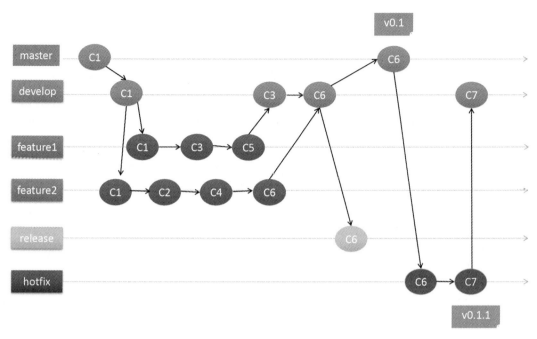

图 3-14　Git 工作流程图示

❑ develop 分支：该分支是基于 master 分支创建的，同样不能在该分支上直接更改和
提交，它只接受来自其他分支的 merge 提交。相对于 master 分支而言 ,develop 分支
的变化比较频繁，并且在开发阶段，它的最近一次提交（HEAD 指针）比 master 分
支的最近一次提交要更新一些。针对软件新功能的迭代和开发，都会基于 develop
分支来创建，比如图 3-14 中的 feature1 和 feature2 分支。

❑ feature 分支：当开发人员接收到某个开发任务时（按照敏捷方法论，该任务应具
有功能职责单一、工作包清晰、易于跟踪进度、时间成本可度量、进度可控等特
点），首先应更新（pull 操作）本地的 develop 分支，获得 develop 分支最新的提
交，然后基于 develop 分支创建 feature 分支，常见的命名方式为 feature/taskid，比
如，feature/jira123。在开发人员完成开发、单元测试和代码检查后，即可发起合并
至 develop 分支的请求，代码在经过了其他人员的审核之后才会合并至 develop 分支
（在若干次迭代之后，需要删除一些较老的 feature 分支，以避免 Git 仓库中 feature
分支过多）。

❑ release 分支：如果当前迭代的所有开发工作全部完成，并且通过了验收测试，那么
接下来就需要基于 develop 分支创建 release 分支，以用于软件包的发布。图 3-14
中，C6 提交是软件包发布之前最近的一次提交，同时，基于 develop 分支的所有变
更都会合并（merge）回 master 分支，以确保 master 分支始终维护和管理着稳定的
全量变更。当然，这只能算是一个小小的里程碑，我们通常还会针对 C6 提交创建

一个不可变的 tag-v0.1。

❏ hotfix：即使做了大量的测试，也无法百分之百保证发布（release）后的软件包不存在缺陷。如果在发布之后才发现软件包出现了问题，那么开发人员就需要对问题进行紧急修复，因此要基于 tag-v0.1 创建新的分支 hotfix，对问题的修复动作将发生在 hotfix 分支上，比如，图 3-14 中的 C7 提交。当问题在开发环境中经历了重现、修复和测试之后，就可以发布 hotfix 版本的软件包了，如图 3-14 中所示的 tag-v0.1.1，最后将 hotfix 分支中的变更合并至 develop 分支。

```
# 假设当前的sprint中要开发两个小的功能，其对应的任务（task）id分别为123和124。
# 开发人员 A针对task 123，创建了features/jira123分支，并且完成了开发任务。
# 开发人员 B针对task 124，创建了features/jira124分支，并且完成了开发任务。
# 下面通过git log命令查看提交记录。
> git log --graph --abbrev-commit --decorate --oneline --date=relative --all
* 32c84db (features/jira123) add the file 6.txt
* f455e50 add the file 5.txt
* 5025f9c add the file 3.txt
| * c3e5fd6 (features/jira124) add the file 4.txt
| * 75e82cf add the file 2.txt
|/
* 192f143 (HEAD -> develop, master) initial commit

#开发人员A和B都对代码进行了测试和检查，以确保没有问题，现在需要将变更代码合并至develop分支。
> git merge features/jira123
> git merge features/jira124
> git log --graph --abbrev-commit --decorate --oneline --date=relative --all
*   f0b2bd7 (HEAD -> develop) Merge branch 'features/jira124' into develop
|\
| * c3e5fd6 (features/jira124) add the file 4.txt
| * 75e82cf add the file 2.txt
* | 32c84db (features/jira123) add the file 6.txt
* | f455e50 add the file 5.txt
* | 5025f9c add the file 3.txt
|/
* 192f143 (master) initial commit
#对develop分支的提交进行功能测试，并在确保无误后合并至master分支。
> git checkout master
> git merge develop
> git log --graph --abbrev-commit --decorate --oneline --date=relative --all
*    f0b2bd7 (HEAD -> master, develop) Merge branch 'features/jira124' into
develop
|\
| * c3e5fd6 (features/jira124) add the file 4.txt
| * 75e82cf add the file 2.txt
* | 32c84db (features/jira123) add the file 6.txt
* | f455e50 add the file 5.txt
* | 5025f9c add the file 3.txt
|/
* 192f143 initial commit
# 完成小小的里程碑，基于master分支最新的提交，创建一个tag。
> git tag -a v0.1 HEAD -m "stable version v0.1"
> git log --graph --abbrev-commit --decorate --oneline --date=relative --all
*    f0b2bd7 (HEAD -> master, tag: v0.1, develop) Merge branch 'features/
```

```
jira124' into develop
|\
| * c3e5fd6 (features/jira124) add the file 4.txt
| * 75e82cf add the file 2.txt
* | 32c84db (features/jira123) add the file 6.txt
* | f455e50 add the file 5.txt
* | 5025f9c add the file 3.txt
|/
* 192f143 initial commit
# release分支和hotfix分支的创建大同小异，大家可以自行尝试。
```

3.7 本章总结

Git 可以提供大量的操作命令，限于篇幅，本章无法全部介绍，只介绍了一些常用的 Git 命令操作方法，掌握这些命令的使用方法，基本上就已经能够满足日常的工作需要了。如果大家想要系统深入地学习 Git 的其他用法，则必须对此进行专项阅读，Git 官网提供的学习资料，或者 *Pro Git* 一书，都将是不错的选择。

随着 Git 的普及及其自身的不断发展，它俨然已经成为分布式版本控制系统（Distributed Version Control System，DVCS）事实上的标准，GitHub 也是目前世界上最大的 Git 远程仓库。作为开发者，其拥有的技能之一应该包括对 Git 的熟练使用。

【拓展阅读】

1）Git 官网地址为 https://git-scm.com。

2）Git 下载地址为 https://git-scm.com/downloads。

3）Git 官网学习资料见 https://git-scm.com/doc。

4）Pro Git 电子书见 https://git-scm.com/book/en/v2。

Chapter 4 第 4 章

持续集成与持续交付

本章将与大家探讨一些纯理论性的概念：持续集成（continuous integration）、持续交付（continuous delivery）和持续部署（continuous deployment），以及这三者之间的关系。

想要了解它们的概念，首先我们需要了解持续（continuous）的概念，所谓持续，并不是一直运行（always running）的意思，而是具备持续运行（always ready to run）的能力。"持续"在当下的软件工业中具体包含了如下四个方面深层次的含义。

❏ 频繁：相较于传统的软件包发布模式（定期发布），"持续"更提倡软件包的频繁发布，它可以将每个迭代新增的功能、特性，以及问题修复后的版本随时发布至内网集成环境或生产环境中。由于"持续"拥有能够随时保证软件质量的控制流程，软件源码可以在集成（CI）环境中随时编译并运行单元测试、功能验收测试、冒烟测试等，因此"持续"具备频繁发布或升级软件包的能力。当然了，不同的公司或业务，软件发布的周期是不一样的，具体还要根据公司的实际要求来定。

❏ 自动化：具备频繁发包的前提是，要有高质量的软件和稳定的运行环境，要想让编译、打包、单元测试、代码检查、功能验收测试、部署、软件运行、冒烟测试、监控、告警等，按照流水线的方式有条不紊地运行，单靠人工的作业方式，很明显是行不通的，因此"持续"中应该包含且必须包含自动化这样的语义。

❏ 可重复：在软件发布的自动化流程中，如果最后关头出现了错误，或者交付后出现了某些严重的问题，那么开发人员必须进行故障排查和修复。修复完这些问题之后，自动化流程必须具备可以重复执行的能力。或者说，如果我们在 SIT（System Integration Test，系统集成测试）环境中发布了一套最新的系统，那么同样的发布流程应该可以重复应用于 UAT（User Acceptance Test，用户验收测试）环境，甚至

PROD（production，生产）环境。这就要求"持续"具备多次、多环境运行的可重
复能力。

❏ 速度快：速度快只是一个相对的概念，是相对于生产环境而言的，比如，以较快的
速度运行单元测试，以较快的速度验证系统的所有功能，这里的意思与第 1 章中单
元测试 FIRST 中"F"所代表的含义基本相同。

总结起来，"持续"一词的语义应该是，当版本控制系统发生变更时，应该在很少人或
无人干预的情况下，自动化、快速地完成软件编译、单元测试、安全性检查、打包、部署、
启动、功能验收测试、冒烟测试等一系列流程，并且整个流程应该是可重复的。

本章将主要介绍如下内容。

❏ 什么是持续集成，持续集成拥有哪些优势和必备的要素。

❏ 什么是持续交付，持续交付拥有哪些优势和必备的要素。

❏ 持续集成和持续交付之间的关系及区别。

❏ 什么是持续部署，以及持续部署、持续集成和持续交付三者之间的关系及区别。

4.1　什么是持续集成

持续集成是一种开发实践，它要求所有的开发者基于共享的代码仓库进行工作，不同
的开发人员所提交（check in）的变动应该尽可能地保证功能的正确性，必须经历单元测试
的验证、代码安全性的检查等环节。同时，每个开发者检出（check out）的变更也应当是经
过了多次验证，并证明是正确可靠的。当然了，持续集成的流程并不能保证消灭软件所有
的缺陷，它的主要目的是以较低的成本对软件功能进行多次测试，从而能够以极快的速度
发现问题、重现问题、修复问题，最后甚至能够以较低的时间成本对软件的所有功能进行
回归测试。图 4-1 所示的是持续集成的示意图。

图 4-1　持续集成

通过上述对持续集成的文字描述和示意图，我们不难发现，持续集成应该具备如下要素和支撑工具。

1）版本控制系统（VCS）：所有开发人员共享一个版本控制系统，各自基于独立的分支进行变更。

2）单元测试：用于确保提交代码功能的正确性。每个开发人员提交的代码其语法和功能都必须是正确的，这样也就保证了开发人员检出的代码是正确的。

3）代码风格统一，无漏洞的安全变动：每一次变更提交除了要求语法及功能的正确性之外，团队成员之间必须遵循统一的编码风格和注释风格。除了代码风格的统一之外，代码的变动也必须是通过了漏洞检查和安全性分析的可靠变更。

4）自动化的集成环境：如果想要让编译、单元测试、代码分析检查等操作具备多次重复，频繁提交的能力，那么自动化程度比较高的集成环境就是必不可少的，每次变动都可以通过自动化的持续集成流程来完成，从而减少人为的干预。比如，我们可以在项目中引入 Jenkins、TeamCity、Bamboo 等自动化集成工具。本书的第四部分将为大家详细介绍 Jenkins 的使用方法。

关于持续集成的过程和必备的几个要素，本书各章都有涉及：第 3 章详细讲解了版本控制的相关内容；第 1、2、5、6 章都有涉及单元测试的相关内容；第 10 章会详细讲解代码风格统一、静态代码检查，以及第三方依赖检查的相关内容；第 9、10 章则会详细讲解自动化集成环境的相关内容。

在大致了解了持续集成的过程和必备的要素之后，下面就来归纳一下持续集成为软件开发带来的好处有哪些（如图 4-2 所示）。

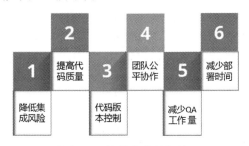

图 4-2　持续集成的好处

持续集成为软件开发带来的好处具体如下。

1）降低集成风险：通常情况下，在项目开发过程中，往往会有多个开发者同时且独立参与项目开发，这将使得后期的集成存在极大的风险。持续集成强调频繁快速地集成，因此在开发阶段，每位开发者的变更都会得到快速的验证和集成，从而降低了软件开发后期的系统集成风险，甚至还可以实现零风险。

2）提高代码质量：在快速持续集成的过程中，由于开发人员开发了足够多的单元测试以确保源代码的正确性，并且变更在提交至代码仓库之前会通过代码风格检查、静态代码分析、代码审核等过程，因此代码的质量在很大程度上可以得到保证。

3）一切都在版本控制之下，很难对其进行破坏：由于代码及项目相关的配置都在版本控制系统的管理之中，因此开发者偶尔出现的不当操作很难使得前期的工作付之一炬，我们可以随时撤回不正确的变更提交，使开发任务回到某个正确的节点上。

4）降低团队之间的不平等性：持续集成既是一种软件开发实践，也是一种流程和约束，团队成员之间全都遵循统一的规范和要求，互相平等。

5）减少 QA 的工作量：与软件质量有关的测试工作大部分是由开发人员自己完成（比如，单元测试、功能测试等）的，因此在软件提交给 QA 之前，其实绝大部分的问题缺陷都已经修复完毕，这样就可以极大地减少 QA 人员的工作量。在一些公司或团队中，QA 这样的角色其实正在慢慢消失。

6）减少项目部署的时间：持续集成强调的是软件需要具备随时交付的能力，因此后期的交付只需要从 Nexus 私服仓库中获取前期已经通过验证的软件包即可。

关于持续集成，可以参考一篇出自 thoughtworks 的文章（参考地址为 https://www.thoughtworks.com/continuous-integration），文章内容通俗易通，建议大家自行参阅。

4.2　什么是持续交付

持续交付与持续集成一样，也是一种开发实践和方法论，旨在让软件产品的产出过程在一个很短的周期内完成，并且在保证软件稳定的前提下具备随时交付的能力。持续交付的目标在于让软件的构建、测试与交付变得更快、更频繁。这种作业方式的目的同样在于减少软件开发的成本与时间，降低后期集成的风险。

持续交付是在持续集成的基础上发展而来的，换言之，持续集成具备的要素和优点，持续交付全部具备，持续集成可以看成是持续交付的一个流程子集。持续交付与持续部署的概念经常会混淆不清。持续部署强调所有的变更都将自动部署至某个运行环境中，而持续交付则更看重所有的变更都具备被部署至运行环境的能力。图 4-3 很好地展示了持续交付与持续部署之间的区别。

图 4-3　持续交付示意图

图 4-3 展示了持续交付的整个生命周期，下面就以文字的形式再次解释持续交付的整个流程。

1）开发人员将变动（开发的代码、脚本、配置文件等所有变更）提交至代码仓库。

2）自动化地探测到版本仓库分支的变动，开始触发持续集成的流程。

3）在持续集成的流程中，所有的变更都会依次通过编译、检查、分析、单元测试（最小粒度的功能测试），最后打包提交至软件包仓库（诸如 Nexus 这样的私服）。

4）由于持续交付强调的是交付的能力，即具备随时将提交发布至生产环境的能力，因此代码必须要在内部环境中进行多次部署和验证，所以在持续交付流程中还要包括将软件包自动化部署至某个环境（比如，UAT 或 SIT 环境）的步骤。

5）在内部环境中成功部署软件包之后，必须对此次部署的软件功能进行验收测试，以确保此次部署的正确性。

与 4.1 节对比之后，我们不难发现，相对于持续集成的流程，上述的步骤 4 和 5 是持续交付所独有的。对软件进行一次或多次的变更，并在经历了持续集成的流程之后，并不能百分之百确保软件功能的正确性，因此在持续交付的流程中，必须增加对软件包部署和功能验收测试的环节，只有全部通过才能使软件包达到随时部署至生产环境的要求。

说到功能验收测试，这里有必要重点讨论一下持续交付中的几种不同的测试方法和手段，从广义上来说，测试主要分为白盒测试和黑盒测试。

（1）白盒测试

白盒测试（White-Box Testing）又称透明盒测试（Glass Box Testing）、结构测试（Structural Testing）等，白盒测试是软件测试的主要方法之一。白盒测试可以应用于单元测试（Unit Testing）、集成测试（Integration Testing）和系统的软件测试流程中。白盒测试的用例设计标准包括以下几个方面。

❑ 控制流测试。

❑ 数据流测试。

❑ 分支测试。

❑ 语句覆盖。

❑ 判定覆盖。

❑ 修正条件 / 判定覆盖。

❑ 主要路径测试。

❑ 路径测试。

由此可见，开发人员针对软件源码进行的单元测试，以及不同模块之间的集成测试均属于白盒测试。

（2）黑盒测试

黑盒测试（Black-Box Testing）又称功能测试、数据驱动测试或基于规格说明的测试。测试者无须具备应用程序的代码、内部结构和编程语言的专门知识。只需要知道程序的输入、输出和系统的功能即可，这是从用户的角度出发，针对软件界面、功能及外部结构进行的测试，不必考虑程序内部的逻辑结构。测试用例是依照应用系统应该提供的功能、规范和规格进行设计的。黑盒测试主要包含如下几种测试方式。

❏ 功能验收测试：对软件的功能进行验收和测试。

❏ 压力测试：对软件性能进行压力测试。

❏ Beta 测试：是由开发团队对外公开发布产品的预版本（称为 Beta 版本），并最终由公测用户完成的一种测试，比如，某大型游戏经常发布 Beta 版供小规模的玩家提前试水。

图 4-4 所示的是持续集成和持续交付的流程对比图，该图更加清晰地展示了二者之间的关系和区别。

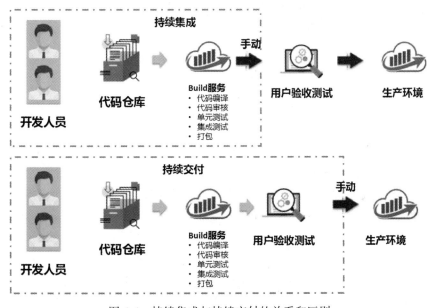

图 4-4　持续集成与持续交付的关系和区别

本书的第三部分将详细介绍如何开发功能验收测试的工具和技术，本书的第四部分将详细介绍整个持续交付流程的实践。

关于持续交付，这里推荐一篇不错的文章供大家参考，文章地址为 https://continuousdelivery.com/

4.3　什么是持续部署

持续部署与持续集成和持续交付一样，也是一种开发实践和方法论，旨在让软件产品的产出过程在一个很短的周期内完成，并且在保证软件稳定的前提下自动化发布至生产环境。持续部署意味着每一次的变更提交都要经过自动化流水线，只有通过了所有的测试验证，软件包才会被自动部署到生产环境中。使用持续部署的前提是，必须要有高质量的持续集成和持续交付流程，因为它是以持续集成和持续交付为基础的。图 4-5 所示的是持续部署的示意图。

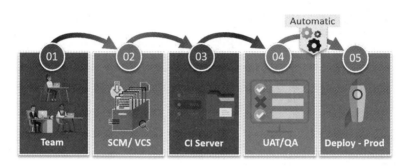

图 4-5　持续部署（Continuous Deployment）

从图 4-5 中我们可以看出，持续部署是基于持续集成和持续交付发展而来的，并且在它的自动化流水线作业过程中，其必须通过持续集成和持续交付这两个较大的流程，才可以将软件包部署至生产环境中。

持续部署是一种较为"理想"的开发部署实践，很多公司很难真正将其开展起来。大家试想一下，开发人员对版本控制系统的一次变更就会导致对生产环境的一次部署，这在很多企业中是不可想象的，并不是技术上无法实现，而是出于对安全合规的考虑。对于大型的运营商或互联网公司，每次进行生产环境部署的变更都需要多方的配合才可以实现，比如，合规安全部门要对此次发布到生产环境的软件进行安全审核，以防止出现漏洞从而遭到黑客攻击；质量部门要基于生产环境与本次即将发布的版本进行对比，进行质量评估，预测新版本将对用户造成的影响；用户体验部门要重点审视新版本上线后，用户体验的变化，用户是否可以零成本学习并无缝适应新版本的操作方式；客户服务部门要做好万一部署失败出现投诉的应对措施；企业品宣及公关部门也要做好应对部署失败的危机公关，不给竞争对手留下舆论攻击的机会，等等。

所以在持续部署中，很多公司采用的方式其实并不是如图 4-5 所示的模式，而是采用手动触发但部署过程自动化的作业方式，具体如图 4-6 所示。

在了解了持续集成、持续交付和持续部署的概念之后，下面就来总结一下三者之间的共同点和区别，具体如表 4-1 所示。

图 4-7 更进一步地描述了持续集成、持续交付和持续部署三者之间的关系，持续交付以持续集成为基础，持续部署则以前两者为基础，每个环节都至关重要。

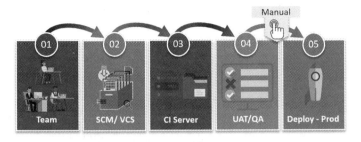

图 4-6　手动触发持续部署（Continuous Deployment）

表 4-1　持续集成、持续交付、持续部署的异同

持续集成	持续交付	持续部署
每次提交都是自动化构建的	每次提交都是自动化构建的，并且需要通过功能验收测试	每次提交都是自动化构建的，需要通过功能验收测试，可自动化发布至生产环境
持续交付和持续部署必须依赖于持续集成	具备随时发布至生产环境的能力，它是持续集成的下一个步骤，同时又是持续部署的上一个步骤	软件包发布至生产环境，它是持续交付的下一个步骤
软件最终不会被部署至生产环境	软件最终会被部署至内部环境，并且需要通过功能验收测试	软件最终会被部署并应用于生产环境
仅做白盒测试	白盒测试＋黑盒测试	白盒测试＋黑盒测试＋上线后的冒烟测试等

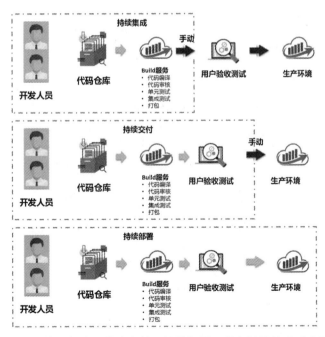

图 4-7　持续集成、持续交付、持续部署三者之间的关系对比图

关于持续部署，这里推荐一篇不错的文章供大家参考，文章地址为 https://www.atlassian.com/continuous-delivery/continuous-deployment

4.4　本章总结

本章从理论的高度为大家详细解释了什么是持续集成、持续交付和持续部署，以及三者之间的关系和区别。这三个方法论已经广泛应用于当下的软件工业工作中，从概念理论的角度了解它们，开发人员将大受裨益。

在本书前九章的内容中，每个技术要点和工具用法都将围绕如何自动化构建 CI、CD 流程而展开，而本书的第 10 章将综合前面所学的技术和工具，搭建一个自动化的 CI、CD 流程，从实践的角度再一次加深大家对 CI、CD 的理解。

【拓展阅读】

1）持续集成，网址为 https://www.thoughtworks.com/continuous-integration。

2）持续交付，网址为 https://continuousdelivery.com/。

3）持续部署，网址为 https://www.atlassian.com/continuous-delivery/continuous-deployment。

4）一个关于 Agile 的网站 Agileconnection，网址为 https://www.agileconnection.com/。

mock：构造测试对象的替身

第 1 章详细讲解了单元测试的 FIRST 原则，此原则首要的要求是单元测试要能快速运行，即 Fast。那么如何才能快速运行单元测试呢？通常情况下，影响测试执行速度的主要因素是应用程序对外部组件资源的依赖，比如，源代码程序依赖于数据库、网络资源、本地文件读写、中间件调用等。因此，在对需要调用外部资源的源代码进行单元测试时，需要使用 mock 技术模拟对真实资源的操作，而不是真的发起对外部资源的读写访问，进而提高单元测试的执行速度。

本部分将重点介绍两个非常有用的 mock 工具：Mockito 和 Powermock。其中，Mockito（第 5 章）是由 Java 语言开发，基于 MIT 协议开源的一个 mock 工具（MIT 协议是最友好的开源协议，任何人或组织都可以免费使用该软件，除此之外，还可以复制、修改、合并、发布，以及分发后出售该软件进行盈利）。Mockito 主要用于为目标对象创建一个"替身"，然后对该"替身"对象声明一些方法行为，实现在较低的成本下快速测试软件功能的目的，尽可能全面地覆盖软件代码的每个分支，把好软件从开发到交付的第一道质量关口。

除了 Mockito 之外，还有很多类似的 Java 开源 mock 工具，比如，JMock、EasyMock 等，不过，Mockito 是目前使用最广泛、社区最活跃、获得支持最多的 mock 工具，这也是本书选用 Mockito 作为 mock 工具的代表进行详细讲解的主要原因。

虽然 Mockito 在绝大多数情况下可以很好地完成 mock 工作，但是它也有一些不太擅长的地方，比如，它无法模拟（mock）局部变量、final 修饰的类和方法、静态方法、私有方法等，因此本部分还将介绍另外一个工具：Powermock（第 6 章）。从严格意义上来讲，Powermock 并不是针对 mock "重复发明的轮子"，它更像是一种对其他 mock 工具的扩展（扩展 Mockito 和 Easymock 等），旨在解决 Mockito 等工具无法模拟的顽固对象，进而最大可能地保证软件代码的可测试性。

Mockito：热门的 mock 工具

本章将学习目前最热门的 mock 工具——Mockito。在本章中，我们首先会分析为什么需要 mock，mock 可以为软件测试带来哪些好处，然后循序渐进揭开 Mockito 的面纱，逐步讲解 Mockito 的使用方法和技巧。

本章将重点介绍如下内容。

❑ mock 的概念及几种不同的 mock 方式。

❑ Stubbing 的概念及语法。

❑ Spying 的概念及使用场景。

❑ 灵活应用 Mockito 的 Matcher，以及与 Hamcrest 对象匹配器的整合。

❑ Mockito 的 Verify 方法和 VerificationMode。

❑ ArgumentCaptor 和 @Captor。

❑ InjectMocks。

❑ Mockito 对 BDD 风格的支持。

5.1　mock 技术

很多开发者对单元测试的理解是：单元测试应该尽可能小，小到只有一个简单的方法，或者一个简单的类。实际上，单元测试虽然针对的是方法级别，但其实更需要关注的应该是逻辑单元和行为单元，一个逻辑单元或行为单元会与不止一个类或模块进行协作。那么，当逻辑单元涉及对外部资源的依赖（比如，数据库、网络磁盘、HTTP 服务等）时，如何才能在对外部资源不产生任何副作用的前提下，快速且全面地测试逻辑单元呢？对于这种情况，解决方法是对外部资源进行 mock。

理解 mock 其实并不难，结合现实生活中的一些场景，相信大家很容易就能理解。比如，影视作品中有很多高难度的武打动作，往往并不是由出演该角色的演员亲自来完成的，而是由他的"替身"来完成的。这样做最主要的一个原因是，担心演员本人受伤，从而影响影视作品的拍摄进度。当然了，演员也可以通过长时间的刻苦训练达到动作要求，但是这样做的后果无非就是影视作品迟迟无法最终上映。同理，软件开发项目也不能因为某个逻辑单元严重依赖外部资源，就要提前部署搭建与生产环境一样的场景以运行对它的测试，否则就会对软件整体的单元测试和快速回归测试效率产生很大的影响。

综上所述，单元测试需要对一些外部依赖资源执行"替身化"操作，mock 技术可以轻而易举地创建出与外部资源拥有类似方法行为的对象，从而低成本、高效率地执行对逻辑单元的功能测试。

关于什么是 mock，以及为何需要 mock，这里推荐一篇不错的文章供大家参考，文章地址为 https://en.wikipedia.org/wiki/Mock_object。

5.2 快速上手 Mockito

在了解了什么是 mock 之后，本节将通过一个具体的示例，进一步说明 mock 以及如何使用 Mockito 声明替身对象的方法行为。

5.2.1 引入 Mockito

要想使用 Mockito，首先必须将 Mockito 引入到项目工程中。Mockito 的引入方式一种是直接引入 mockito-all 的依赖包，其将 Mockito 所需要的依赖（Hamcrest、Objenesis、ASM、CGLIB 等）都打包在了同一个 jar 文件中，以方便使用。mockito-all 的 pom 依赖具体如下。

```
<dependency>
    <groupId>org.mockito</groupId>
    <artifactId>mockito-all</artifactId>
    <version>2.0.2-beta</version>
    <scope>test</scope>
</dependency>
```

虽然目前直接引入 mockito-all 依赖包的方式也比较广泛，但是该依赖包已于 2015 年停止了更新，Mockito 自身也已经迭代到了 3.x 版本，某些新的特性在 mockito-all 依赖包中并不会提供支持，因此需要采用第二种方式，即直接引入 mockito-core 的依赖包。mockito-core 的 pom 依赖具体如下。

```
<dependency>
    <groupId>org.mockito</groupId>
    <artifactId>mockito-core</artifactId>
    <version>3.6.28</version>
    <scope>test</scope>
```

```
</dependency>
```

引入 mockito-core 的依赖包之后，还需要手动引入对 JUnit 和 Hamcrest 的依赖，由于在本书的第一部分中已经引入了 JUnit 和 Hamcrest，因此这里不再需要重复引入，下面是 mockito-core 的依赖关系树（dependency tree）解析。

```
[INFO] com.wangwenjun.books:cicd:jar:1.0-SNAPSHOT
[INFO] +- junit:junit:jar:4.13:test
[INFO] +- org.hamcrest:hamcrest-core:jar:2.2:test
[INFO] |  \- org.hamcrest:hamcrest:jar:2.2:test
[INFO] +- org.mockito:mockito-core:jar:3.6.28:test
[INFO] |  +- net.bytebuddy:byte-buddy:jar:1.10.18:test
[INFO] |  +- net.bytebuddy:byte-buddy-agent:jar:1.10.18:test
[INFO] |  \- org.objenesis:objenesis:jar:3.1:test
```

在本书中，我们将使用第二种方式，即引入 mockito-core 的方式，学习 Mockito 的相关知识。

5.2.2　测试用户登录

假设有一套软件系统是基于 Web 技术开发的，开发者需要根据用户的登录行为开发单元测试代码，测试软件系统的登录功能是否正确。暂时先不谈如何开发单元测试方法，我们先来看看通常情况下 Web 系统所包含的四层结构，具体如下。

❑ View 展示层。

❑ Controller 层。

❑ Service 层。

❑ 数据持久层。

接下来分别开发 Controller 层（如程序代码 5-1 所示）、Service 层（如程序代码 5-2 所示）和数据持久层（如程序代码 5-3 所示）的相关代码。由于持久层需要连接数据库（外部资源）来对登录用户的账号信息进行验证，因此程序代码 5-3 将用抛出异常的方式表示当下外部资源不可用。

程序代码5-1　LoginController.java

```java
package com.wangwenjun.cicd.chapter05;

import javax.servlet.http.HttpServletRequest;

public class LoginController
{
    private AccountService accountService;

    public LoginController(AccountService accountService)
    {
        this.accountService = accountService;
    }
```

```java
//用户登录方法。
public String login(HttpServletRequest request)
{
    //从HttpServletRequest中获取用户名和密码。
    String username = request.getParameter("username");
    String password = request.getParameter("password");
    //调用Service的auth方法验证用户的登录信息。
    UserAccount account = accountService.auth(username, password);
    if (account == null)
    {
        //如果用户登录失败，则继续返回至登录页面。
        return "login";
    } else
    {
        //如果用户登录成功，则返回至系统主页面。
        return "main";
    }
}
}
```

从程序代码 5-1 中可以看到，Controller 的登录方法需要用到 Servlet 容器相关的 API，用于从 HTTP 请求中获取用户的登录信息。用户登录认证部分则是由 Service 层的 AccountService 来完成的，该 Service 通过构造函数注入的方式传入 LoginController。

程序代码5-2　AccountService.java

```java
package com.wangwenjun.cicd.chapter05;

public class AccountService
{

    private AccountDao accountDao;

    //通过构造函数传入AccountDao。
    public AccountService(AccountDao accountDao)
    {
        this.accountDao = accountDao;
    }

    public UserAccount auth(String username, String password)
    {
        //调用accountDao的findUserAccount方法。
        return accountDao.findUserAccount(username, password);
    }
}
```

AccountService 的实现代码比较简单，该类使用构造函数传入的 AccountDao 在数据库中查找用户的账号信息，以达到验证登录账号信息的目的。这里需要说明的是，程序代码 5-3 并不会真的连接某个数据库创建数据表，而是在 AccountDao 方法中直接抛出 UnsupportedOperationException 异常，表示当前该外部资源不可用。

程序代码5-3 AccountDao.java

```
package com.wangwenjun.cicd.chapter05;

public class AccountDao
{
    public UserAccount findUserAccount(String username, String password)
    {
        throw new UnsupportedOperationException();
    }
}
```

除此之外，还有一个比较简单的 UserAccount 类，限于篇幅，这里就不再展示和讲解了，大家可以在随书源代码中找到该类的实现代码。

系统登录模块的源代码大致上已经设计完成，接下来需要对登录功能的方法进行单元测试，在开始之前，我们需要思考单元测试应该"测试什么"以及"如何测试"。"测试什么"代表着代码的测试逻辑，也就是该如何设计单元测试方法。根据 Controller 中 login 方法的设计，当用户认证失败时返回"login"，当用户认证成功时返回"main"，因此我们可以根据不同的返回结果，设计两个单元测试用例。下面再来思考"如何测试"，在系统登录模块中，外部资源除了数据库之外，还有另外一个，即 Servlet 容器（比如，Tomcat 或 Jetty）。我们不可能为了运行单元测试而搭建和启动一套 Servlet 容器环境，这种情况下 mock 技术就能派上用场了。下面就来借助 Mockito 对系统登录模块的方法进行单元测试。关于 Mockito 的 API，其中一些可能大家还不太熟悉，不过不用担心，经过本章的系统学习之后，大家将会深入掌握。

首先，需要导入 Mockito 和 Hamcrest 的相关包（建议使用静态导入的方式），然后在 @Before 方法中对外部资源进行模拟（mock），生成"替身"对象实例，代码如下所示。

```
package com.wangwenjun.cicd.chapter05;

import org.junit.Before;
import org.junit.Test;

//导入HttpServletRequest。
import javax.servlet.http.HttpServletRequest;

//静态导入Hamcrest的Matcher和assertThat方法。
import static org.hamcrest.CoreMatchers.equalTo;
import static org.hamcrest.CoreMatchers.is;
import static org.hamcrest.MatcherAssert.assertThat;
//静态导入Mockito的mock方法。
import static org.mockito.Mockito.mock;
//静态导入Mockito的Stubbing方法。
import static org.mockito.Mockito.when;

public class LoginControllerTest
{

    private HttpServletRequest request;
```

```
    private AccountDao accountDao;
    private AccountService accountService;
    private LoginController loginController;

    //JUnit的套件方法。
    @Before
    public void setUp()
    {
    //由于HttpServletRequest的使用需要用到外部资源，因此要对其进行mock，生成替身实例对象。
        this.request = mock(HttpServletRequest.class);
        //同上。
        this.accountDao = mock(AccountDao.class);
        //分别构造AccountService和LoginController实例。
        this.accountService = new AccountService(accountDao);
        this.loginController = new LoginController(accountService);
    }
//这里省略部分代码内容。
```

在 JUnit 的 套件 方法 @Before 中，Mockito.mock() 方法 分别创建了 AccountDao 和 HttpServletRequest 的替身实例对象。目前这两个实例对象都是 mock 生成的替身，虽然能够正常调用它们各自的行为方法，但是这些方法目前仍然处于一片空白的状态，需要对其下达指令，告知它们应当在什么样的条件下执行什么样的动作或返回什么样的结果，这个过程就像影视作品的导演为替身演员说戏一样。

准备工作完成之后，我们就可以开发第一个单元测试方法，以测试用户成功登录并返回主页面"main"的逻辑了，单元测试代码具体如下。

```
//这里省略部分代码内容。
@Test
public void testAccountAuthSuccess()
{
        //对替身对象进行Stubbing声明，调用HttpServletRequest的getParameter方法参数为
"username"时返回admin，参数为"password"时返回123456。
    when(request.getParameter("username")).thenReturn("admin");
    when(request.getParameter("password")).thenReturn("123456");

    //创建UserAccount实例，用于返回accountDao.findUserAccount的结果。
    UserAccount userAccount = new UserAccount("admin", "123456", "China");

    //Stubbing accountDao的findUserAccount方法。
    when(accountDao.findUserAccount("admin", "123456")).thenReturn(userAccount);

    //调用controller的login方法。
    String result = loginController.login(request);
    //对返回方法进行断言。
    assertThat(result, is(equalTo("main")));
}
//这里省略部分代码内容。
```

第一个单元测试方法最终会成功运行，借助 Mockito，我们可以在不依赖外部资源的情况下，对用户成功登入系统的方法进行测试，紧接着再来开发第二个单元测试方法，验证用户登录失败返回"login"页面的场景。第二个单元测试方法的代码如下。

```
//这里省略部分代码内容。
@Test
public void testAccountAuthFailed()
{
    //对HttpServletRequest进行Stubbing声明。
    when(request.getParameter("username")).thenReturn("admin");
    when(request.getParameter("password")).thenReturn("123456");

    //对accountDao进行Stubbing声明，但是返回结果为null。
    when(accountDao.findUserAccount("admin", "123456")).thenReturn(null);

    //调用controller的login方法。
    String result = loginController.login(request);
    //对结果进行断言。
    assertThat(result, is(equalTo("login")));
}
//这里省略部分代码内容。
```

该单元测试方法与前一个基本上没有区别，只是在对 accountDao 的方法进行 Stubbing 声明时，会让它返回一个 null 值，代表用户登录认证失败。

目前看起来一切顺利，我们不仅完成了"测试什么"，还利用 Mockito 对外部资源的代替实现了"如何测试"。第 1 章曾提到过："单元测试的过程是一个对软件源代码反复思考的过程。"虽然已经做完了对用户登录成功 / 失败的逻辑测试，但是不要忘记有时还会出现数据库不可用的情况（比如，数据库宕机、网络拥堵不可用等）。因此我们需要思考如何才能让用户获得较好的体验，而不是出现一些无法预料的未知错误。在这种情况下，我们可以使用 TDD（测试驱动开发）思想的方法论，增加一个测试用例，用于测试当数据库不可用时返回 5xx 页面的情况。

```
//这里省略部分代码内容。
@Test
public void testAccountAuthError()
{
    when(request.getParameter("username")).thenReturn("admin");
    when(request.getParameter("password")).thenReturn("123456");
    //执行AccountDao方法时抛出异常。
    when(accountDao.findUserAccount(anyString(), anyString()))
            .thenThrow(RuntimeException.class);

    String result = loginController.login(request);
    assertThat(result, is(equalTo("5xx")));
}
//这里省略部分代码内容。
```

还记得 TDD 的红 – 绿 – 重构三段式结构吗？目前新增了一个单元测试方法，由于在软件源代码中并未考虑到数据不可用的情形，此刻运行 testAccountAuthError 单元测试方法，结果肯定是"红色"（失败）的，所以接下来应该修正软件源代码，使其能够处理数据库不可用的情况。

```
//这里省略部分代码内容。
//修改后的Controller login方法，增加了对异常情况的处理。
```

```
public String login(HttpServletRequest request)
{
    String username = request.getParameter("username");
    String password = request.getParameter("password");
    try
    {
        UserAccount account = accountService.auth(username, password);
        if (account == null)
        {
            return "login";
        } else
        {
            return "main";
        }
    } catch (Exception e)
    {
        //出现异常返回5xx页面。
        return "5xx";
    }
}
//这里省略部分代码内容。
```

再次运行单元测试，我们会发现软件功能已经得到了进一步的增强，数据库不可用时
单元测试运行失败的问题也得到了修复。当然，如果觉得软件源代码还存在一些需要重构
和调整的地方，可以继续重复 TDD 的三个阶段。

通过上述介绍，我们可以简单归纳一下 Mockito 的使用步骤和流程。

1）mock 为目标对象生成"替身"对象实例。

2）声明"替身"对象的 Stubbing 行为方法。

3）调用软件源代码方法。

4）对结果进行断言操作。

5.3 创建 mock "替身" 对象实例

5.2 节使用 Mockito 针对用户登录功能进行了单元测试，也大致介绍了 Mockito 的使用
步骤和流程，我们知道，首先要完成的便是使用 Mockito 创建"替身"对象实例。除了已
经接触的 Mockito.mock() 方法之外，Mockito 还提供了其他一些 mock 方式及深度 mock 等，
下面就来详细介绍 mock 的四种方式及深度 mock。

5.3.1 四种 mock 方式

1. 使用 mock 静态方法

使用 mock 静态方法的示例代码如下。

```
package com.wangwenjun.cicd.chapter05;
```

```
import org.junit.Test;
import java.util.List;
import static org.hamcrest.MatcherAssert.assertThat;
import static org.hamcrest.Matchers.*;
import static org.mockito.Mockito.mock;

public class MockWithMockMethodTest
{
    @Test
    public void mockMethod()
    {
        List<String> list = mock(List.class);
        list.add("mockito");
        //这里并没有对mock生成的"替身"进行Stubbing声明。
        assertThat(list.size(), is(equalTo(0)));
        assertThat("mockito", not(in(list)));
        list.clear();
    }
}
```

mock 静态方法可用于创建真实对象的"替身"实例，前文中已经提到过这一点。真实对象该有的方法，"替身"实例同样都要拥有，但是在没有进行 Stubbing 行为声明之前，相关的方法是不会有任何真实行为的，所以该单元测试中所有的断言语句最后都会成功运行。

2. 使用 @Mock 注解的方式

在单元测试类上增加 @RunWith 注解，然后就可以使用注解的方式进行 mock 操作了，示例代码如下。

```
package com.wangwenjun.cicd.chapter05;
import org.junit.Test;
import org.junit.runner.RunWith;
import org.mockito.Mock;
import org.mockito.junit.MockitoJUnitRunner;

import java.util.List;

import static org.hamcrest.MatcherAssert.assertThat;
import static org.hamcrest.Matchers.*;

//通过@RunWith注解使用Mockito提供的Runner。
@RunWith(MockitoJUnitRunner.class)
public class MockWithMockAnnotationTest
{
    //通过@Mock注解为List创建一个"替身"。
    @Mock
    private List<String> list;

    @Test
    public void annotationMethod()
    {
        list.add("mockito");
        assertThat(list.size(), is(equalTo(0)));
        assertThat("mockito", not(in(list)));
```

```
            list.clear();
        }
    }
```

需要注意的是，使用 @Mock 注解时，不能在单元测试类上省略 MockitoJUnitRunner 的声明，否则 list 将不会被实例化。

在 JUnit 中，Runner 组件负责单元测试方法的执行，在普通的单元测试类中，之所以没有显式声明 @Runner，是因为 JUnit 框架默认使用了内部的 BlockJUnit4ClassRunner（JUnit 4.5 版本以后引入的，之前的版本使用的是 JUnit4ClassRunner）。由于仅为实例属性增加了 @Mock 注解，JUnit 框架不知道应该如何实现实例属性的初始化，因此我们需要通过 @RunWith 显式声明 MockitoJUnitRunner，覆盖 JUnit 默认的 BlockJUnit4ClassRunner。

@Mock 注解的方式虽然很方便，但是它会占据唯一的一个 @RunWith 席位，如果想要继续使用其他 Runner（比如，CucumberRunner），就需要再次回退到使用 Mockito.mock 的方式，显然这并不是一种好方法。下面接着介绍第三种 mock 方式。

3. 声明 MockitoRule 实例

Mockito 自 1.10.17 版本以后增加了声明 MockitoRule 的方式，该方式可以保证既不占用 Runner 席位，又可以使用 @Mock 注解的方式创建 "替身" 实例对象，示例代码如下。

```
package com.wangwenjun.cicd.chapter05;

import org.junit.Rule;
import org.junit.Test;
import org.junit.runner.RunWith;
import org.junit.runners.BlockJUnit4ClassRunner;
import org.mockito.Mock;
import org.mockito.junit.MockitoJUnit;
import org.mockito.junit.MockitoRule;

import java.util.List;

import static org.hamcrest.MatcherAssert.assertThat;
import static org.hamcrest.Matchers.*;
//声明其他Runner，JUnit默认的Runner。
@RunWith(BlockJUnit4ClassRunner.class)
public class MockWithMockitoRuleTest
{
    //声明MockitoRule，并且用@Rule注解进行标注。
    @Rule public MockitoRule rule = MockitoJUnit.rule();

    @Mock
    private List<String> list;

    @Test
    public void mockitoRuleMethod()
    {
        list.add("mockito");
        assertThat(list.size(), is(equalTo(0)));
        assertThat("mockito", not(in(list)));
```

```
        list.clear();
    }
}
```

声明 MockitoRule 实例的方式可以在继续使用其他 JUnit Runner 的同时，使用 @Mock 创建"替身"对象实例，但是这里需要注意的是，在使用 @Rule 注解标记的实例属性时，该属性必须是由 public 修饰的，且只能是实例属性而不能是类成员属性，否则就会出现错误。

4. 在 JUnit 套件方法中调用 MockitoAnnotations.openMocks() 方法

由于 JUnit 早期版本中的 MockitoAnnotations initMocks 方法在新版本中已经标记为过期，因此需要使用新的 openMocks() 方法，示例代码如下所示。

```java
package com.wangwenjun.cicd.chapter05;

import org.junit.Before;
import org.junit.Test;
import org.junit.runner.RunWith;
import org.junit.runners.BlockJUnit4ClassRunner;
import org.mockito.Mock;
import org.mockito.MockitoAnnotations;

import java.util.List;

import static org.hamcrest.MatcherAssert.assertThat;
import static org.hamcrest.Matchers.*;

@RunWith(BlockJUnit4ClassRunner.class)
public class MockWithMockitoInitialTest
{
    @Before
    public void setUp()
    {
    //在JUnit套件方法中调用openMocks(this)方法。
        MockitoAnnotations.openMocks(this);
    }

    @Mock
    private List<String> list;

    @Test
    public void mockitoOpenMocksMethod()
    {
        list.add("mockito");
        assertThat(list.size(), is(equalTo(0)));
        assertThat("mockito", not(in(list)));
        list.clear();
    }
}
```

关于 Mockito 使用 mock 创建"替身"对象实例的四种方式就介绍到这里，后文还会介绍一些其他的方式，比如，@Spy、@InjectMocks 等。

5.3.2 深度 mock

Mockito 还支持在模拟（mock）目标对象时进行一些配置。前文中提到过，对某个目标对象进行 mock 操作后会生成"替身"实例，此刻调用它的某些方法会返回一些提前设置好的默认值，比如，list.size() 的返回结果为 0，而不是 null，这一切都是由 mock 方法的默认配置 RETURNS_DEFAULTS 所控制的。

打开 Mockito 的源代码，找到 ReturnsEmptyValues，会发现其包含如下所示的一段代码，这段代码完整、清晰地设置了不同类型在"替身"实例还未被 Stubbing 声明之前返回的默认值。

```
Object returnValueFor(Class<?> type) {
    if (Primitives.isPrimitiveOrWrapper(type)) {
        return Primitives.defaultValue(type);
    } else if (type == Iterable.class) {
        return new ArrayList(0);
    } else if (type == Collection.class) {
        return new LinkedList();
    } else if (type == Set.class) {
        return new HashSet();
    } else if (type == HashSet.class) {
        return new HashSet();
    } else if (type == SortedSet.class) {
        return new TreeSet();
    } else if (type == TreeSet.class) {
        return new TreeSet();
    } else if (type == LinkedHashSet.class) {
        return new LinkedHashSet();
    } else if (type == List.class) {
        return new LinkedList();
    } else if (type == LinkedList.class) {
        return new LinkedList();
    } else if (type == ArrayList.class) {
        return new ArrayList();
    } else if (type == Map.class) {
        return new HashMap();
    } else if (type == HashMap.class) {
        return new HashMap();
    } else if (type == SortedMap.class) {
        return new TreeMap();
    } else if (type == TreeMap.class) {
        return new TreeMap();
    } else if (type == LinkedHashMap.class) {
        return new LinkedHashMap();
    } else if ("java.util.Optional".equals(type.getName())) {
        return JavaEightUtil.emptyOptional();
    } else if ("java.util.OptionalDouble".equals(type.getName())) {
        return JavaEightUtil.emptyOptionalDouble();
    } else if ("java.util.OptionalInt".equals(type.getName())) {
        return JavaEightUtil.emptyOptionalInt();
    } else if ("java.util.OptionalLong".equals(type.getName())) {
        return JavaEightUtil.emptyOptionalLong();
    } else if ("java.util.stream.Stream".equals(type.getName())) {
```

```
            return JavaEightUtil.emptyStream();
        } else if ("java.util.stream.DoubleStream".equals(type.getName())) {
            return JavaEightUtil.emptyDoubleStream();
        } else if ("java.util.stream.IntStream".equals(type.getName())) {
            return JavaEightUtil.emptyIntStream();
        } else if ("java.util.stream.LongStream".equals(type.getName())) {
            return JavaEightUtil.emptyLongStream();
        } else if ("java.time.Duration".equals(type.getName())) {
            return JavaEightUtil.emptyDuration();
        } else {
            return "java.time.Period".equals(type.getName()) ? JavaEightUtil.emptyPeriod()
                : null;
        }
    }
}
```

Mockito 为 mock 方法提供了 6 种 Answer 类型设置，分别如下所示，Mockito 还允许开发者通过自定义的方式进行扩展。

❏ RETURNS_DEFAULTS。

❏ RETURNS_SMART_NULLS。

❏ RETURNS_MOCKS。

❏ RETURNS_DEEP_STUBS。

❏ CALLS_REAL_METHODS。

❏ RETURNS_SELF。

限于篇幅，这里不会对每一种 Answer 类型都进行详细说明，但是 RETURNS_DEEP_STUBS 值得细说。在进行 mock 操作时，将 Answer 类型设置为 RETURNS_DEEP_STUBS 即可实现深度 mock，在一些场合下，这种方法非常有用。下面来看一个具体的例子。

```
package com.wangwenjun.cicd.chapter05;

public class ExternalServiceFactory
{
    public ExternalService createExternalService()
    {
        //模拟依赖外部资源。
        throw new RuntimeException();
    }
}
...

public class ExternalService
{
    public String getValue()
    {
        //模拟依赖外部资源。
        throw new RuntimeException();
    }
}
```

假设程序源代码方法需要依赖于 ExternalServiceFactory 的 createExternalService() 方法

创建 ExternalService 实例，然后调用它的 getValue() 方法，由于这两个方法都会抛出异常，而不是直接调用测试，因此我们需要对它们分别进行 mock 操作，这样才能完成程序源代码方法的单元测试。

```
import org.junit.After;
import org.junit.Test;
import org.junit.runner.RunWith;
import org.mockito.Mock;
import org.mockito.junit.MockitoJUnitRunner;

import static org.mockito.Mockito.reset;

@RunWith(MockitoJUnitRunner.class)
public class ExternalServiceFactoryTest
{
    //只模拟（mock）了ExternalServiceFactory。
    @Mock
    private ExternalServiceFactory factory;

    //期望抛出空指针异常。
    @Test(expected = NullPointerException.class)
    public void testDefaultMock()
    {
        factory.createExternalService().getValue();
    }

    @After
    public void tearDown()
    {
        reset(factory);
    }
}
```

由于 factory.createExternalService() 的返回结果默认为 null，因此直接使用它的返回结果，肯定会出现空指针异常的错误，那么为了能够正常调用 getValue() 方法，必须再模拟一个 ExternalService 实例，并对 factory 进行 Stubbing 声明，修改后的测试代码片段如下。

```
//mock ExternalServiceFactory。
@Mock
private ExternalServiceFactory factory;
//mock ExternalService。
@Mock
private ExternalService externalService;
@Test
public void testDefaultMock()
{
    //Stubbing声明，返回externalService。
    doReturn(externalService).when(factory).createExternalService();
    //这个时候肯定不会出现空指针异常。
    factory.createExternalService().getValue();
}
```

将 mock 的 Answer 类型设置为 RETURNS_DEEP_STUBS，即可达到深度 mock 的效

果，这样设置之后只需要正常 mock ExternalServiceFactory 即可，ExternalService "替身"
实例也会一并进行 mock 操作，示例代码如下。

```
//设置深度mock。
@Mock(answer = Answers.RETURNS_DEEP_STUBS)
private ExternalServiceFactory factory;
@Test
public void testDefaultMock()
{
    factory.createExternalService().getValue();
}
```

同样，Mockito.mock 的静态方法也支持类似的设置，只需要在模拟目标对象时设置参
数即可：mock(ExternalServiceFactory.class, RETURNS_DEEP_STUBS)。

提示　如果想要知道 mock 产生目标对象的具体细节，则可以通过 Mockito 的其他 API 进
行获取，示例代码如下。

```
MockingDetails details = mockingDetails(list);
System.out.println(details.getMockCreationSettings().getDefaultAnswer());
```

5.4　Stubbing 语法详解

前文不止一次提到过 Stubbing 这个词，那么这个词到底是什么意思呢？做过 RPC 相
关工作的读者应该都知道，无论是基于 SOAP 的方式，还是基于 HTTP2 的方式，抑或基
于 TCP 自定义协议的方式，都可以通过对本地存根方法（stub）的调用实现对远程方法的调
用。对比 RPC 的存根方法，使用 Mockito mock 生成的 "替身" 将是与目标类拥有同样方法
和属性的存根（stub）。但是比较特殊的一点是，mock 生成的 "替身" 实例对象在没有进行
指令录入之前，什么也不会做，因此 "替身" 实例对象需要包含一个指令录入的过程，这
个过程称为 " Stubbing"。无论是 Mockito 还是其他 mock 工具，Stubbing 都有一套语法规
则，本节就来详细讲解 Mockito 的 Stubbing 语法细节和用法。

5.4.1　when...thenReturn 和 doReturn...when 语法

"替身" 对象实例通过 mock 创建出来时就像一个 "牙牙学语的小孩"，只有告知 "替
身" 应该执行什么样的方法，输入怎样的参数，应该返回什么样的结果，它才会记住这些
录入的指令，并在需要的时候重播出来，模拟与目标对象一样的行为。请看下面的示例代
码片段。

```
@Test
public void testWhenThenReturn()
{
    //注释1: Stubbing。
    when(list.get(0)).thenReturn("Alex");
    //注释2: 进行断言。
```

```
    assertThat(list.get(0), equalTo("Alex"));
    //注释3：试图从index=1的下标获取数据，但是为null。
    assertThat(list.get(1), nullValue());
}
```

在上述代码的注释 1 处，when...thenReturn 的语法用于告知"替身"list，当访问 get 方法并且参数为 0 时，程序返回"Alex"，"替身"将会记住这样的指令。在注释 2 处，调用 list 的 get 方法且参数为 0 时，程序返回"Alex"，使得断言成功执行。由于并未对 list.get(1) 返回进行 Stubbing 声明，因此它会返回一个 null 值（代码注释 3 处）。Mockito 在处理返回值时遵循了 Java 的规范，比如，如果是引用类型就是 null，如果是基本数据类型 int 则为 0 等。

doReturn...when 的语法与 when...thenReturn 的效果一样，因此可以将上面的单元测试方法用 doReturn...when 语法重写，重写代码如下。

```
@Test
public void testDoReturnWhen()
{
    //注释1:Stubbing。
    doReturn("Alex").when(list).get(0);
    //注释2:进行断言。
    assertThat(list.get(0), equalTo("Alex"));
    //注释3：试图从index=1的下标获取数据，但是为null。
    assertThat(list.get(1), nullValue());
}
```

5.4.2　doNothing...when 语法

前文中展示了 when...thenReturn 和 doReturn...when 的语法，为"替身"实例的有返回值的方法进行指令声明。但并不是所有的实例方法都是有返回值的，针对没有返回值的方法，我们通常需要通过 doNothing...when 这样的语法进行 Stubbing 声明。请看下面的示例代码。

```
@Test
public void testDoNothingWhen()
{
    //注释1: Stubbing。
    doNothing().when(list).clear();
    //注释2：调用clear方法。
    list.clear();
    //注释3：验证list的clear方法被调用过一次。
    verify(list).clear();
}
```

在代码注释 1 处使用 doNothing...when 语法对 list 的 clear 方法进行 Stubbing 声明，然后再调用真实的 clear 方法。由于 void 方法没有返回值，我们该如何判断这个方法到底有没有被调用过呢？Mockito 的 verify 方法可用于对无返回类型的方法调用执行验证操作，进而达到断言的目的（代码注释 3 处），5.7 节将重点讲解 Mockito Verify 的具体用法。

为了让大家能够进一步了解 doNothing...when 语法的使用场景，下面再列举一个更复杂的示例。假设我们的产品需要依赖某些云平台厂商的数据存储解决方案，考虑到未来可能会替换该云厂商，因此示例代码会抽象一个 StorageService 服务，用于屏蔽具体使用的云厂商服务，下面是相关的模拟代码。

```java
public class StorageService
{
    private GoogleCloudStorage googleCloudStorage;

    public StorageService(GoogleCloudStorage googleCloudStorage)
    {
        this.googleCloudStorage = googleCloudStorage;
    }

    public boolean uploadToCloud(byte[] data)
    {
        try
        {
            if (data != null)
                this.googleCloudStorage.store(data);
            else
                return false;
        } catch (IOException e)
        {
            return false;
        }

        return true;
    }
}

public class GoogleCloudStorage
{

    public void store(byte[] data) throws IOException
    {
        throw new IOException();
    }
}
```

上述代码几乎等同于伪代码，因此这里不做过多解读，现在要测试 StorageService 的方法，但是它依赖于外部资源 GoogleCloudStorage，根据前面所学的知识，我们很容易就能写出具体的单元测试代码，代码如下。

```java
package com.wangwenjun.cicd.chapter05;

import org.junit.Before;
import org.junit.Test;
import org.junit.runner.RunWith;
import org.mockito.Mock;
import org.mockito.junit.MockitoJUnitRunner;

import java.io.IOException;
```

```java
import static org.hamcrest.MatcherAssert.assertThat;
import static org.hamcrest.Matchers.equalTo;
import static org.hamcrest.Matchers.is;
import static org.mockito.ArgumentMatchers.any;
import static org.mockito.Mockito.*;


@RunWith(MockitoJUnitRunner.class)
public class StorageServiceTest
{
    @Mock
    private GoogleCloudStorage googleCloudStorage;
    private StorageService storageService;

    @Before
    public void setUp() throws IOException
    {
        this.storageService = new StorageService(googleCloudStorage);
        //doNothing Stubbing声明。
        doNothing().when(googleCloudStorage).store(any(byte[].class));
    }

    @Test
    public void testUploadToCloudSuccess() throws IOException
    {
        boolean result = this.storageService.uploadToCloud(new byte[]{0x1, 0x2});
        assertThat(result, is(equalTo(true)));
        //会调用1次store方法。
        verify(googleCloudStorage).store(any(byte[].class));
    }

    @Test
    public void testUploadToCloudFailed() throws IOException
    {
        boolean result = this.storageService.uploadToCloud(null);
        assertThat(result, is(equalTo(false)));
        //根本不会调用store方法。
        verify(googleCloudStorage, times(0)).store(any(byte[].class));
    }
}
```

其中，testUploadToCloudSuccess 方法上传的数据不为空，最后返回的结果为 true，通过 verify 方法可以验证 GoogleCloudStorage 的 store 方法执行过一次，而在另外一个单元测试方法 testUploadToCloudFailed 中，由于试图写入值为空的数据，因此不会调用 store 方法。前文中提到过，mock 产生的对象实例，如果不做任何 Stubbing 声明，就是 doNothing（无为）的，那么在 @Before 方法中注释 doNothing 子句，是否还能正常执行单元测试呢？答案是可以的，既然对一个 mock 产生的对象实例进行 doNothing Stubbing 声明与否都无关紧要，那么这样的语法为何还要存在呢？因为除了可以对 void 方法进行 doNothing 声明之外，还可以进行 doThrow 声明，并且这种显式声明的方式可以帮助程序员在维护代码时能够更加清晰地认识到 Stubbing 原本的意图。

需要注意的是，虽然对有返回值的方法进行 doNothing Stubbing 声明不会出现任何语法错误，但是在运行时，Mockito 是不允许这样做的，请看下面的示例代码。

```
@Test
public void testDoNothingWhen2()
{
    //list.get()方法是有返回值的。
    doNothing().when(list).get(0);
    list.get(0);
}
```

运行上面的单元测试方法会出现 Stubbing 语法错误（注意，这不是 Java 语法错误）。

```
org.mockito.exceptions.base.MockitoException·
Only void methods can doNothing()!
Example of correct use of doNothing():
    doNothing().
    doThrow(new RuntimeException())
    .when(mock).someVoidMethod();
Above means:
someVoidMethod() does nothing the 1st time but throws an exception the 2nd time
is called
```

5.4.3　when...thenThrow 和 doThrow...when 语法

无论是有返回类型的方法还是无返回类型的方法，在某些情况下，我们都期望它们能够抛出异常，比如，模拟远程网络服务地址错误、数据库驱动不存在、本地磁盘路径没有操作权限等，下面就来看一下如何对这样的场景进行 Stubbing 声明。

```
@Test
public void testWhenThenThrow()
{
    //对list的get方法执行throw exception的Stubbing操作。
    when(list.get(0)).thenThrow(RuntimeException.class);
    when(list.get(1)).thenThrow(new RuntimeException());
    try
    {
        //执行该方法会抛出异常。
        list.get(0);
        fail("should not process to here");
    } catch (Exception e)
    {
        //断言异常类型。
        assertThat(e, instanceOf(RuntimeException.class));
    }
//此处省略部分代码。
}
```

when...thenThrow 的 Stubbing 声明可用于为"替身"实例下达指令，当执行方法为 F 且参数为 P 时需要抛出指定的异常，该语法不能为无返回类型的 void 方法下达指令，如果需要为 void 类型的方法下达抛出异常的指令，则需要使用另外一种语法格式 doThrow...when。请看下面的示例代码。

```
@Test
public void testDoThrowWhen()
{
    //对list的无返回类型方法进行Stubbing声明。
    doThrow(RuntimeException.class).when(list).clear();
    //对list的有返回类型方法进行Stubbing声明。
    doThrow(RuntimeException.class).when(list).get(0);
    try
    {
        //出现异常。
        list.get(0);
        fail("should not process to here");
    } catch (Exception e)
    {
    //对异常进行断言。
        assertThat(e, instanceOf(RuntimeException.class));
    }

    try
    {
        //出现异常。
        list.clear();
        fail("should not process to here");
    } catch (Exception e)
    {
        //对异常进行断言。
        assertThat(e, instanceOf(RuntimeException.class));
    }
}
```

通过上面的代码示例我们不难发现，doThrow...when 既可以为有返回值类型的方法进行 Stubbing 声明，也可以为无返回值类型的方法进行 Stubbing 声明。

这里需要注意的一点是，当某个方法的签名不是 Checked Exception 时，对其抛出 Checked Exception Stubbing 声明会出现错误，请看下面的示例代码。

```
@Test
public void testThrowCheckedException()
{
    doThrow(Exception.class).when(list).get(0);
    list.get(0);
}
```

list 接口的 get 方法签名并未声明抛出 Checked Exception，测试代码的 Stubbing 声明却期望抛出 Checked Exception，此时 Mockito 会弹出非法的 Stubbing 错误声明提示（如图 5-1 所示），反之则是受允许的，这一点希望大家注意。

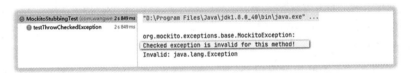

图 5-1　非法的 Stubbing 声明

5.4.4　when...thenAnswer 和 doAnswer...when 语法

如果期望 list 的 get 方法在不同的参数下返回不同的值，则需要针对不同的参数进行多次 Stubbing 声明才可以达到目的，请看下面的示例代码片段。

```
when(list.get(0)).thenReturn("Alex");
when(list.get(1)).thenReturn("Wang");
//此处省略部分代码。
assertThat(list.get(0), equalTo("Alex"));
assertThat(list.get(1), equalTo("Wang"));
//此处省略部分代码。
```

那么，在 Mockito 中有没有一种方式，只需要进行一次 Stubbing 声明，就可以在不同的参数情况下返回不同的值呢？通过实现 Answer 接口就可以达到这样的目的。关于 Answer 接口的另一个好处是，一旦定义了就可以多次应用于 Stubbing 声明中，请看下面的示例代码。

```
//定义Answer接口的Lambda表达式。
private Answer<String> answer = invocation ->
{
    Integer argument = invocation.getArgument(0, Integer.class);
    return "Alex:" + argument;
};
```

定义 Lambda 表达式的方式可用于声明一个 Answer 实例，针对不同的入参返回不同的返回值，比如，如果入参为数字 1，则返回值将是" Alex：1"。接下来再看一下如何将自定义的 Answer 实例应用于 Mockito 的 Stubbing 语法声明中，示例代码如下。

```
@Test
public void testWhenThenAnswer()
{
    //when...thenAnswer Stubbing声明。
    when(list.get(anyInt())).thenAnswer(answer);
    assertThat(list.get(0), is(equalTo("Alex:0")));
    assertThat(list.get(1), is(equalTo("Alex:1")));
    assertThat(list.get(100), is(equalTo("Alex:100")));
}

@Test
public void testDoAnswerWhen()
{
    //doAnswer...when Stubbing声明。
    doAnswer(answer).when(list).get(anyInt());
    assertThat(list.get(0), is(equalTo("Alex:0")));
    assertThat(list.get(1), is(equalTo("Alex:1")));
    assertThat(list.get(100), is(equalTo("Alex:100")));
}
```

5.4.5　多值返回的 Stubbing 语法

在 5.4.1 节的 Stubbing 语法中，对"替身"对象下达指令，当调用参数为 P 的 F 方法时返回结果 R。Mockito 还提供了另外一种语法，支持一次性返回多个结果的 Stubbing 声明，请看下面的示例代码。

```
@Test
public void testWhenThenReturnMultipleValues()
{
    //返回多值的Stubbing声明。
    when(list.get(0)).thenReturn("Hello", "Mockito", "Alex");
    //第一次调用get(0)时返回Hello。
    assertThat(list.get(0), is(equalTo("Hello")));
    //第二次调用get(0)时返回Mockito。
    assertThat(list.get(0), is(equalTo("Mockito")));
    //第三次调用get(0)时返回Alex。
    assertThat(list.get(0), is(equalTo("Alex")));
    //第四次调用get(0)时仍然返回Alex。
    assertThat(list.get(0), is(equalTo("Alex")));
}
```

上面多值返回的 Stubbing 语法也可以通过 doReturn...when 的语法重写，效果是完全一样的。由于 return 的最后一个值为 Alex，因此在第四次（超出了返回值的个数）调用的时候，它依然会返回 Alex。

需要注意的是，多值返回的方式虽然简洁，但是其实质应该完全等价于对 get(0) 分别进行三次 Stubbing 声明，实际情况可能会与预想的有出入，请看下面的示例代码。

```
when(list.get(0)).thenReturn("Hello");
when(list.get(0)).thenReturn("Mockito");
when(list.get(0)).thenReturn("Alex");
//这种语法声明，最后一个Stubbing指令会覆盖前面的指令，因此最后的结果始终都是Alex。
assertThat(list.get(0), is(equalTo("Alex")));
assertThat(list.get(0), is(equalTo("Alex")));
assertThat(list.get(0), is(equalTo("Alex")));
assertThat(list.get(0), is(equalTo("Alex")));
```

5.4.6　级联风格的 Stubbing 语法

与多值返回的 Stubbing 语法类似，Mockito 也支持通过级联的方式进行 Stubbing 声明，请看下面的示例代码。

```
@Test
public void testIteratorStyle()
{
    //第一次调用get(0)时返回Hello。
    when(list.get(0)).thenReturn("Hello")
    //第二次调用get(0)时返回answer。
            .thenAnswer(answer)
    //第三次调用get(0)时抛出异常。
            .thenThrow(RuntimeException.class)
    //第四次调用get(0)时返回Mockito。
            .thenReturn("Mockito");
    assertThat(list.get(0), is(equalTo("Hello")));
    assertThat(list.get(0), is(equalTo("Alex:0")));
```

```
try
{
    list.get(0);
    fail("should not process to here");
} catch (Exception e)
{
    assertThat(e, instanceOf(RuntimeException.class));
}
assertThat(list.get(0), is(equalTo("Mockito")));
assertThat(list.get(0), is(equalTo("Mockito")));
}
```

至此，大家应该能够看出多值返回的 Stubbing 声明与级联风格的区别了，级联更加灵活且样式丰富，除了可以返回正常的值以外，还可以返回 Answer，以及抛出异常。同样它也支持 doXXX...when 的 Stubbing 声明，请看下面的示例代码片段。

```
doReturn("Hello")
    .doAnswer(answer)
    .doThrow(RuntimeException.class)
    .doReturn("Mockito").when(list).get(0);
```

5.4.7　when...thenCallRealMethod 和 doCallRealMethod...when 语法

通过前面内容的学习，相信我们可以达成这样一种共识：mock 产生的对象实例，其所有的行为都是 doNothing（"无为"）的。有时，某些目标对象的方法并不全是依赖于外部资源而难以进行单元测试的，但是"替身"实例又是"无为"的，对于这种情况，我们又该如何真实地调用目标方法呢？对于这种情况，Mockito 提供了调用真实方法（call real method）的能力，下面通过一个具体的示例进行说明。

假设 PartialService 类拥有两个方法，其中，getRandom 方法用于获取 100 以内的随机数，而 getExternal 方法则需要使用外部资源。PartialService 类的实现代码具体如下。

```
import static java.util.concurrent.ThreadLocalRandom.current;

public class PartialService
{
    public int getRandom()
    {
        return current().nextInt(100);
    }

    public int getExternal()
    {
        //依赖外部资源的方法。
        throw new RuntimeException();
    }
}
```

对于这种情况，可以通过部分方法 mock 的方式对 PartialService 进行单元测试，下面是 when...thenCallRealMethod 语法的具体示例代码片段。

```
@Mock
private PartialService partialService;

@Test
public void testWhenThenCallRealMethod()
{
    //Stubbing声明，当调用getRandom方法时进行真正的调用。
    when(partialService.getRandom()).thenCallRealMethod();
    //Stubbing声明，返回结果为100。
    when(partialService.getExternal()).thenReturn(100);
    assertThat(partialService.getRandom(), lessThan(100));
    assertThat(partialService.getExternal(), equalTo(100));
}
```

同样上述代码也支持 doCallRealMethod...When 的写法，代码如下。

```
doCallRealMethod().when(partialService).getRandom();
doReturn(100).when(partialService).getExternal();
assertThat(partialService.getRandom(), lessThan(100));
assertThat(partialService.getExternal(), equalTo(100));
```

至此，关于 Mockito 的 Stubbing 语法已基本上全部介绍完毕，初学者在学习的过程中往往会遇到这样的问题：测试代码在编译时可以通过，但是在运行时会出现 Mockito 的语法错误。因此想要灵活应用 Mockito 的前提是，必须清楚地了解 Stubbing 的语法规则。笔者整理了不同类型的 Stubbing 语法声明对不同类型方法的支持，如表 5-1 所示。

表 5-1　Mockito Stubbing 语法声明对不同类型方法的支持

Stubbing 语法	有返回值方法	无返回值方法
when...thenReturn	支持	不支持
doReturn...when	支持	不支持
doNothing...when	不支持	支持
when...thenThrow	支持	不支持
doThrow...when	支持	支持
when...thenAnswer	支持	不支持
doAnswer...when	支持	不支持
when...thenCallRealMethod	支持	不支持
doCallRealMethod...when	支持	支持

5.5　Spying 详解

通过 mock 创建的"替身"对象实例，其每个方法都是 doNothing 的，想要让"替身"对象实例方法执行我们期望的行为，就必须对它进行 Stubbing 声明。Spying 则刚好相反，通过 spy 创建的"替身"对象实例都保持了与目标对象一样的动作行为（可以将"替身"看作是目标对象的一个真实副本），如果目标对象的某些方法在运行期间需要用到外部资源，那么这些方法同样也需要进行 Stubbing 声明，下面来看一个具体的例子。

```java
package com.wangwenjun.cicd.chapter05;

import org.junit.After;
import org.junit.Before;
import org.junit.Test;
import org.junit.runner.RunWith;
import org.mockito.Spy;
import org.mockito.junit.MockitoJUnitRunner;

import java.util.ArrayList;
import java.util.LinkedList;

import static org.hamcrest.MatcherAssert.assertThat;
import static org.hamcrest.Matchers.*;
import static org.mockito.Mockito.reset;
import static org.mockito.Mockito.spy;

@RunWith(MockitoJUnitRunner.class)
public class SpyingTest
{
    //注释1。
    @Spy
    private LinkedList<String> linkedList=new LinkedList<>();
    private ArrayList<String> arrayList;

    @Before
    public void init()
    {
    //注释2。
        arrayList = spy(new ArrayList<>());
    }

    @Test
    public void simpleTest()
    {
        //注释3：分别增加元素。
        this.linkedList.add("Hello");
        this.arrayList.add("Mockito");

        //注释4：断言增加元素后的collection。
        assertThat(linkedList, both(hasSize(1)).and(contains("Hello")));
        assertThat(arrayList, both(hasSize(1)).and(contains("Mockito")));

        //注释5：再次操作，分别清除。
        this.linkedList.clear();
        this.arrayList.clear();

        //注释6：断言清除后的结果。
        assertThat(linkedList, both(hasSize(0)).and(empty()));
        assertThat(arrayList, both(hasSize(0)).and(empty()));
    }

    @After
```

```
    public void tearDown()
    {
        reset(linkedList, arrayList);
    }
}
```

这段测试代码是能够成功执行的，对于这段代码，我们可以总结出如下信息。

1）Spying 的操作有两种方式，第一种是通过 @Spy 注解，第二种是通过 Mockito.spy 方法，类似于 @Mock 注解和 Mockito.mock 方法的关系，但是前提是必须显式地对目标对象进行实例化操作，比如，new LinkedList<>()。

2）注释 3、4、5、6 处对 LinkedList 和 ArrayList 的操作与直接构造出来的对象实例并没有任何区别。

3）spy 产生的对象实例几乎等同于通过 mock 方式创建出来的"替身"对象实例，并且对实例的所有方法都进行 when...thenCallRealMethod 的 Stubbing 声明。

通过代码示例和基本描述，我们不难发现，与对 mock 生成的"替身"进行 when...then-CallRealMethod 声明类似，spy 的主要作用也是用于对部分方法指令进行声明。使用 spy 的方式对 PartialService 进行单元测试，可以实现与 5.4.7 节完全一样的效果。

```
@Spy
private PartialService partialService = new PartialService();

@Test
public void spyPartialServiceTest()
{
    //对getExternal方法进行Stubbing。
    doReturn(100).when(partialService).getExternal();
    //getRandom不进行Stubbing声明。
    assertThat(partialService.getRandom(), Matchers.lessThan(100));
    assertThat(partialService.getExternal(), Matchers.equalTo(100));
}
```

为了帮助大家更好地理解，下面将这两段代码放到一起进行对照（如图 5-2 所示），相信大家很容易就能看出用法的差异和目标的一致性。

```
@Test
public void testDoCallRealMethodWhen()
{
    doCallRealMethod().when(partialService).getRandom();
    doReturn(100).when(partialService).getExternal();
    assertThat(partialService.getRandom(), lessThan(100));
    assertThat(partialService.getExternal(), equalTo(100));
}
```

```
@Test
public void spyPartialServiceTest()
{
    doReturn(100).when(partialService).getExternal();
    assertThat(partialService.getRandom(), Matchers.lessThan(100));
    assertThat(partialService.getExternal(), Matchers.equalTo(100));
}
```

图 5-2 doCallRealMethod 和 spy 的用法对比

这里需要特别注意的一点是，由于 getExternal() 方法会抛出异常，因此如果使用 when...ThenReturn stubbing 进行声明，那么该方法会被立即执行，进而导致单元测试运行失败。修改 Stubbing 声明会导致单元测试运行失败，示例代码如下。

```
@Test
public void spyPartialServiceTest()
{
    when(partialService.getExternal()).thenReturn(100);
    assertThat(partialService.getRandom(), Matchers.lessThan(100));
    assertThat(partialService.getExternal(), Matchers.equalTo(100));
}
```

在 Mockito 的官网上有如下这样一段描述，大家在使用时需要特别注意。

Sometimes it's impossible or impractical to use when(Object) for stubbing spies. Therefore when using spies please consider doReturn|Answer|Throw() family of methods for stubbing.

译文：有时，对 spy 产生的 "替身" 对象进行 when(Object) 子句声明是不可行的，对于这种情况，请使用 doReturn|Answer|Throw() 这样的 Stubbing 子句。

5.6　Argument 对象匹配器详解

本节首先会介绍 Mockito 的 Argument 对象匹配器，以及如何扩展自定义对象匹配器，然后会尝试利用 HamcrestArgumentMatcher 集成 Hamcrest 中现有的各种对象匹配器。

5.6.1　Argument 对象匹配器在 Stubbing 语法中的使用

Mockito 使用和扩展了 Hamcrest 的对象匹配器（Matcher）组件（在 2.1.0 版本以后，Mockito 只保留了对 Hamcrest 的支持，其内部完全实现了自己的对象匹配器，与第 2 章介绍的 Matcher 思路完全一致），使其可以在对 "替身" 对象进行 Stubbing 声明时更加灵活，请看下面的示例代码。

```
@Test
public void simpleTest()
{
    //注释1。
    when(list.get(anyInt())).thenReturn("Mockito");
    assertThat(list.get(0), equalTo("Mockito"));
    assertThat(list.get(999), equalTo("Mockito"));
}
```

在注释 1 处，anyInt() 参数匹配器可以使得 list.get() 方法在任何 int 类型入参的情况下都返回 "Mockito"。由于参数的匹配被抽象成了 ArgumentMatcher，因此其在使用时可以更加灵活，下面再来看一个更复杂的示例代码。

```
@Test
public void composeArgumentsTest()
{
    //注释1。
    when(list.get(AdditionalMatchers.or(
            ArgumentMatchers.eq(1), ArgumentMatchers.eq(2)))
    ).thenReturn("Mockito");
```

```
//注释2。
when(list.get(AdditionalMatchers.and(
        AdditionalMatchers.geq(3), AdditionalMatchers.lt(10))
)).thenReturn("Powermock");

//注释3。
when(list.get(intThat(e -> e >= 10))).thenReturn("Alex");
//断言
assertThat(list.get(1), equalTo("Mockito"));
assertThat(list.get(9), equalTo("Powermock"));
assertThat(list.get(10), equalTo("Alex"));
}
```

1）注释 1：AdditionalMatchers 的组合 Matcher 用于进行 Stubbing 声明，当下标为 1 或 2 时，返回结果为"Mockito"。

2）注释 2：AdditionalMatchers 的组合 Matcher 用于进行 Stubbing 声明，当下标大于等于 3 且小于 10 的时候，返回结果为"Powermock"。

3）注释 3：ArgumentMatchers 的 intThat 方法用于定义 lambda 表达式，当下标大于等于 10 的时候，返回结果为"Alex"。

上面的示例代码分别使用了 ArgumentMatchers 和 AdditionalMatchers，两者提供了很多内置 Matcher，在绝大多数时候，这些 Matcher 能够满足我们的要求。限于篇幅，这里就不做介绍了，下面是 ArgumentMatchers 和 AdditionalMatchers 的官方帮助文档地址，大家可以自行参阅。

1）https://javadoc.io/static/org.mockito/mockito-core/3.6.28/org/mockito/ArgumentMatchers. html

2）https://javadoc.io/static/org.mockito/mockito-core/3.6.28/org/mockito/AdditionalMatchers. html

这里需要特别说明的一点是，如果一个方法拥有若干个参数，同时通过参数匹配器（Argument Matcher）和具体数据的方式对 mock 对象进行 Stubbing 声明，那么这将是 Mockito 所不允许的，请看如图 5-3 所示的示例，错误信息很清晰地给出了使用 Argument Matcher 的规则。

图 5-3　Argument Matcher 不能与具体数值混用

5.6.2 自定义 Argument 对象匹配器

除了直接使用 Mockito 提供的各种 Matcher 之外，还可以通过实现 ArgumentMatcher 接口的方式自定义 Matcher。本节将介绍如何自定义 Matcher，以及如何在 Mockito stubbing 语句中使用自定义的 Matcher。请看下面的示例代码。

```java
package com.wangwenjun.cicd.chapter05;

import org.mockito.ArgumentMatcher;

//实现ArgumentMatcher接口。
public class CustomArgumentMatcher implements ArgumentMatcher<Integer>
{
    private int begin;

    private int end;

    private CustomArgumentMatcher(int begin, int end)
    {
        this.begin = begin;
        this.end = end;
    }
    //提供工厂方法。
    public static CustomArgumentMatcher closedRange(int begin, int end)
    {
        return new CustomArgumentMatcher(begin, end);
    }

    //重写matches方法。
    @Override
    public boolean matches(Integer index)
    {
        return index >= begin && index <= end;
    }

    public String toString()
    {
        return "[The index is range is [" + begin + "," + end + "]";
    }
}
```

上述代码首先实现了 ArgumentMatcher 接口，然后重写 matches 方法（与 2.2.7 节的程序代码 2-7 类似），为了方便使用，CustomArgumentMatcher 还提供了闭区间构造的工厂方法 closedRange()。

接下来，我们可以编写一个单元测试方法，将自定义的 CustomArgumentMatcher 应用于 Mockito 的 Stubbing 语句声明中，测试代码具体如下。

```java
@Test
public void testCustomMatcher()
{
    //对mock对象进行Stubbing声明。
    when(list.get(intThat(closedRange(0, 10)))).thenReturn("Mockito");
```

```
    when(list.get(intThat(closedRange(11, 20)))).thenReturn("Powermock");
    when(list.get(intThat(closedRange(30, Integer.MAX_VALUE)))).thenReturn("Alex");

    //断言操作。
    assertThat(list.get(1), equalTo("Mockito"));
    assertThat(list.get(19), equalTo("Powermock"));
    assertThat(list.get(100), equalTo("Alex"));
}
```

5.6.3　集成 Hamcrest 中的对象匹配器

在早期的版本中，Mockito 是直接使用 Hamcrest 的对象匹配器来完成参数匹配任务的。在 2.1.0 版本之后，Mockito 逐渐用自己的 Argument Matcher 替代了 Hamcrest 中的对象匹配器，同时仍然保留了对 Hamcrest 对象匹配器的适配，本节将介绍如何在 Stubbing 语句中使用 Hamcrest 对象匹配器。

打开 Mockito 的源代码找到 HamcrestArgumentMatcher 类，该类同样实现自 Mockito 的参数匹配器接口 ArgumentMatcher，源码如下所示。

```
import org.hamcrest.Matcher;
import org.hamcrest.StringDescription;
import org.mockito.ArgumentMatcher;
import org.mockito.internal.matchers.VarargMatcher;

public class HamcrestArgumentMatcher<T> implements ArgumentMatcher<T> {
    private final Matcher matcher;
    //构造函数可用于传入Hamcrest的Matcher。
    public HamcrestArgumentMatcher(Matcher<T> matcher) {
        this.matcher = matcher;
    }

    public boolean matches(Object argument) {
        return this.matcher.matches(argument);
    }

    public boolean isVarargMatcher() {
        return this.matcher instanceof VarargMatcher;
    }

    public String toString() {
        return StringDescription.toString(this.matcher);
    }
}
```

在构造 HamcrestArgumentMatcher 时，可以通过传入 Hamcrest Matcher 的方式实现与 Hamcrest 对象匹配器的集成，下面通过一个简单的测试来验证一下。

```
//提供一个简单的工厂方法，用于创建HamcrestArgumentMatcher。
private static <T> HamcrestArgumentMatcher hamcrest(Matcher<T> matcher)
{
    return new HamcrestArgumentMatcher<>(matcher);
}
```

```
@Test
public void testIntegrateHamcrestMatcher1()
{
    //使用Hamcrest的Matcher。
    when(list.get(intThat(hamcrest(lessThanOrEqualTo(10))))).thenReturn("Mockito");
    when(list.get(intThat(hamcrest(greaterThanOrEqualTo(11))))).thenReturn("Powermock");

    assertThat(list.get(1), equalTo("Mockito"));
    assertThat(list.get(19), equalTo("Powermock"));
}
```

第 2 章曾介绍过，Hamcrest 的对象匹配器功能非常强大，提供了很多逻辑组合的方式用于对象匹配，前面已经成功完成了 Mockito 和 Hamcrest 的整合，接下来我们可以借助 Hamcrest 的对象匹配器完成一些更复杂的 Stubbing 声明工作。

```
@Test
public void testIntegrateHamcrestMatcher2()
{
    //使用Hamcrest提供的Matcher both等。
    when(list.get(intThat(hamcrest(
            both(lessThanOrEqualTo(10)).and(greaterThanOrEqualTo(0))))
    )).thenReturn("Mockito");

    when(list.get(intThat(hamcrest(
            both(lessThanOrEqualTo(20)).and(greaterThan(10))))
    )).thenReturn("Powermock");

    when(list.get(intThat(hamcrest(greaterThan(20)))))
            .thenReturn("Alex");

    assertThat(list.get(1), equalTo("Mockito"));
    assertThat(list.get(19), equalTo("Powermock"));
    assertThat(list.get(100), equalTo("Alex"));
}
```

5.7　Mockito Verify 与 Arguments Captor

关于 Mockito 的 verify 作用，5.4.2 节其实已经给出了简单的示例。它在验证 "替身" 对象的方法是否正常调用时非常有用，通常情况下，verify 可用于断言无返回类型的方法是否正常调用，以及调用了多少次。当然，有返回类型的方法也可以通过 verify 进行验证，以用于确保能够正确调用和执行一些关键方法。

5.7.1　Mockito Verify 操作

假设有一个 UserDao 类，它提供了一个方法 merge，其目的在于判断需要保存的对象是否存在于数据库中，如果存在，则对数据库中的已有记录执行更新操作，如果没有记录，则将该记录存入数据库中。UserDao 类的具体实现如程序代码 5-4 所示。

程序代码5-4 UserDao.java

```java
package com.wangwenjun.cicd.chapter05;

public class UserDao
{
    public boolean exist(User user)
    {
        throw new RuntimeException();
    }

    public int saveUser(User user)
    {
        throw new RuntimeException();
    }

    public int updateUser(User user)
    {
        throw new RuntimeException();
    }

    public int merge(User user)
    {
        if (exist(user))
        {
            return this.updateUser(user);
        }

        return this.saveUser(user);
    }
}
```

UserDao 的 merge() 方法是在 UserService 类的 saveOrUpdate() 方法中调用的，用于完成对 User 的保存或更新操作，UserService 类的具体实现如程序代码 5-5 所示。

程序代码5-5 UserService.java

```java
package com.wangwenjun.cicd.chapter05;

public class UserService
{
    private UserDao userDao;

    public UserService(UserDao userDao)
    {
        this.userDao = userDao;
    }

    public int saveOrUpdate(User user)
    {
        return this.userDao.merge(user);
    }
}
```

由于 UserService 需要依赖 UserDao 才能执行，而 UserDao 又依赖于外部资源数据库，因此在对 saveOrUpdate 方法进行单元测试时，必须使用 UserDao 对象的"替身"实例。那么，在 UserDao.merge 方法内部，如何验证到底是 saveUser 方法还是 updateUser 方法在起作用呢，对此我们将借助 Mockito 的 verify 方法进行验证。

```java
package com.wangwenjun.cicd.chapter05;

import org.junit.After;
import org.junit.Before;
import org.junit.Test;
import org.junit.runner.RunWith;
import org.mockito.Spy;
import org.mockito.junit.MockitoJUnitRunner;

import static org.hamcrest.MatcherAssert.assertThat;
import static org.hamcrest.Matchers.equalTo;
import static org.mockito.ArgumentMatchers.any;
import static org.mockito.Mockito.*;

@RunWith(MockitoJUnitRunner.class)
public class UserServiceTest
{
    //注释1。
    @Spy
    private UserDao userDao = new UserDao();

    private UserService userService;

    @Before
    public void init()
    {
        this.userService = new UserService(this.userDao);
    }

    @Test
    public void testSaveOrUpdateUserForNewUser()
    {
        //注释2。
        doReturn(false).when(userDao).exist(isA(User.class));
        doReturn(1).when(userDao).saveUser(isA(User.class));

        //注释3。
        final User user = new User();
        int effectResult = userService.saveOrUpdate(user);
        assertThat(effectResult, equalTo(1));

        //注释4。
        verify(userDao, times(0)).updateUser(any(User.class));
        verify(userDao, times(1)).saveUser(any(User.class));
    }

    @After
    public void destroy()
    {
```

```
            reset(userDao);
        }
    }
```

下面就来详细分析上面的单元测试代码，在注释 1 处，使用 @Spy 的原因是 UserDao 中的 merge 方法想要得到真实调用；注释 2 处对 spy 创建的"替身"对象进行 Stubbing 声明操作（注意这里使用的语法是 doReturn...when）；在注释 3 处对 UserService 发起真实的调用并断言结果 effectResult。无论是 save 还是 update，merge 方法最终都会返回 1。那么，如何得知调用的是 save 方法还是 update 方法呢，答案是可以在注释 4 处使用 Mockito 的 verify 方法进行验证。

如果该 User 已经存在于数据库中，那么在执行 UserDao 的 merge 方法时，其调用的将是 update 方法，请看下面的测试代码。

```
@Test
public void testSaveOrUpdateUserForExistUser()
{
    //数据库中已经存在User。
    doReturn(true).when(userDao).exist(isA(User.class));
    doReturn(1).when(userDao).updateUser(isA(User.class));

    final User user = new User();
    int effectResult = userService.saveOrUpdate(user);
    assertThat(effectResult, equalTo(1));

    verify(userDao, atMostOnce()).updateUser(any(User.class));
    verify(userDao, never()).saveUser(any(User.class));
}
```

在这两个单元测试方法中，对 spy 对象的方法调用进行 verify 验证时分别使用了 atMostOnce()、times()、never() 等声明，这些也正是 5.7.2 节将要介绍的内容。

5.7.2 VerificationMode 详解

5.7.1 节中，关于 verify 方法的应用，总体上来看只有两个重载方法，说明如下。

❑ Mockito.verify(T t)：等价于 Mockito.verify(T t, times(1))。

❑ Mockito.verify(T t,VerificationMode mode)：根据被调用的次数（VerificationMode）验证调用"替身"对象方法的次数。

除了 times（次数 n）这样的方法之外，Mockito 还提供了其他一些更易懂的方法（主要是为了提高代码的陈述性和可读性）。

❑ atLeast(int minNumberOfInvocations)：方法至少被调用了多少次。

❑ atLeastOnce()：方法至少被调用一次。

❑ atMost(int maxNumberOfInvocations)：方法最多被调用了多少次。

❑ atMostOnce()：方法最多被调用了一次。

❑ never()：方法从未被调用。

❑ only()：方法仅被调用了一次。

```
@Test
public void testVerificationMode()
{
    //mock list。
    List<String> list = mock(List.class);
    //调用一次add方法。
    list.add("Hello");
    //调用过一次add方法，且add的字符串长度大于等于5个。
    verify(list, only()).add(argThat(s -> s.length() >= 5));
    //从未调用clear方法。
    verify(list, never()).clear();
    //至少调用过一次add方法。
    verify(list, atLeast(1)).add(anyString());
    //同上。
    verify(list, atLeastOnce()).add(anyString());
    //最多调用了5次add方法，这里我们只调用了1次，并未超过5次。
    verify(list, atMost(5)).add(anyString());
    //最多调用1次add方法。
    verify(list, atMostOnce()).add(anyString());
}
```

以上便是 verify 方法和各种 VerificationMode 方法的混合使用代码，非常便于阅读和理解。在 Mockito 中，对方法调用次数的验证，实际上可以看作是与方法交互次数的判断。Verify 方法除了可以与具体的某个方法进行交互之外，还可以与 mock 生成的"替身"实例直接进行交互。Mockito 提供了如下几种与 mock 实例进行交互的方法。

❑ verifyZeroInteractions(Object... mocks)：该方法自 3.0.1 版本以后已不再支持，同 verifyNoInteractions 方法。

❑ verifyNoInteractions(Object... mocks)：与 mock 生成的"替身"从未发生过任何交互验证。

❑ verifyNoMoreInteractions(Object... mocks)：检查是否还有未经验证的交互。

```
@Test
public void testVerifyInteractions()
{
    //mock list。
    List<String> list = mock(List.class);
    //mock list2。
    List<String> list2 = mock(List.class);
    //list.add方法。
    list.add("Hello");
    //list2完全没有进行过任何交互。
    verifyNoInteractions(list2);
    //list.clear();
    //验证已经调用过一次list的add方法。
    verify(list).add(anyString());
    //验证list的所有方法是否都做了verify验证？打开上面".clear"方法的调用会出错。
    //原因是未对clear方法进行verify验证。
    verifyNoMoreInteractions(list);
}
```

5.7.3 ArgumentCaptor 与 @Captor

至此，我们已经掌握了如何与"替身"实例对象的方法进行交互，以及对交互次数进行校验操作，但是并未对方法交互过程中的参数变化进行任何校验，在某些情况下，我们可能需要关心一下这个问题，请看下面的示例代码。

首先，修改 UserDao.java 和 UserService，增加一个 delete User 相关的方法，具体实现代码如下所示。

```
//UserService.java的deleteUser方法。
public int deleteUser(User user)
{
    //假设用户名均以大写的形式存储于数据库中。
    user.setUsername(user.getUsername().toUpperCase());
    return this.userDao.deleteUser(user);
}

//UserDao.java中的deleteUser方法。
public int deleteUser(User user)
{
    throw new RuntimeException();
}
```

然后对 UserService 的 deleteUser 方法进行单元测试，代码如下所示。

```
@Test
public void testDeleteUser()
{
    //对UserDao进行Stubbing声明。
    doReturn(1).when(userDao).deleteUser(any(User.class));
    //定义ArgumentCaptor，类型为User。
    ArgumentCaptor<User> argumentCaptor = ArgumentCaptor.forClass(User.class);

    //调用UserService的deleteUser方法。
    userService.deleteUser(new User("alex"));

    //使用captor的capture返回值对deleteUser进行交互验证。
    verify(userDao).deleteUser(argumentCaptor.capture());

    //从captor中获取方法参数user。
    User user = argumentCaptor.getValue();
    //判断user的name属性，在userDao方法中，其值为"ALEX"。
    assertThat(user.getUsername(), equalTo("ALEX"));
}
```

在上面的测试代码中，借助 ArgumentCaptor 我们很容易就能得出验证的结论：User 的 username 属性在被"替身"对象使用之前就已经变成了大写。这里需要注意的是，在使用 captor.getValue() 之前，必须先进行 verify 操作，并且参数是 captor.capture()，否则 Mockito 将无法捕获参数。

ArgumentCaptor 还支持捕获多个参数的操作方法，即 captor.getAllValues()，请看下面的示例代码。

```
@Test
public void testDeleteMultipleUser()
{
    doReturn(1).when(userDao).deleteUser(any(User.class));
    ArgumentCaptor captor = ArgumentCaptor.forClass(User.class);
    //执行两次deleteUser的方法调用。
    userService.deleteUser(new User("alex"));
    userService.deleteUser(new User("wangwenjun"));
    verify(userDao, atLeastOnce()).deleteUser(captor.capture());
    //从captor中获取所有方法的参数user。
    List<User> users = captor.getAllValues();
    assertThat(users.get(0).getUsername(), in(new String[]{"ALEX", "WANGWENJUN"}));
    assertThat(users.get(1).getUsername(), in(new String[]{"ALEX", "WANGWENJUN"}));
}
```

Mockito 自 1.8.3 版本开始支持对 ArgumentCaptor 注解的使用，我们可以使用 @Captor
注解实现类似的效果，下面是使用了 @Captor 注解重构之后的单元测试代码。

```
package com.wangwenjun.cicd.chapter05;

import org.junit.After;
import org.junit.Before;
import org.junit.Test;
import org.junit.runner.RunWith;
import org.mockito.ArgumentCaptor;
import org.mockito.Captor;
import org.mockito.Spy;
import org.mockito.junit.MockitoJUnitRunner;

import java.util.List;

import static org.hamcrest.MatcherAssert.assertThat;
import static org.hamcrest.Matchers.equalTo;
import static org.hamcrest.Matchers.in;
import static org.mockito.ArgumentMatchers.any;
import static org.mockito.Mockito.*;

@RunWith(MockitoJUnitRunner.class)
public class ArgumentCaptorAnnotationTest
{
    @Spy
    private UserDao userDao = new UserDao();
    //使用@Captor注解。
    @Captor
    private ArgumentCaptor<User> captor;
    private UserService userService;

    @Before
    public void init()
    {
        this.userService = new UserService(this.userDao);
    }

    @Test
    public void testDeleteUser()
```

```
    {
        doReturn(1).when(userDao).deleteUser(any(User.class));
        userService.deleteUser(new User("alex"));
        verify(userDao).deleteUser(captor.capture());
        User user = captor.getValue();
        assertThat(user.getUsername(), equalTo("ALEX"));
    }

    @Test
    public void testDeleteMultipleUser()
    {
        doReturn(1).when(userDao).deleteUser(any(User.class));

        userService.deleteUser(new User("alex"));
        userService.deleteUser(new User("wangwenjun"));

        verify(userDao, atLeastOnce()).deleteUser(captor.capture());
        List<User> users = captor.getAllValues();
        assertThat(users.get(0).getUsername(), in(new String[]{"ALEX", "WANGWENJUN"}));
        assertThat(users.get(1).getUsername(), in(new String[]{"ALEX", "WANGWENJUN"}));
    }

    @After
    public void clean()
    {
        reset(userDao);
    }
}
```

在重构后的单元测试代码中，可以使用 @Captor ArgumentCaptor<User> captor 代替直接使用 ArgumentCaptor.forClass（User.class）的操作，执行结果完全一致。

5.8　InjectMocks

在前文中，无论是 AccountDao 还是 UserDao，在使用时都是通过构造函数注入 Service 中的，比如如下所示的代码片段。

```
@Before
public void init()
{
    this.userService = new UserService(this.userDao);
}
```

其实，Mockito 还支持类似于 Spring IOC 容器的注入方式，可以通过 @InjectMocks 注解自动实现引用的注入，请看下面的示例代码片段。

```
@Spy
private UserDao userDao = new UserDao();

@InjectMocks
private UserService userService;
```

默认情况下，Mockito 会根据构造函数将 userDao 注入进 userService，它会判断在当前宿主类中是否存在 UserDao 的类型，如果存在，那么它会将 userDao 作为构造 UserService 的参数进行注入，这样就可以省略在 JUnit 套件方法 @Before 中显式构造 UserService 的相关代码了。

如果在 UserService 中并未提供通过 UserDao 进行注入的构造方法，那么 Mockito 就会尝试通过 set 进行注入的方法，示例代码如下。

```
public class UserService
{
    private UserDao userDao;
    //注释掉构造函数。
    /*    public UserService(UserDao userDao)
    {
        System.out.println("=======constructor=========");
        this.userDao = userDao;
    }*/
    //这里省略了部分代码。
    //提供UserDao的set方法。
    public void setUserDao(UserDao userDao)
    {
        System.out.println("=======setter======");
        this.userDao = userDao;
    }
}
```

使用 @InjectMocks 的方式可以减少一定的代码量，将"替身"对象与使用者之间的注入关系完全交给 Mockito 进行维护和管理的方式为我们的使用提供了极大的方便。

5.9　Mockito 对 BDD 风格的支持

除了 5.4 节介绍的对 mock 对象的 Stubbing 声明方式之外，Mockito 早在 1.10.x 版本就增加了 BDD 风格的 Stubbing 声明方式（第 8 章将详细介绍 Cucumber 和相关的 BDD 知识），本节先简单介绍一些使用 BDD 风格的 Stubbing 声明方式，示例代码如下。

```
package com.wangwenjun.cicd.chapter05;

import org.junit.After;
import org.junit.Test;
import org.junit.runner.RunWith;
import org.mockito.Mock;
import org.mockito.junit.MockitoJUnitRunner;

import java.util.List;

import static org.hamcrest.MatcherAssert.assertThat;
import static org.hamcrest.Matchers.equalTo;
import static org.mockito.BDDMockito.given;
import static org.mockito.BDDMockito.then;
import static org.mockito.Mockito.only;
```

```
import static org.mockito.Mockito.reset;

@RunWith(MockitoJUnitRunner.class)
public class BDDMockitoTest
{
    @Mock
    private List<String> list;

    @Test
    public void testMockitoBdd()
    {
        //given
        given(list.get(0)).willReturn("Mockito");
        //when
        assertThat(list.get(0), equalTo("Mockito"));
        //then
        then(list).should(only()).get(0);
    }

    @After
    public void destroy()
    {
        reset(list);
    }
}
```

上述单元测试代码简单使用 BDD 风格的 Stubbing 声明方式对 mock 对象行为进行了声明。通常来讲，BDD 遵循 "given,when,then" 这样的三段式结构，很显然，BDDMockito 也采纳了这样的编码习惯。限于篇幅，这里仅做简单介绍，大家如果对此感兴趣，可以参考 BDDMockito 的帮助文档进行深入了解和学习，参考地址为 https://javadoc.io/doc/org.mockito/mockito-core/latest/org/mockito/BDDMockito.html。

本书的第三部分会专门讲解 BDD 的相关知识。请注意，在 Mockito 中，BDD 所指的仅仅是编码风格，而不要误以为是使用 Mockito 进行功能测试或集成测试，Mockito 还是擅长于单元测试中 mock 相关的工作。功能测试最好还是交由其他专业工具进行处理，比如，Cucumber、Concordion 等。

 提示　在一个团队中，无论是软件源代码还是单元测试代码，请务必保持风格的一致性，如果选择了 BDD 风格的 Mockito Stubbing 声明，那么团队成员都应采用这种风格和规范；同样，如果使用的是 5.4 节中的声明风格，那么团队采用的风格和规范应与此一致。这两种风格在本质上并没有优劣之分，就目前而言，5.4 节所介绍的声明风格其使用范围更广泛。

5.10　Mockito Inline

本部分在一开始就曾提到过，Mockito 不擅长于对某些类或方法进行 mock，比如，

final 修饰的类和方法、静态方法等，在 Mockito 3.4.0 以前的版本中的确存在这样的问题，但自 3.4.0 版本以后引入了 Mockito Inline 模块，Mockito Inline 模块既可用于 mock final 修饰的类和方法，也可用于 mock 静态方法。

下面先来看一个具体的例子，假设有一个类，其内部包含一个静态方法，该静态方法需要访问外部资源获得数据（为了简便，这里仍然使用抛出异常的方式代替对外部资源的访问），示例代码如下。

```
public class StaticExternalResource
{
    public static String foo()
    {
        throw new RuntimeException();
    }
}
```

在对 StaticExternalResource 进行 mock 操作时，前文中所接触到的方法都是无效的，需要使用新的方法，即 mockStatic，具体实现代码如下所示。

```
import org.junit.Test;
import org.mockito.MockedStatic;
import org.mockito.Mockito;

import static org.hamcrest.MatcherAssert.assertThat;
import static org.hamcrest.Matchers.equalTo;

public class MockitoInlineTest
{
    @Test
    public void testMockStaticMethod()
    {
        try (MockedStatic<StaticExternalResource> theMock =
            Mockito.mockStatic(StaticExternalResource.class))
        {
            theMock.when(StaticExternalResource::foo).thenReturn("Mockito");
            assertThat(StaticExternalResource.foo(), equalTo("Mockito"));
        }
    }
}
```

直接运行该单元测试会出现错误，原因是在 pom 中并没有引入对 Mockito Inline 模块的依赖，在引入了 Mockito Inline 依赖包之后再次运行，就可以完成对静态方法的 mock 操作了。

```
<dependency>
    <groupId>org.mockito</groupId>
    <artifactId>mockito-inline</artifactId>
    <version>3.6.28</version>
    <scope>test</scope>
</dependency>
```

pom 中引入了 mockito-inline 类库之后，不仅可以完成对静态方法的 mock 操作，还可以完成对 final 修饰的方法和类的 mock 操作。下面对此进行测试，首先，定义一个 final 修饰的类，其内部有一个 final 修饰的方法，示例代码如下所示。

```
public final class FinalExternalResource
{
    public final int foo()
    {
        throw new RuntimeException();
    }
}
```

接下来，对 FinalExternalResource 进行 mock 操作，并进行 Stubbing 声明（对 final 修饰的类或方法进行 mock 操作时，必须依赖 mockito-inline 类库），可以看到，如下代码的操作与 mock 的普通类和方法并没有什么区别。

```
@Test
public void testMockFinal()
{
    FinalExternalResource mocked = mock(FinalExternalResource.class);
    when(mocked.foo()).thenReturn(10);
    assertThat(mocked.foo(), equalTo(10));
}
```

其实，在稍微早一些的 Mockito 版本中，要想实现对 final 修饰的类或方法的 mock 操作，除了引入对 mockito-inline 类库的依赖之外，还需要定义扩展文件。具体操作是：在项目 src/test/resources/ 路径下创建名为 mockito-extensions 的子目录，并且新建一个名为 org.mockito.plugins.MockMaker 的文件，其内容为 mock-maker-inline。

需要注意的是，在最新的 mockito-inline 类库版本中，该文件已经默认包含在了 jar 包中，如果使用的是较老的版本，则可以参考图 5-4 增加 Mockito 扩展描述文件的方式。

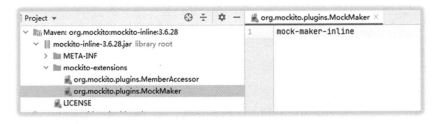

图 5-4　增加 Mockito 的扩展描述文件

5.11　本章总结

本书不止一次提到过，mock 技术对单元测试和软件质量具有很重要的作用，而 Mockito 是 Java 领域最优秀的 mock 工具集的提供者之一，作为一名 Java 程序语言从业者，系统地掌握和使用 Mockito 非常有必要。

本章先从 mock 的概念开始，快速引入 Mockito 的入门示例，介绍 Mockito 的基本用法，随之由浅入深系统性地梳理了 Mockito 的重要用法，以及最新的 Mockito Inline 模块以支持对静态方法和以 final 修饰的方法和类的 mock 方法。

Mockito 社区非常活跃，其除了支持 Java 语言之外，还支持 Kotlin、Scala 等新型语言，并且与其他一些单元测试工具也进行了无缝整合，比如 TestNG、JUnit5 等。该社区还在积极推进 CI、CD 的发展，现在已经孵化出了另外一个子项目 Shipkit，用于实现自动化的产品交付，大家如果感兴趣，可以自行尝试使用。

【拓展阅读】

1）Mockito 官方网址为 https://site.mockito.org/。

2）Mockito 文档，网址为 https://javadoc.io/doc/org.mockito/mockito-core/latest/org/mockito/Mockito.html。

3）Mock Object，网址为 https://en.wikipedia.org/wiki/Mock_object。

4）BDDMockito 文档，网址为 https://javadoc.io/doc/org.mockito/mockito-core/latest/org/mockito/BDDMockito.html。

Powermock 详解

第 5 章详细介绍了 Mockito 的用法，本章将重点介绍另外一个 mock 工具——
Powermock。了解 Mockito 的知识对学习和使用 Powermock 会有很大的帮助，
因此建议没有相关知识和经验的读者在学习本章之前提前学习 Mockito 相关的其他章节。

Powermock 并不是 mock 领域 "重复发明的轮子"，它是对现有一些 mock 工具的进一步扩展。本章将要介绍的是基于 Mockito 扩展的 Powermock，其 Stubbing 语法声明与 Mockito 几乎完全一致，Argument Matcher 和 Answer 都是直接使用 Mockito 的接口和实现，Powermock 额外提供了 verify 对静态方法和私有方法进行交互验证，除此之外，其他的 verify 方式与 Mockito 完全一样，因此本章不会过多讲解与 Mockito 一样的那些内容，只会在提及时一笔带过。

前面几章曾反复强调，编写单元测试的过程是对软件源代码和程序设计不断思考、不断重构的过程。单元测试的编写并不是一件容易的事情，为了达到软件测试的目的，往往还要牺牲良好的程序设计风格。比如，某个外部资源类的引用没有必要设计成类的成员属性，在方法内部作为局部变量即可，但是这将给代码的测试造成极大的困难。因此如何平衡软件代码的良好设计风格与代码可测性之间的关系，往往会给开发者带来很大的困扰。

通过本章的学习，开发者将在不修改软件源代码及程序结构的前提下，极大地提高软件源代码的可测试性，并且还能掌握如下知识。

❑ 什么是 Powermock，以及为什么需要 Powermock。

❑ Powermock 的环境搭建和基本用法。

❑ 如何通过 mock 操作局部变量。

❑ 如何通过 mock 操作静态方法。

❑ 如何通过 mock 操作 final 修饰的类和方法。

❑ 如何通过 mock 操作私有方法。

❑ Powermock 的 verify 方法。

❑ Argument 对象匹配器及 Answer。

❑ 使用 JaCoCo 分析测试覆盖率。

6.1　快速入门 Powermock

严格意义上来说，Powermock 并不是一个 mock 工具，它是对现有 mock 工具（比如，EasyMock 和 Mockito）的一个扩展，Powermock 拥有自己的类加载器，用于生成"替身"对象，模拟静态方法、构造函数、final 类型的方法和类、私有方法等，最终实现其他 mock 工具无法完成的任务，以确保开发者在尽可能不修改软件源代码和程序结构的前提下，使软件具备可测试性。

6.1.1　为什么需要 Powermock

第 5 章所介绍的需要 mock 的类，基本上都是通过构造函数或属性方法注入到使用者"手中"的，比如 AccountDao 通过构造函数的方式注入 AccountService 中，这样一来，Mockito 工具通过 mock 创建一个 AccountDao "替身"，然后注入 AccountService 中，AccountService 所有的方法就具备可测试性了。

```
//这里省略部分代码。
private AccountDao accountDao;
public AccountService(AccountDao accountDao)
{
    this.accountDao = accountDao;
}
//这里省略部分代码。
```

但是并不是所有的代码都会采用类似的注入方式，有些方法会直接在局部方法中对一些外部资源进行构造，这种情况下，Mockito 这样的 mock 工具就会显得无能为力。在 Powermock 工具出现之前，我们只有两个选择：要么放弃对代码的测试，要么修改软件源代码通过外部注入的方式进行测试。

正所谓"天不生无用之人，地不长无名之草"，Powermock 由此应运而生，开启了"专门整治顽固对象"的旅程。

6.1.2　搭建 Powermock 环境

Powermock 提供了两种 API 扩展，分别针对 EasyMock 和 Mockito，由于本书重点学习的是 Mockito，因此本章将重点讲解 Powermock 对 Mockito 的扩展。另外，Powermock 同时还支持 JUnit 和 TestNG（如图 6-1 所示）。

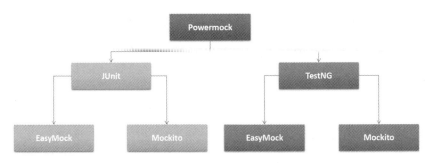

图 6-1　Powermock 的两种扩展结构

综上所述，在搭建 Powermock 环境时需要用到 Mockito 和 JUnit 的扩展支持，具体的 pom 配置信息如下所示。

```
//这里省略部分代码。
//以下是Powermock对Mockito的扩展。
<dependency>
    <groupId>org.powermock</groupId>
    <artifactId>powermock-api-mockito2</artifactId>
    <version>1.7.4</version>
    <scope>test</scope>
</dependency>

//以下是Powermock对JUnit的支持。
<dependency>
    <groupId>org.powermock</groupId>
    <artifactId>powermock-module-junit4</artifactId>
    <version>1.7.4</version>
    <scope>test</scope>
</dependency>
//这里省略部分代码。
```

下面是 powermock-api-mockito2 及 powermock-module-junit4 的依赖树（dependency tree），可以看到，它们分别依赖于 Mockito、Hamcrest 和 JUnit 等。

```
[INFO] +- org.powermock:powermock-api-mockito2:jar:1.7.4:test
[INFO] |  +- org.powermock:powermock-api-mockito-common:jar:1.7.4:test
[INFO] |  |  \- org.powermock:powermock-api-support:jar:1.7.4:test
[INFO] |  \- org.mockito:mockito-core:jar:2.8.9:test
[INFO] |     +- net.bytebuddy:byte-buddy:jar:1.6.14:test
[INFO] |     +- net.bytebuddy:byte-buddy-agent:jar:1.6.14:test
[INFO] |     \- org.objenesis:objenesis:jar:2.5:test
[INFO] +- org.powermock:powermock-module-junit4:jar:1.7.4:test
[INFO] |  +- org.powermock:powermock-module-junit4-common:jar:1.7.4:test
[INFO] |  |  \- org.powermock:powermock-reflect:jar:1.7.4:test
[INFO] |  \- junit:junit:jar:4.12:test
[INFO] +- org.powermock:powermock-module-junit4-rule:jar:1.7.4:test
[INFO] |  \- org.powermock:powermock-core:jar:1.7.4:test
[INFO] |     \- org.javassist:javassist:jar:3.21.0-GA:test
[INFO] \- org.powermock:powermock-classloading-xstream:jar:1.7.4:test
[INFO]    +- org.powermock:powermock-classloading-base:jar:1.7.4:test
[INFO]    \- com.thoughtworks.xstream:xstream:jar:1.4.9:test
```

```
[INFO]          +- xmlpull:xmlpull:jar:1.1.3.1:test
[INFO]          \- xpp3:xpp3_min:jar:1.1.4c:test
```

需要注意的是，由于 Powermock 和 Mockito 这两个社区的发展步调不是很同步，截至本章编写时，Powermock 最新的可用版本为 2.0.9，其依赖于 Mockito 3.3.3 的版本，而本书所用的 Mockito 版本为 3.6.28，两者之间存在部分不兼容的问题，因此建议大家在学习时将本章的代码独立成为一个全新的项目（Project）或模块（Module），从而避免因版本不一致而出现错误。另外，由于 Powermock 2.0.9 版本还存在一些问题（尤其是在进行静态方法 mock 时），建议使用 1.7.4 版本，而 Powermock 1.7.4 的版本依赖于 Mockito 的 2.x 版本，因此本书介绍的部分关于 Mockito 的最新特性，在 Powermock 1.7.4 版本下是不可用的（具体的依赖关系和 pom 配置，请参考随书代码部分）。

6.1.3　Powermock 入门

为了与 Mockito 进行对比，本节将使用 Powermock 的相关 API 来简单重构第 5 章所讲的示例。下面仍以 5.2.2 节列举的测试用户登录行为为例进行讲解，测试代码如程序代码 6-1 所示。

程序代码6-1　PowermockLoginControllerTest.java

```java
package com.wangwenjun.cicd.chapter06;

import com.wangwenjun.cicd.chapter05.AccountDao;
import com.wangwenjun.cicd.chapter05.AccountService;
import com.wangwenjun.cicd.chapter05.LoginController;
import com.wangwenjun.cicd.chapter05.UserAccount;
import org.junit.Before;
import org.junit.Test;
import org.junit.runner.RunWith;
import org.powermock.modules.junit4.PowerMockRunner;

import javax.servlet.http.HttpServletRequest;

import static org.hamcrest.CoreMatchers.equalTo;
import static org.hamcrest.CoreMatchers.is;
import static org.hamcrest.MatcherAssert.assertThat;
import static org.mockito.ArgumentMatchers.anyString;
import static org.powermock.api.mockito.PowerMockito.mock;
import static org.powermock.api.mockito.PowerMockito.when;

//注释1。
@RunWith(PowerMockRunner.class)
public class PowermockLoginControllerTest
{
    private HttpServletRequest request;
    private AccountDao accountDao;
    private AccountService accountService;
    private LoginController loginController;
```

```java
@Before
public void setUp()
{
//注释2。
    this.request = mock(HttpServletRequest.class);
    this.accountDao = mock(AccountDao.class);
    this.accountService = new AccountService(accountDao);
    this.loginController = new LoginController(accountService);
}

@Test
public void testAccountAuthSuccess()
{
//注释3。
    when(request.getParameter("username")).thenReturn("admin");
    when(request.getParameter("password")).thenReturn("123456");

    final UserAccount userAccount = new UserAccount("admin", "123456", "China");
    when(accountDao.findUserAccount("admin", "123456")).thenReturn(userAccount);

    String result = loginController.login(request);
    assertThat(result, is(equalTo("main")));
}

@Test
public void testAccountAuthFailed()
{
    when(request.getParameter("username")).thenReturn("admin");
    when(request.getParameter("password")).thenReturn("123456");
    when(accountDao.findUserAccount("admin", "123456")).thenReturn(null);

    String result = loginController.login(request);
    assertThat(result, is(equalTo("login")));
}

@Test
public void testAccountAuthError()
{
    when(request.getParameter("username")).thenReturn("admin");
    when(request.getParameter("password")).thenReturn("123456");
    when(accountDao.findUserAccount(anyString(), anyString()))
            .thenThrow(RuntimeException.class);
    String result = loginController.login(request);
    assertThat(result, is(equalTo("5xx")));
}
}
```

经过 Powermock 重构后的单元测试代码，与 5.2.2 节中所列举的代码基本一致，下面简单解释一下代码中与 Powermock 有关的用法。

1）注释 1：由于 Powermock 会使用自己的类加载器（classloader）——MockClassLoader 加载目标 class，并对字节码进行修改，所以要想在单元测试中使用 Powermock，必须使用 @Runwith 指定 PowerMockRunner.class。

2）注释 2：与 Mockito 类似，PowerMockito 的 mock 静态方法可用于创建"替身"对象实例，Powermock 中没有类似于 Mockito 的 @Mock 注解。

3）注释 3：对"替身"对象实例进行 Stubbing 声明，这一点也与 Mockito 类似。实际上，它的底层实现就是直接调用 Mockito 的 Stubbing 声明语句，下面是 PowerMockito 的源代码片段。

```
//这里省略部分代码。
public static <T> OngoingStubbing<T> when(Class<?> klass, Object... arguments)
throws Exception {
    return Mockito.when(Whitebox.invokeMethod(klass, arguments));
}

public static <T> OngoingStubbing<T> when(T methodCall) {
    return Mockito.when(methodCall);
}
//这里省略部分代码。
```

那么，是否可以直接使用 Mockito 的 Stubbing 语法声明呢？其实是可以的，但是笔者建议尽量不要这样做，因为 API 的混用会对后期的代码维护带来一定的困难。

在注释 1 处，@RunWith 的方式可用于指定 PowerMockRunner，由于这个位置在宿主类中比较稀缺，因此可以借助 JUnit MethodRule 的方式来实现。Powermock 的其他模块提供了 PowerMockRule，下面是引用的相关 pom 的配置信息。

```
<dependency>
    <groupId>org.powermock</groupId>
    <artifactId>powermock-module-junit4-rule</artifactId>
    <version>1.7.4</version>
    <scope>test</scope>
</dependency>

<dependency>
    <groupId>org.powermock</groupId>
    <artifactId>powermock-classloading-xstream</artifactId>
    <version>1.7.4</version>
    <scope>test</scope>
</dependency>
```

这样就可以在宿主类中删除对 PowerMockRunner 的声明了，接下来直接使用 @Rule 的方式激活 PowerMockRunner。

```
public @Rule PowerMockRule rule = new PowerMockRule();
```

6.2　Powermock 如何通过 mock 操作局部变量

搭建完 Powermock 的环境，并了解了其基本用法之后，本节就来介绍 Powermock 强大的 mock 能力，首先要介绍的是 Powermock 对局部变量的 mock 操作。

有时对某个外部资源类的注入并不全是通过构造函数或属性方法的形式进行的，在局部方法中，创建并使用外部资源类也并不完全是一种不好的设计方法，只是这种方式会给单元测试带来极大的困难，请看程序代码 6-2 所示的示例。

程序代码6-2　SimpleDao.java

```java
package com.wangwenjun.cicd.chapter06;

public class SimpleDao
{
    public int getCount()
    {
        throw new RuntimeException();
    }
}
```

SimpleDao 提供了 getCount 方法，该方法需要依赖于数据库的查询操作才能工作，在 SimpleService 中，对 SimpleDao 的创建和使用是在 count() 方法内部完成的，如程序代码 6-3 所示。

程序代码6-3　SimpleService.java

```java
package com.wangwenjun.cicd.chapter06;

public class SimpleService
{
    public int count()
    {
        //simpleDao作为局部变量来使用。
        SimpleDao simpleDao = new SimpleDao();
        return simpleDao.getCount();
    }
}
```

那么，我们该如何对 SimpleService 的 count 方法执行单元测试呢？请看下面的单元测试代码。

```java
package com.wangwenjun.cicd.chapter06;

import org.junit.Test;
import org.junit.runner.RunWith;
import org.powermock.core.classloader.annotations.PrepareForTest;
import org.powermock.modules.junit4.PowerMockRunner;

import static org.hamcrest.MatcherAssert.assertThat;
import static org.hamcrest.Matchers.equalTo;
import static org.powermock.api.mockito.PowerMockito.*;

@RunWith(PowerMockRunner.class)
//注释1。
@PrepareForTest(SimpleService.class)
public class SimpleServiceTest
{
    private SimpleService simpleService = new SimpleService();
```

```
@Test
public void testCount() throws Exception
{
    //注释2。
    SimpleDao simpleDao = mock(SimpleDao.class);
    //注释3。
    whenNew(SimpleDao.class).withAnyArguments()
            .thenReturn(simpleDao);
    //注释4。
    when(simpleDao.getCount()).thenReturn(10);

    //注释5。
    assertThat(simpleService.count(), equalTo(10));
}
}
```

上面的单元测试将会成功执行，下面就来分析一下这段单元测试代码。

1）注释 2：通过 mock 创建一个 SimpleDao 的"替身"对象实例。

2）注释 3：使用 PowerMockito 的 whenNew 方法进行 Stubbing 声明。这段代码的意思是，当以任意构造函数创建 SimpleDao 时，注释 2 处通过 mock 创建的"替身"实例将作为返回值。另外，要想使注释 2 处通过 mock 创建的"替身"实例正常返回还必须在注释 1 处增加 @PrepareForTest 注解，Powermock 的类加载器会帮助修改 SimpleService 类的字节码，这样在通过 new 关键字创建 SimpleDao 时，就会返回 mock 创建的"替身"对象实例。

3）注释 4：Stubbing 声明，若调用 SimpleDao 的 getCount 方法，则返回 10。

4）注释 5：执行 SimpleService 的方法调用，并对结果进行断言。

Powermock 提供了三种不同形式的 whenNew 重载方法，分别如下所示。

❑ WithOrWithoutExpectedArguments<T> whenNew(Constructor<T> ctor)：指定具体的构造函数实例。

❑ ConstructorExpectationSetup<T> whenNew(Class<T> type)：指定需要创建的类型。

❑ ConstructorExpectationSetup<T> whenNew(String fullyQualifiedName)：指定需要创建的 class 全类名。

因此，上述单元测试代码的注释 3 处，对 whenNew 的 Stubbing 声明还可以写成如下形式。

```
//全类名的形式。
whenNew("com.wangwenjun.cicd.chapter06.SimpleDao").withNoArguments()
        .thenReturn(simpleDao);
//指定具体的构造函数。
whenNew(SimpleDao.class.getConstructor()).withNoArguments()
        .thenReturn(simpleDao);
```

whenNew 的返回值包含两种类型，其中，WithOrWithoutExpectedArguments 不允许指定 withAnyArguments()，道理很简单，因为已经指定了具体的构造函数，如果再采用任意参数的方式进行构造，就会前后矛盾。

6.3 Powermock 如何通过 mock 操作静态方法

Mockito 在 3.x 之前的版本中，还不能对静态方法（也称为类方法）执行 mock 操作，其通常会借助 Powermock 完成对静态方法的 mock 操作，本节就来介绍如何使用 Powermock 对静态方法进行 mock 操作及单元测试。

几乎所有的项目代码中都会包含 xxxHelper、xxxUtils 之类的工具类，它们在内部提供了一组静态方法，用于完成特定的任务。当这些特定任务需要依赖外部资源，而软件源代码又需要用到这些工具类的静态方法时，我们应该如何在单元测试中完成对业务类的测试呢？下面通过一个示例进行讲解。

首先定义一个工具类，其内部提供了两个静态方法：一个有返回值，另外一个没有返回值，代码如下所示。

```java
package com.wangwenjun.cicd.chapter06;
//工具类SimpleDaoUtils。
public class SimpleDaoUtils
{
    //有返回值的静态方法。
    public static Simple findSimple(String name)
    {
        throw new RuntimeException();
    }

    //无返回值的静态方法。
    public static void saveSimple(Simple simple)
    {
        throw new RuntimeException();
    }
}

//简单的Simple类。
package com.wangwenjun.cicd.chapter06;

public class Simple
{
    private final String username;
    private final int age;

    public Simple(String username, int age)
    {
        this.username = username;
        this.age = age;
    }

    public String getUsername()
    {
        return username;
    }

    public int getAge()
    {
```

```
            return age;
        }
    }
```

然后为前文中的 SimpleService 类也增加两个方法，这两个方法将会用到 SimpleServiceUtils 的静态方法，代码如下所示。

```
//这里省略部分代码。
    public Simple getSimpleByName(String name)
    {
        return SimpleDaoUtils.findSimple(name);
    }

    public void saveSimple(Simple simple)
    {
        SimpleDaoUtils.saveSimple(simple);
    }
//这里省略部分代码。
```

接下来需要针对 SimpleService 新增的两个成员方法进行单元测试，具体实现如程序代码 6-4 所示。

程序代码6-4　SimpleServiceStaticTest.java

```java
package com.wangwenjun.cicd.chapter06;

import org.junit.Test;
import org.junit.runner.RunWith;
import org.powermock.core.classloader.annotations.PrepareForTest;
import org.powermock.modules.junit4.PowerMockRunner;

import static org.hamcrest.MatcherAssert.assertThat;
import static org.hamcrest.Matchers.*;
import static org.mockito.ArgumentMatchers.anyString;
import static org.powermock.api.mockito.PowerMockito.mockStatic;
import static org.powermock.api.mockito.PowerMockito.when;

@RunWith(PowerMockRunner.class)
public class SimpleServiceStaticTest
{
    private SimpleService simpleService = new SimpleService();
    //注释1：@PrepareForTest除了可以标注在类上还可以标注在方法上。
    @PrepareForTest(SimpleDaoUtils.class)
    @Test
    public void testGetSimpleByName()
    {
    //注释2：使用Powermock的.mockStatic方法。
        mockStatic(SimpleDaoUtils.class);

        //注释3：创建Simple对象实例。
        Simple alex = new Simple("Alex", 36);
        //注释4：执行Stubbing操作。
        when(SimpleDaoUtils.findSimple(anyString())).thenReturn(alex);
        //执行getSimpleByName方法。
        Simple result = simpleService.getSimpleByName("Alex");
```

```
        //断言。
        assertThat(result, sameInstance(alex));
        assertThat(result.getUsername(), both(equalTo("Alex"))
                .and(equalTo(alex.getUsername())));
        assertThat(result.getAge(), both(equalTo(36))
                .and(equalTo(alex.getAge()))));
    }
}
```

下面对程序代码 6-4 的实现做几点说明。

1）在这段单元测试代码中，程序使用 Powermock 对工具类 SimpleDaoUtils 进行 mock 操作，不要忘记在单元测试方法上添加 @PrepareForTest 注解，告知 Powermock 提前准备 SimpleDaoUtils，该注解不仅可以标记在类上，还可以标记在方法上。

2）注释 2 处使用 Powermock 的 mockStatic 方法对工具类进行 mock 操作，不作任何返回。Powermock 的 mockStatic 方法没有返回值，并且一次可以传入多个类。

3）注释 4 处对已经做了静态 mock 的工具类进行 Stubbing 声明，方法与 Mockito 中的 Stubbing 语法声明完全一样，但对静态方法的 Stubbing 声明仅支持 when...thenReturn 语法，而不支持 doReturn...when 这样的语法。

4）最后，调用 SimpleService 的方法，并对结果进行断言。

上面的测试代码演示了如何对有返回值的静态方法进行 mock 操作和单元测试，接下来继续讲解如何对无返回值的静态方法进行 Stubbing 声明和断言，示例代码如下。

```
@PrepareForTest(SimpleDaoUtils.class)
@Test
public void testSaveSimple()
{
    //mock静态方法。
    mockStatic(SimpleDaoUtils.class);
    //注释1：这里需要注意一下。
    doNothing().when(SimpleDaoUtils.class);
    Simple alex = new Simple("Alex", 36);
    //真实方法调用。
    simpleService.saveSimple(alex);

    //注释2：对SimpleDaoUtils方法的调用进行断言
    PowerMockito.verifyStatic(SimpleDaoUtils.class, times(1));
}
```

针对无返回值类型的静态方法进行 Stubbing 声明和通过 verify 的形式进行交互验证比较特殊，主要表现在如下两个方面。

1）注释 1：Stubbing 声明并不针对 SimpleDaoUtils 的任何具体方法，而是对整个 SimpleDaoUtils.class 进行声明，这一点与 5.4 节所讲的有些不同，在使用时需要格外注意。

2）注释 2：针对是否调用了 SimpleDaoUtils 内部的静态方法的问题，只能通过 verifyStatic 方法进行整体验证，而不能精确到某个具体的方法。

6.4 Powermock 如何通过 mock 操作 final 修饰的类

通过 mock 创建"替身"实例对象，实际上是基于目标类生成一个代理。通常情况下，由于 final 修饰的类或方法是无法继承的，因此基于其生成代理就成为了一件不可能的事情。Powermock 使用自定义的类加载器，通过修改目标类字节码的方式，让这一切成为可能。下面通过一个具体的示例进行讲解。

新增一个 FinalSimpleDao 类，该类由关键字 final 修饰，因此无法继承，该类提供了一个简单的删除方法，具体实现如程序代码 6-5 所示。

程序代码6-5　FinalSimpleDao.java

```java
package com.wangwenjun.cicd.chapter06;
//final修饰的类，无法继承。
final public class FinalSimpleDao
{
    public int delete(Simple simple)
    {
        throw new RuntimeException();
    }
}
```

继续修改 SimpleService，增加 deleteSimple 方法，并在其内部构造和使用 FinalSimpleDao 的 delete 方法。

```java
//这里省略部分代码。
public int deleteSimple(Simple simple)
{
    FinalSimpleDao finalSimpleDao = new FinalSimpleDao();
    return finalSimpleDao.delete(simple);
}
//这里省略部分代码。
```

接下来编写针对 deleteSimple 方法的单元测试代码，请注意，这里需要 @PrepareForTest 两个类，一个是 SimpleService 类，另外一个是 FinalSimpleDao 类。Powermock 需要修改前者的字节码文件，使用 mock 创建的 FinalSimpleDao 替换真实新建（new）出来的实例，后者需要修改 FinalSimpleDao 的字节码使其能够被代理，代码如下。

```java
//这里省略部分代码。
@PrepareForTest({
        SimpleService.class,
        FinalSimpleDao.class
})
@Test
public void testDeleteSimple() throws Exception
{
    //mock FinalSimpleDao 实例。
    FinalSimpleDao finalSimpleDao = mock(FinalSimpleDao.class);
    //进行whenNew Stubbing声明。
    whenNew(FinalSimpleDao.class)
            .withNoArguments().thenReturn(finalSimpleDao);
```

```
//对方法交互进行Stubbing声明。
when(finalSimpleDao.delete(any(Simple.class))).thenReturn(1);

//真实方法调用。
SimpleService simpleService = new SimpleService();
int effected = simpleService.deleteSimple(new Simple("Alex", 36));

//对结果进行断言。
assertThat(effected, equalTo(1));
//对方法交互进行断言，这里使用的是Mockito的API。
verify(finalSimpleDao, times(1)).delete(isA(Simple.class));
}
//这里省略部分代码。
```

从上面的单元测试代码中我们不难发现，对 final 修饰的类或方法进行 mock 操作与其他非静态方法并没有太多区别，只不过这里需要在 @PrepareForTest 中指定 final 类型的类，告知 Powermock 帮忙准备一个代理。

6.5　Powermock 如何通过 mock 操作私有方法

在面向对象的程序设计中，私有方法对类的封装起到了很关键的作用，如果不想让外部访问某些方法（比如，对象内部某状态属性的维护、某些方法入参合法性的校验、对敏感数据的处理过程等），则需要用 private 关键字进行修饰，从而只为外部操作提供类中允许访问的方法。但是，私有方法可能会在一定程度上影响代码的可测试性，下面通过一个具体的示例进行讲解，请看程序代码 6-6。

程序代码6-6　PrivateSimpleDao.java

```
package com.wangwenjun.cicd.chapter06;

public class PrivateSimpleDao
{
    public int updateSimple(Simple simple)
    {
        assert simple != null && simple.getUsername() != null;
        return this.doUpdateSimple(simple);
    }

    private int doUpdateSimple(Simple simple)
    {
        throw new RuntimeException();
    }
}
```

PrivateSimpleDao 对外提供了一个 updateSimple() 方法，在对 Simple 对象实例进行真正的更新操作之前，会做一个简单的验证，只有当验证通过以后，才会调用另外一个方法 doUpdateSimple() 对数据库记录执行更新操作，而 doUpdateSimple() 方法是开发者不想暴露给外部直接使用的方法。

接下来继续为 SimpleService 增加一个更新方法，其内部将创建 PrivateSimpleDao，并完成对 Simple 的更新操作，代码如下。

```
//这里省略部分代码。
public int updateSimple(Simple simple)
{
    PrivateSimpleDao privateSimpleDao = new PrivateSimpleDao();
    return privateSimpleDao.updateSimple(simple);
}
//这里省略部分代码。
```

现在，借助 Powermock 即可完成对 updateSimple 方法的单元测试开发，这里需要重点关注的是，如何对私有方法进行 mock 操作。单元测试代码如下。

```
//这里省略部分代码。
@PrepareForTest({
SimpleService.class,
PrivateSimpleDao.class
})
@Test
public void testUpdateSimple() throws Exception
{
    //创建需要更新的实体（entity）。
    Simple simple = new Simple("Alex", 36);
    //通过mock创建PrivateSimpleDao 的"替身"。
    PrivateSimpleDao simpleDao = mock(PrivateSimpleDao.class);
    //对PrivateSimpleDao的创建进行Stubbing声明。
    whenNew(PrivateSimpleDao.class).withNoArguments()
            .thenReturn(simpleDao);
    //注释1: simpleDao的updateSimple需要真实调用。
    doCallRealMethod().when(simpleDao).updateSimple(simple);
    //注释2: 对私有方法的调用进行Stubbing声明。
    doReturn(1).when(simpleDao, "doUpdateSimple", simple);

    //真实调用SimpleService的方法。
    int result = new SimpleService().updateSimple(simple);
    //对结果进行断言。
    assertThat(result, equalTo(1));

    //注释3: 断言私有方法的交互次数。
    verifyPrivate(simpleDao, times(1)).invoke("doUpdateSimple", simple);
}
//这里省略部分代码。
```

下面就来分析一下这段单元测试代码。

1）首先，创建一个简单的 Simple 用于更新操作，然后通过 mock 为 PrivateSimpleDao 对象创建一个"替身"，用于进一步的 Stubbing 声明。

2）由于 PrivateSimpleDao 是作为局部变量使用的，因此需要对它的构造行为进行 Stubbing 声明，并返回 mock 创建出来的"替身"实例。

3）由于对整个 PrivateSimpleDao 进行了 mock 操作，因此测试代码不会真实执行它的

updateSimple 方法，所以这里必须进行 doCallRealMethod...when 的 Stubbing 声明，以真实调用 updateSimple 方法，否则就会无法执行私有方法（见注释 1）。

4）私有方法的 Stubbing 声明比较特殊，由于是私有方法，因此无法通过对象导航的方式进行调用，所以这里采用方法名和方法参数的形式进行 Stubbing 声明（见注释 2）代码形式如下。

```
doReturn(1).when(替身对象，"私有方法名"，方法入参（可以是多个）)
```

5）最后调用真实的 updateSimple 方法，并对结果进行断言，依然是通过 verify 的形式对私有方法进行交互验证，只不过，Powermock 提供了专门的针对私有方法进行交互验证的方式（见注释 3），代码形式如下。

```
verifyPrivate(替身对象，次数).invoke("方法名"，参数);
```

6.6 Powermock 中的 Spying

Powermock 扩展自其他 mock 工具，本书所介绍的 Powermock 是对 Mockito 的扩展，其中，Spying 语义与 Mockito 并没有多少区别，其目的都是复制一个与原有对象一模一样的"替身"对象实例，然后对目标对象的方法行为进行 Stubbing 声明，限于篇幅这里不再赘述。本节将简单介绍 Powermock 如何使用 Spying 重写 6.5 节中单元测试的例子，重写的单元测试代码如下。

```
//这里省略部分代码。
@PrepareForTest({SimpleService.class, PrivateSimpleDao.class})
@Test
public void testUpdateSimple() throws Exception
{
    Simple simple = new Simple("Alex", 36);
    PrivateSimpleDao simpleDao = spy(new PrivateSimpleDao());
    whenNew(PrivateSimpleDao.class).withNoArguments()
            .thenReturn(simpleDao);
    //注释doCallRealMethod的Stubbing声明。
    //doCallRealMethod().when(simpleDao).updateSimple(simple);

    doReturn(1).when(simpleDao, "doUpdateSimple", simple);
    int result = new SimpleService().updateSimple(simple);
    assertThat(result, equalTo(1));
    verifyPrivate(simpleDao, times(1)).invoke("doUpdateSimple", simple);
}
//这里省略部分代码。
```

由上述代码可知，使用 spy 的方式创建目标对象的"替身"实例之后，就可以省略 doCallRealMethod 的 Stubbing 声明了。

6.7 Powermock 与 JaCoCo

　　软件开发需要编写足够多的单元测试代码，尽可能地覆盖所有逻辑分支和异常情况，那么如何得知单元测试代码的覆盖率是否达到要求呢？我们通常会借助于一些工具（比如，JaCoCo），它们会帮助分析单元测试代码的覆盖率情况。

　　JaCoCo（Java Code Coverage）是一个专门用于分析 JUnit 单元测试覆盖率的工具，可用于分析并发现单元测试还未覆盖的源代码，帮助开发人员进一步提升单元测试代码的数量，提升软件的质量。

　　首先，需要将 JaCoCo 的 Maven 插件引入到项目中，帮助分析单元测试代码的覆盖率。通常情况下，我们会使用 JaCoCo 的即时检测方式来分析单元测试的覆盖率，具体配置如下所示。

```xml
<?xml version="1.0" encoding="UTF-8"?>
<project xmlns="http://maven.apache.org/POM/4.0.0"
         xmlns:xsi="http://www.w3.org/2001/XMLSchema-instance"
         xsi:schemaLocation="http://maven.apache.org/POM/4.0.0
            http://maven.apache.org/xsd/maven-4.0.0.xsd">
    <modelVersion>4.0.0</modelVersion>

    <groupId>com.wangwenjun.books</groupId>
    <artifactId>cicd-powermock</artifactId>
    <version>1.0-SNAPSHOT</version>

    <properties>
        <project.build.sourceEncoding>UTF-8</project.build.sourceEncoding>
        <jacoco.version>0.8.2</jacoco.version>
        <jacoco.it.execution.data.file>${project.build.directory}/coverage-
            reports/jacoco-it.exec</jacoco.it.execution.data.file>
        <jacoco.ut.execution.data.file>${project.build.directory}/coverage-
            reports/jacoco-ut.exec</jacoco.ut.execution.data.file>
    </properties>

    <dependencies>
        //这里省略部分代码。
    </dependencies>

    <build>
        <plugins>
            <plugin>
                <groupId>org.apache.maven.plugins</groupId>
                <artifactId>maven-compiler-plugin</artifactId>
                <version>3.8.1</version>
                <configuration>
                    <source>1.8</source>
                    <target>1.8</target>
                </configuration>
            </plugin>
            <plugin>
                <groupId>org.jacoco</groupId>
                <artifactId>jacoco-maven-plugin</artifactId>
```

```
                <version>${jacoco.version}</version>
                <executions>
                    <execution>
                        <id>default-prepare-agent</id>
                        <goals>
                            <goal>prepare-agent</goal>
                        </goals>
                        <configuration>
                            <dumpOnExit>true</dumpOnExit>
                            <output>file</output>
                        </configuration>
                    </execution>
                    <execution>
                        <id>default-report</id>
                        <phase>package</phase>
                        <goals>
                            <goal>report</goal>
                        </goals>
                        <configuration>
                            <outputDirectory>target/jacoco-ut</outputDirectory>
                        </configuration>
                    </execution>
                </executions>
            </plugin>
        </plugins>
    </build>
</project>
```

运行“mvn clean package”命令（请尽量使用 clean 命令参数，因为 JaCoCo 每次生成分析报告时还会生成其他文件，如果不执行 clean 命令，那么下次的运行很有可能会失败），target 下将多出一个 jacoco-ut 目录，打开 index.html 文件，我们将会看到单元测试覆盖率的分析报告（如图 6-2 所示）。

cicd-powermock > com.wangwenjun.cicd.chapter06

com.wangwenjun.cicd.chapter06

Element	Missed Instructions	Cov.	Missed Branches	Cov.	Missed	Cxty	Missed	Lines	Missed	Methods	Missed	Classes
SimpleService		37%		n/a	2	5	4	8	2	5	0	1
SimpleDaoUtils		0%		n/a	3	3	3	3	3	3	1	1
SimpleDao		0%		n/a	2	2	2	2	2	2	1	1
FinalSimpleDao		0%		n/a	2	2	2	2	2	2	1	1
Simple		100%		n/a	0	3	0	6	0	3	0	1
Total	40 of 64	37%	0 of 0	n/a	9	15	11	21	9	15	3	5

图 6-2　即时检测模式下的单元测试覆盖率分析报告

图 6-2 所示的统计分析报告有些令人失望，虽然确实未对 SimpleDaoUtils 和 FinalSimpleDao 进行过任何单元测试，但是 SimpleService 却是基于 Powermock 进行了单元测试的，为什么覆盖率只有 37%？点击进入 SimpleService 的链接，我们将会看到 JaCoCo 分析的未被单元测试覆盖的代码块，如图 6-3 所示。

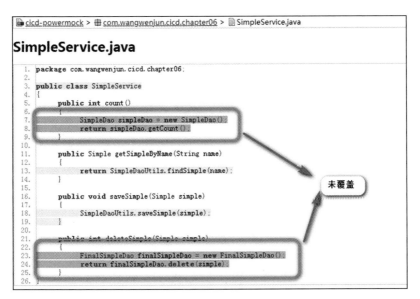

图 6-3　JaCoCo 指出未覆盖的代码块

由图 6-3 我们可以得知，使用 Powermock 对这两个方法进行测试时，Powermock 需要修改 SimpleService 的字节码，即 Powermock 为了使这两个方法能够顺利测试，需要通过修改字节码的方式生成新的代理类，所以 JaCoCo 分析工具没有将其纳入统计范畴。

对于这种情况，JaCoCo 还提供了另外一种模式的分析方法——离线模式。离线模式的配置方法与即时检测模式的配置有较大的区别，因此 pom.xml 配置文件需要做出比较大的变动，具体改动如下所示。

```xml
<?xml version="1.0" encoding="UTF-8"?>
<project xmlns="http://maven.apache.org/POM/4.0.0"
        xmlns:xsi="http://www.w3.org/2001/XMLSchema-instance"
        xsi:schemaLocation="http://maven.apache.org/POM/4.0.0
            http://maven.apache.org/xsd/maven-4.0.0.xsd">
    <modelVersion>4.0.0</modelVersion>

    <groupId>com.wangwenjun.books</groupId>
    <artifactId>cicd-powermock</artifactId>
    <version>1.0-SNAPSHOT</version>

    <properties>
        <project.build.sourceEncoding>UTF-8</project.build.sourceEncoding>
        <jacoco.version>0.8.2</jacoco.version>
        <jacoco.it.execution.data.file>${project.build.directory}/coverage-
            reports/jacoco-it.exec</jacoco.it.execution.data.file>
        <jacoco.ut.execution.data.file>${project.build.directory}/coverage-
            reports/jacoco-ut.exec</jacoco.ut.execution.data.file>
    </properties>

    <dependencies>
        //需要引入对jacoco的依赖。
```

```xml
        <dependency>
            <groupId>org.jacoco</groupId>
            <artifactId>org.jacoco.agent</artifactId>
            <version>${jacoco.version}</version>
            <classifier>runtime</classifier>
        </dependency>
    </dependencies>

    <build>
        <plugins>
            <plugin>
                <groupId>org.apache.maven.plugins</groupId>
                <artifactId>maven-compiler-plugin</artifactId>
                <version>3.8.1</version>
                <configuration>
                    <source>1.8</source>
                    <target>1.8</target>
                </configuration>
            </plugin>

            <plugin>
                <groupId>org.jacoco</groupId>
                <artifactId>jacoco-maven-plugin</artifactId>
                <version>${jacoco.version}</version>
                <executions>
                    <execution>
                        <id>jacoco-instrument</id>
                        <goals>
                            <goal>instrument</goal>
                        </goals>
                    </execution>
                    <execution>
                        <id>jacoco-restore-instrumented-classes</id>
                        <goals>
                            <goal>restore-instrumented-classes</goal>
                        </goals>
                    </execution>
                    <execution>
                        <id>jacoco-report</id>
                        <phase>package</phase>
                        <goals>
                            <goal>report</goal>
                        </goals>
                        <configuration>
                            <dataFile>${project.build.directory}
                                /coverage.exec</dataFile>
                            <outputDirectory>target/jacoco-ut</outputDirectory>
                        </configuration>
                    </execution>
                </executions>
            </plugin>
            <plugin>
                <groupId>org.apache.maven.plugins</groupId>
                <artifactId>maven-surefire-plugin</artifactId>
                <version>2.19.1</version>
```

```
            <configuration>
                <systemPropertyVariables>
                    <jacoco-agent.destfile>${project.build.directory}
                        /coverage.exec</jacoco-agent.destfile>
                </systemPropertyVariables>
            </configuration>
        </plugin>
    </plugins>
</build>
</project>
```

运行“mvn clean package”命令（请注意一定要有 clean 的动作），再次打开 JaCoCo 的分析报告文档，结果如图 6-4 所示。

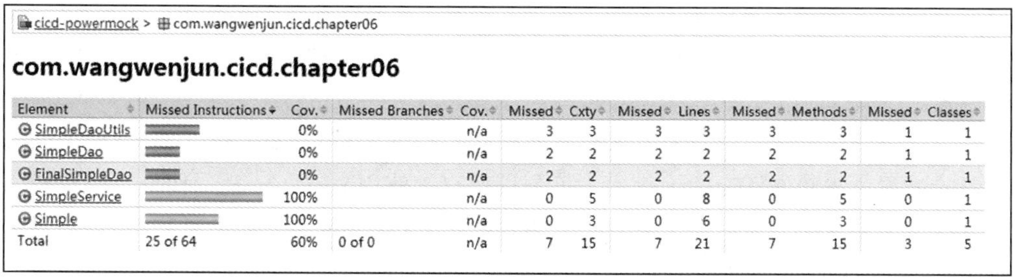

cicd-powermock > com.wangwenjun.cicd.chapter06

com.wangwenjun.cicd.chapter06

Element	Missed Instructions	Cov.	Missed Branches	Cov.	Missed	Cxty	Missed	Lines	Missed	Methods	Missed	Classes
SimpleDaoUtils		0%		n/a	3	3	3	3	3	3	1	1
SimpleDao		0%		n/a	2	2	2	2	2	2	1	1
FinalSimpleDao		0%		n/a	2	2	2	2	2	2	1	1
SimpleService		100%		n/a	0	5	0	8	0	5	0	1
Simple		100%		n/a	0	3	0	6	0	3	0	1
Total	25 of 64	60%	0 of 0	n/a	7	15	7	21	7	15	3	5

图 6-4　离线检测模式下的单元测试覆盖率分析报告

由图 6-4 的报告可以看出，SimpleService 类的单元测试覆盖率已经达到了 100%，继续打开 SimpleService 链接，会发现没有任何未覆盖的代码块提示信息（如图 6-5 所示）。

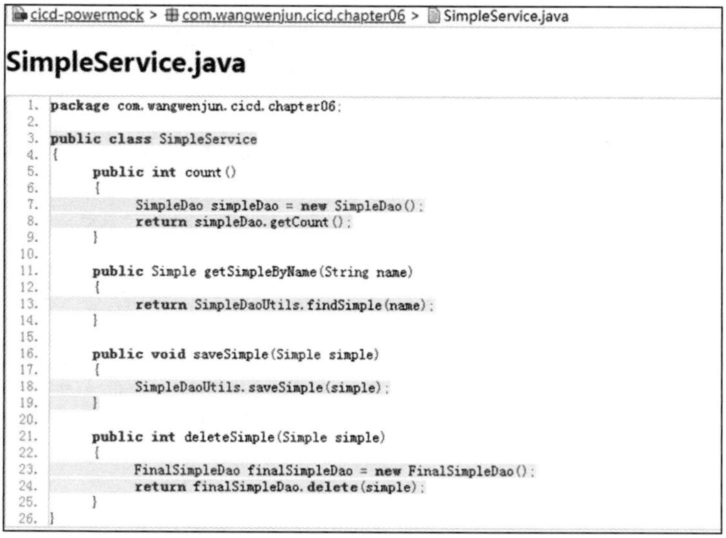

cicd-powermock > com.wangwenjun.cicd.chapter06 > SimpleService.java

SimpleService.java

```
package com.wangwenjun.cicd.chapter06;

public class SimpleService
{
    public int count()
    {
        SimpleDao simpleDao = new SimpleDao();
        return simpleDao.getCount();
    }

    public Simple getSimpleByName(String name)
    {
        return SimpleDaoUtils.findSimple(name);
    }

    public void saveSimple(Simple simple)
    {
        SimpleDaoUtils.saveSimple(simple);
    }

    public int deleteSimple(Simple simple)
    {
        FinalSimpleDao finalSimpleDao = new FinalSimpleDao();
        return finalSimpleDao.delete(simple);
    }
}
```

图 6-5　单元测试覆盖率达到 100%

关于 JaCoCo 的两种模式，以及 Powermock 提供的解决方案，限于篇幅这里就不再详细讲述了，感兴趣的读者可以自行参阅相关文章，文章地址为 https://github.com/powermock/powermock/wiki/Code-coverage-with-JaCoCo。

6.8　本章总结

本章介绍了基于 Mockito 扩展的 Powermock 版本，在学习本章之前，希望大家已经具备了一定的 Mockito 基础知识，由于 Powermock 与 Mockito 中的大部分内容比较相似，因此在提及诸如 Argument Matcher、Answer、Verify 等概念时几乎都是一笔带过的。

本章立足于 Powermock 能够解决的问题，详述了为什么需要 Powermock，其可用于对哪些不可测试的代码（比如，局部变量、静态方法、final 修饰的类和方法，以及私有方法等）进行单元测试，这对开发者编写单元测试是大有裨益的。

本书不止一次提到过，单元测试代码的编写过程其实是对源程序代码和结构不断迭代和思考的过程。我们并不能因为代码不可测试就直接使用 Powermock，而是需要对代码和结构进行思考和重构，之后再来决定是否需要使用 Powermock，毕竟很多时候真的只是由于程序源码的结构存在不合理的地方导致了不可测的问题。

本章的最后重点介绍了 JaCoCo 的两种模式，其中，离线模式可以很好地分析 Powermock 的单元测试代码覆盖率，并提供报告。限于篇幅，很多内容不能详尽，因此感兴趣的读者可以进一步阅读 Powermock 官方的相关资料。

【拓展阅读】

1）Powermock 官网地址为 https://powermock.github.io/。

2）Powermock 帮助文档，网址为 https://powermock.github.io/#documents。

3）JaCoCo 官网地址为 https://www.jacoco.org/。

4）本章示例代码见 https://github.com/wangwenjun/cicd-powermock.git。

第三部分 *Part 3*

行为驱动开发

本书的前两部分重点讲解了如何合理开发单元测试代码、如何对单元测试中的对象进行 mock 等技术细节，第三部分将讨论软件开发中的功能测试、验收测试、自动化测试等相关主题。

单元测试是软件质量的第一道把控关口，旨在以最细粒度的方式确保软件源代码中的每一行代码、每一个分支都能够正确执行，但这并不能保证顺利通过了所有单元测试验证的系统就能够准确无误地提供软件服务。

比如，开发者 A 和 B 分别负责开发模块 M1 和 M2，模块 M1 需要用到 M2 返回的序列化数据结构 E，根据规范，该数据结构 E 中应该包含 10 个属性字段，并且都有严格的数据类型。但是随着开发工作的不断迭代，B 发现在数据结构中，Double 类型并不能很好地用于存储货币金额，而 BigDecimal 是一种更好的选择。另外，B 还发现 10 个属性字段有些不够用，需要将数据结构 E 的属性字段扩充至 12 个。如此一来，数据结构 E 将会出现多个版本。虽然 A 和 B 都能正确地完成各自的开发任务，并且成功执行单元测试，但是这些并不能保证当双方的代码集成在一起时，模块 M1 使用的是正确的 M2 版本。

那么，诸如此类的问题应该如何解决呢？可能有人会说，直接打包部署到某台服务器上，交由 QA 人员进行测试即可。这种方式虽然可行，但是效率低下，无法以自动化的方式完成所有测试，更谈不上快速地迭代、集成和高质量地交付了。

单元测试只能确保开发人员源程序代码的正确性，而不能确保多个模块、多个子系统功能集成之后的正确性，因此我们需要引入针对软件功能进行集成测试的验证工具，以确保多模块、多子系统在集成之后能够提供正确的软件服务。

功能测试相较于单元测试更高级一些，比如，打开一个 Word 文档进行文字编辑，功能测试需要验证的仅仅是能否正常打开 Word 文档、编辑功能是否能够正确执行，而不需要关心 Word 文档打开或编辑时底层的源代码是如何运行的。虽然我们可以将打包后的系统全量包部署在某内部环境中，供测试人员进行功能测试，但是如果在软件编译、打包和部署的过程中能够自动完成功能测试的大部分工作，就能避免很多不必要的问题（比如，部署时功能缺失、用了不正确的子模块或系统版本等），同时还可以减少很多时间开销，缩短软件的交付时间。

本部分将介绍两个非常优秀的功能测试工具：Concordion 和 Cucumber。其中，Concordion 可以帮助开发人员从功能测试文档的编辑工作中解放出来，当功能测试成功运行之后，Concordion 会生成标准的测试文档。而 Cucumber 则以 Story 文档为基础，在软件开发的早期阶段将业务需求人员（业务人员不需要具备计算机的专业技术背景，只需要掌握简洁的 Gherkin 语法即可）引入团队中，通过 Gherkin 语法将需求编辑成 Feature 文档，开发人员根据 Feature 文档中不同的 Scenario 进行功能开发。在完成了本次迭代中所有的开发任务之后，业务人员就可以基于最初确定下来的 Feature 文档，对软件功能进行验收测试了。

目前，用于软件功能测试的框架或工具多种多样，笔者专门选择了比较小众但富有个性的 Concordion 和目前使用最广泛的 Cucumber 进行讲解，其中第 7 章主要介绍 Concordion 的使用方法，第 8 章主要介绍 Cucumber 的使用方法。通过这部分的学习，大家不仅可以掌握开发功能测试代码的相关知识，而且能对持续集成、持续交付乃至持续部署有更进一步的理解。

第 7 章　*Chapter 7*

Concordion：测试即文档

Concordion　Concordion 最初只是 David Peterson（大卫·彼得森）的个人项目。或许是由于他厌倦了大量重复撰写软件功能测试文档的工作，因此开发出这样一个既能进行软件功能测试，又能将测试数据自动生成标准文档的工具。目前，一个由 Nigel Charman（奈杰尔·查曼）领导的更活跃的组织接管了该项目，在该组织的不断完善下，Concordion 的功能越来越丰富，越来越强大。比如，Concordion 中 Specification 文档的输入不再仅局限于 HTML 格式，当前的版本除了可以很好地支持 Excel、HTML、Markdown 之外，还允许开发者进行自定义和扩展（限于篇幅，本章仅讲解 HTML 格式的 Specification，这也是笔者一直使用的 Specification 格式）。

总有一些"聪明的懒人"致力于让世界变得越来越舒适，尤其是在计算机领域，这样的案例比比皆是，比如，Perl 语言的诞生、Hibernate ORM 的诞生、Apache ANT 工具的出现等。这些"聪明的懒人"不想低效地重复一些可标准化的工作，于是开发出了"一劳永逸"的解决方案，从而普惠于整个世界。

Concordion 非常适合于厌倦了编写软件功能测试文档的"懒人"，它不仅可以很好地完成软件功能测试，还能将功能测试的数据结果生成文档，从而把开发者从软件功能测试及文档的编辑工作中解放出来。

本章将重点介绍如下内容。

❑ 什么是 Concordion，以及如何将 Concordion 应用于自己的项目中。

❑ Concordion 中各种指令的用法。

❑ 如何在 Concordion 中对软件功能输出的实际值与期望值进行断言。

❑ 如何在 Concordion Specification 文档中描述 Fixture Java 方法的执行。

❑ 如何在 Specification 文档中处理 Java 返回的数据结果。

    ❑ 如何与 Maven 集成，以生成可读性较高的软件测试文档。

7.1 Concordion 的开发流程

在大致了解了什么是 Concordion，以及它可以做什么之后，我们需要清楚地理解使用 Concordion 进行功能测试开发的基本流程。本节将结合行为驱动开发（Behavior Driven Development，BDD）方法论，详细说明 Concordion 的使用方法和流程。

1. Feature/Function 讨论

在一个软件项目中，开发任务正式开始之前，开发人员需要尽可能详尽地列举软件功能的各种输入和期望的结果输出。在这个过程中，开发人员应当协同业务需求人员、业务分析员、产品经理等角色进行业务探讨。比如，有如图 7-1 所示的一个 Feature，需要将客户端输入的用户姓名拆分出 First Name 和 Last Name。

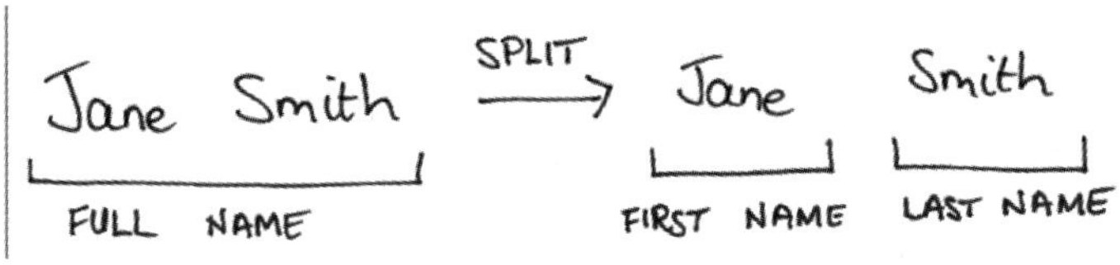

图 7-1　客户姓名拆分需求图示

拆分符合标准规范的姓名比较容易，比如，"Jane Smith"可以拆分成 Jane（First Name）和 Smith（Last Name）。但是很多时候，用户的姓名并未按照标准规范进行输入，比如在姓名前面增加了各种尊称（Mr.、Miss、Sir 等）。在需求讨论阶段，开发人员应该与业务分析人员将各种正常情况和例外情况都讨论清楚。图 7-2 所示的是针对客户姓名拆分功能的讨论结果，其中包含了各种正常的和例外的情况（BDD 和 TDD 极为类似，这种讨论往往需要通过不断地迭代来完成，一次讨论基本上不会百分之百地确保覆盖了所有的场景）。

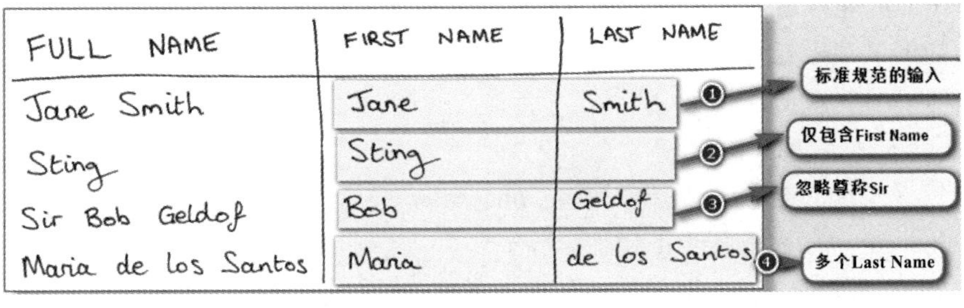

图 7-2　功能测试用例的各种可能

2. 编辑 Specification 文档

明确了业务需求之后，开发人员就可以编辑 Specification 文档了，该文档不仅包含业务需求的详细描述信息，而且包含即将执行的各种测试用例。下面以 HTML 格式的 Specification 文档为例进行讲解。

```
<html>
<head>
    <link href="concordion.css" rel="stylesheet" type="text/css"/>
</head>

<body>
<h1>Splitting Customer Names</h1>

    <p>
        To help personalise our mailshots we want to have the first name and
            last name of the customer.
        Unfortunately the customer data that we are supplied only contains full names.
    </p>

    <p>
        The system therefore attempts to break a supplied full name into its
            constituents by
        splitting around whitespace.
    </p>
</body>
</html>
```

需要注意的是，将该 HTML 文档命名为 Split.html，后面的 Fixture 需要与之对应，否则该文档将无法正常执行。

3. 为 Specification 文档增加 Concordion 相关指令

Specification 文档编辑完以后，需要引入 Concordion 的指令才能执行功能测试，这一步最关键，其目的是在 HTML 文档中声明如何调用 Fixture 方法，如何接收 Fixture 方法的返回值，以及如何验证软件功能的执行结果。

Specification 文档与 Fixture 之间的关系如图 7-3 所示。

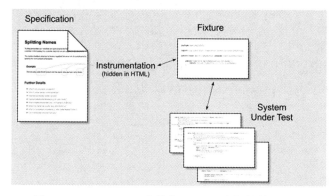

图 7-3 Specification 文档与 Fixture 之间的关系图示

下面基于前面创建的 Specification 文档（Split.html），引入 Concordion 的相关指令，具体实现是在 Split.html 文档中新增如下内容（新增内容包含在 body 标签中，切记 Specification 文档必须符合 HTML 格式规范）。

```html
<p>
    The full name <span concordion:set="#name">Jane Smith</span>
    will be <span concordion:execute="#result = split(#name)">broken</span>
    into first name <span concordion:assert-equals="#result.firstName">Jane</span>
    and last name <span concordion:assert-equals="#result.lastName">Smith</span>.
</p>
```

从上述代码中我们可以看到，HTML 标签中增加了 Concordion 的相关指令，为了确保增加 Concordion 指令的 Specification 文档符合 HTML 规范，需要在 HTML 中设置 Concordion 命名空间，进一步修改 Split.html 文档，具体实现如下所示。

```html
<html xmlns:concordion="http://www.concordion.org/2007/concordion">
<head>
    <meta http-equiv="Content-Type" content="text/html; charset=UTF-8"/>
    <link href="concordion.css" rel="stylesheet" type="text/css"/>
</head>

<body>
<h1>Splitting Customer Names</h1>

<p>
    To help personalise our mailshots we want to have the first name and last
        name of the customer.
    Unfortunately the customer data that we are supplied only contains full names.
</p>

<p>
    The system therefore attempts to break a supplied full name into its constituents by
    splitting around whitespace.
</p>

<p>
    The full name <span concordion:set="#name">Jane Smith</span>
    will be <span concordion:execute="#result = split(#name)">broken</span>
    into first name <span concordion:assert-equals="#result.firstName">Jane</span>
    and last name <span concordion:assert-equals="#result.lastName">Smith</span>.
</p>
</body>
</html>
```

Split.html 文档中使用了一个名为 concordion.css 的样式文件，它与 Split.html 文档在同一个路径下。concordion.css 样式文件的源代码如下（熟悉 CSS 的读者可以自行编写喜欢的 CSS 样式文档代替本书中的示例）。

```css
* {
    font-family: Arial;
}

body {
    padding: 32px;
```

```
}

pre {
    padding: 6px 28px 6px 28px;
    background-color: #E8EEF7;
}

pre, pre *, code, code *, kbd {
    font-family: Courier New, Courier;
    font-size: 10pt;
}

h1, h1 * {
    font-size: 24pt;
}

p, td, th, li, .breadcrumbs {
    font-size: 10pt;
}

p, li {
    line-height: 140%;
}

table {
    border-collapse: collapse;
    empty-cells: show;
    margin: 8px 0px 8px 0px;
}

th, td {
    border: 1px solid black;
    padding: 3px;
}

td {
    background-color: white;
    vertical-align: top;
}

th {
    background-color: #C3D9FF;
}

li {
    margin-top: 6px;
    margin-bottom: 6px;
}

.example {
    padding: 6px 16px 6px 16px;
    border: 1px solid #D7D7D7;
    margin: 6px 0px 28px 0px;
    background-color: #F7F7F7;
}

.example h3 {
    margin-top: 8px;
```

```
        margin-bottom: 8px;
        font-size: 12pt;
}

.special {
        font-style: italic;
}

.idea {
        font-size: 9pt;
        color: #888;
        font-style: italic;
}

.tight li {
        margin-top: 1px;
        margin-bottom: 1px;
}

.commentary {
        float: right;
        width: 200px;
        background-color: #ffffd0;
        padding:8px;
        border: 3px solid #eeeeb0;
        margin: 10px 0px 10px 10px;
}

.commentary, .commentary * {
        font-size: 8pt;
}
```

4. 开发 Fixture Java 程序

上面完成了 Specification 文档的编辑，并且正确地注入了 Concordion 的相关指令，接下来就是编写 Fixture Java 程序了。Fixture 程序的运行需要指定 ConcordionRunner，具体代码如下所示。

```
package com.wangwenjun.cicd.chapter07;

import org.concordion.api.ConcordionResources;
import org.concordion.integration.junit4.ConcordionRunner;
import org.junit.runner.RunWith;

//指定运行ConcordionRunner的Runner。
@RunWith(ConcordionRunner.class)
//指定Concordion的Resources（指定了Specification文件的CSS样式）。
@ConcordionResources(value = {"concordion.css"})
public class SplitFixture
{
}
```

当前的 SplitFixture 并未提供任何方法，因此运行会失败。虽然运行会失败，但结构性的工作基本上已经完成了，更重要的是，Concordion 已经可以正常生成功能测试文档了（如图 7-4 所示）。

需要注意的是，如果将 Specification 文档命名为 Split.html，那么 Fixture Java 程序必须命名为 SplitFixture.java，否则就会出现找不到 Specification 文档的错误。

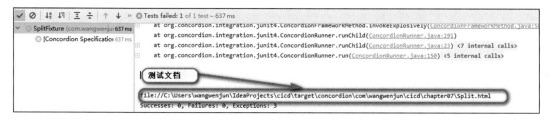

图 7-4　Fixture 执行失败但是生成了测试文档

根据图 7-4 的提示，用浏览器打开 Split.html 文档，我们将会看到 Concordion 生成的功能测试文档，如图 7-5 所示。

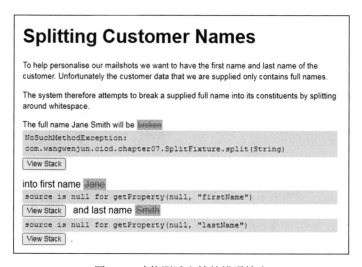

图 7-5　功能测试文档的错误输出

根据 Concordion 生成的测试文档，我们可以很清晰地看出，在 Specification 文档中声明的 split 方法并不存在，事实上，目前我们并未在 SplitFixture.java 类中编写任何方法。接下来，进一步修改 SplitFixture.java 文件，增加 split 方法，并且返回 fullName 的拆分结果，代码如下。

```
//这里省略部分代码。
@ConcordionResources(value = {"concordion.css"})
public class SplitFixture
{
    public Result split(String fullName)
    {
        return new Result();
    }
}
```

```
class Result
{
    public String firstName = "TODO";
    public String lastName = "TODO";
}
//这里省略部分代码。
```

再次运行 SplitFixture，虽然结果仍然显示失败，但是错误信息不再是"找不到对应方法"的问题了，而是实际返回结果与期望返回结果断言失败的错误，如图 7-6 所示。

图 7-6　功能测试文档（断言失败）

至此，大家应该已经大致理解 Specification 文档中的指令和 Fixture 之间的对应关系了。下面我们通过图 7-7 所示的关系来做进一步说明。

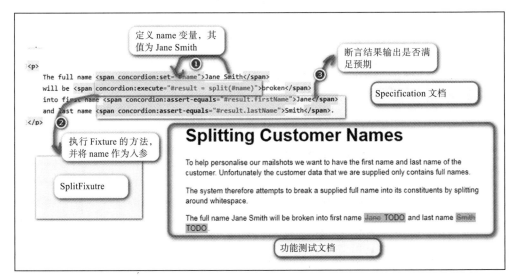

图 7-7　Specification 文档与 Fixture 的执行关系

下面对图 7-7 中提到的几条指令进行说明。

❑ concordion:set 指令用于定义变量 name，并将 span 标签中的内容（即"Jane Smith"）

赋值给 name 变量。

❏ concordion:execute 指令用于执行 Fixture 中的方法，并将方法的返回结果保存在 result 变量中，以用于下文中的断言操作。

❏ concordion:assert-equals 指令用于断言 #result.firstName 或 #result.lastName 的实际返回值是否与期望的结果相匹配（期望的结果同样也写在 span 标签中）。

既然是功能测试，就应该调用应用程序中的真实接口，而不是 Fixture 中的 split 方法，对 fullName 进行拆分，也就是说，Concordion 应该站在功能测试的角度验证软件应用程序是否满足既定的要求。Concordion 与应用程序的关系如图 7-8 所示。

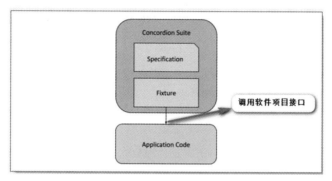

图 7-8　Concordion 与应用程序的关系

有些软件项目是以远程访问的形式（比如，RESTful 或 RPC）和本地命令执行的方式提供服务或进行作业，因此在使用 Concordion 对其进行功能测试时，就必须引入软件项目的客户端程序对其进行功能访问，以达到测试的目的，如图 7-9 所示。

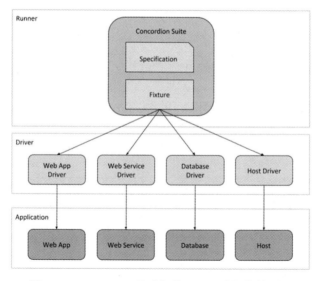

图 7-9　Concordion 通过各种 Driver 访问软件项目

了解了 Concordion 与软件项目的调用关系之后，我们需要在软件项目源代码中开发拆分 fullName 的功能模块，并在 Fixture 中调用该接口，具体实现如程序代码 7-1 所示。

程序代码7-1　FullNameSplit.java

```java
package com.wangwenjun.cicd.chapter07;

import java.util.regex.Matcher;
import java.util.regex.Pattern;

public class FullNameSplit
{
    private final static Pattern pattern = Pattern
        .compile("\\s*((?i)miss|ms|mrs|mr|sir)?\\s*([a-zA-Z0-9\\s]+)");

    /**
     * 拆分fullName。
     *
     * @param fullName
     * @return first name and last name
     */
    public String[] split(String fullName)
    {
        String[] result = new String[]{"", ""};
        String temp = ignoreRespectfulName(fullName);
        String[] names = temp.split("\\s+");
        result[0] = names[0].trim();
        if (names.length == 2)
        {
            result[1] = names[1].trim();
        } else
        {
            result[1] = temp.substring(names[0].length()).trim();
        }
        return result;
    }

    private static String ignoreRespectfulName(String fullName)
    {
        Matcher matcher = pattern.matcher(fullName);
        if (matcher.find())
        {
            return matcher.group(2);
        }

        return fullName;
    }
}
```

在拆分 fullName 时，我们充分考虑了标准规范的姓名输入及其他例外情况，源代码比较简单，这里就不做过多解释了，接下来进一步完善 SplitFixture 的代码，具体如下。

```java
package com.wangwenjun.cicd.chapter07;

import org.concordion.api.ConcordionResources;
import org.concordion.integration.junit4.ConcordionRunner;
import org.junit.Before;
```

```
import org.junit.runner.RunWith;

@RunWith(ConcordionRunner.class)
@ConcordionResources(value = {"concordion.css"})
public class SplitFixture
{
    //定义FullNameSplit 的对象实例。
    private FullNameSplit fullNameSplit;

    @Before
    public void setUp()
    {
        //在JUnit套件方法中初始化FullNameSplit。
        this.fullNameSplit = new FullNameSplit();
    }

    public Result split(String fullName)
    {
        //调用FullNameSplit的split方法，然后将结果封装为Result并返回。
        String[] names = fullNameSplit.split(fullName);
        Result result = new Result(names[0], names[1]);

        return result;
    }

    class Result
    {
        public String firstName = "TODO";
        public String lastName = "TODO";

        public Result(String firstName, String lastName)
        {
            this.firstName = firstName;
            this.lastName = lastName;

        }
    }
}
```

软件功能开发完之后，SplitFixture 也进行了改造，此时再次执行该 SplitFixture，我们将会看到功能测试能够成功运行，并且生成了没有任何错误的功能测试文档，如图 7-10 所示。

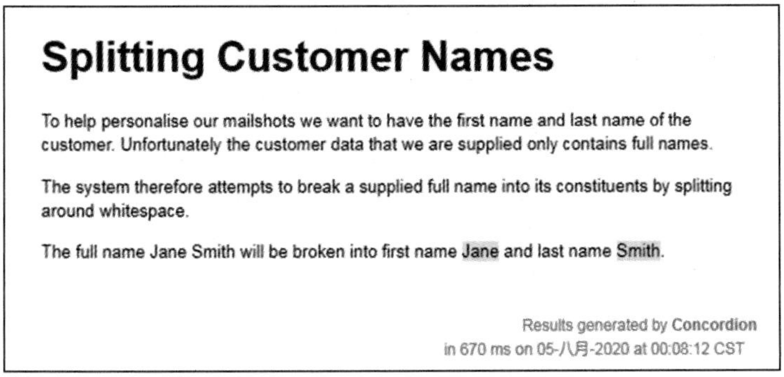

图 7-10　功能测试文档（运行成功）

7.2 搭建 Concordion 环境

至此，大家已经了解了 Concordion 的基本开发流程，本节就来介绍如何搭建 Concordion 的开发环境及其组织代码结构。

7.2.1 搭建 Concordion 基础环境

通常情况下，单元测试代码与源代码会放在同一个项目中。基于 Maven 或 Gradle 等工具构建项目时，源代码会放置在 src/main/java 路径中，单元测试代码会放置在 src/test/java 路径中。

大多数时候，功能测试代码并不会与软件源代码放在同一个项目中，第 4 章曾提到过功能测试经常用于系统集成测试（System Integrate Testing，SIT）、验收测试（Acceptance Testing），甚至在软件部署后应用于冒烟测试（Smoking Testing）等工作。因此将功能测试独立成一个单独的软件项目进行打包部署是一种很常见的做法，本书的第四部分会通过具体示例详细讲解部署过程。本章的主要目的是讲解 Concordion 的用法，为了方便起见，并不会单独构建新的项目来用于组织 Concordion 功能测试代码，所以本章仍然采用在同一个项目中组织 Concordion 代码与软件源代码的做法，只不过会进行一些特殊设置以区别于单元测试代码，具体操作步骤如下。

首先，在 pom 文件中引入对 Concordion 的依赖，Concordion pom 的具体配置如下所示。

```
<dependency>
    <groupId>org.concordion</groupId>
    <artifactId>concordion</artifactId>
    <version>2.2.0</version>
    <scope>test</scope>
</dependency>
```

然后，在 src/test 路径下创建 specs 目录，以区分于单元测试代码和组织 Fixture 代码，创建后的 specs 目录需要手动标记（Mark Directory as）成"Test Sources Root"，如图 7-11 所示。

接下来，我们需要组织 Specification HTML 文档及 CSS 样式文件，通常情况下会将它们放置在 src/test/resources 目录下，当然将 Specification HTML 文档和 Fixture 功能测试代码放在同一个目录下也是允许的。图 7-12 所示的是 Specification HTML 文档、项目源代码、Fixture 功能测试代码的组织结构图。

需要注意的是，在 resources 目录下，com.wangwenjun.cicd.chapter07 是多级目录而不是一个独立的目录，准确来说它应该是 com/wangwenjun/cicd/chapter07 这样的结构。

最后直接运行 SplitFixture 功能测试即可。在进行配置之前，功能测试文档会输出到本地操作系统的临时目录中，根据控制台的提示信息可以找到功能测试文档，如图 7-13 所示。

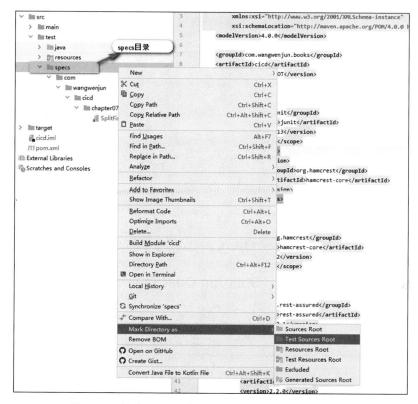

图 7-11　创建 specs 文件目录（用于组织 Fixture 代码）

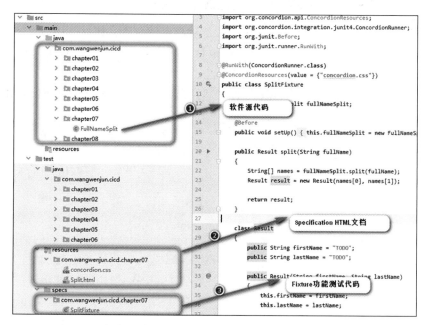

图 7-12　软件源代码、Specification HTML、Fixture 组织结构

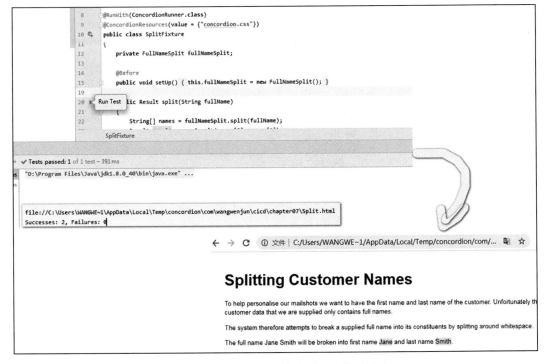

图 7-13　功能测试文档输出到本地临时目录

7.2.2　Concordion 与 Maven 进行集成

随着功能测试用例的不断增多，逐个运行功能测试的方式会比较麻烦，借助 surefire 插件，Concordion 可以很容易地与 Maven 环境进行集成，集成后再执行 mvn test 命令，所有的 Concordion 测试代码将会以批量的方式运行。

首先，在 pom 文件中引入 surefire 插件，然后做一些简单的配置，具体代码如下所示。

```
<plugin>
    <groupId>org.apache.maven.plugins</groupId>
    <artifactId>maven-surefire-plugin</artifactId>
    <version>2.19.1</version>
    <configuration>
        <includes>
            //包含Fixture功能测试代码。
            <include>**/*Fixture.java</include>
            <include>**/*Test.java</include>
        </includes>
        <systemPropertyVariables>
        //指定功能测试文档的输出目录。
<concordion.output.dir>target/concordion</concordion.output.dir>
        </systemPropertyVariables>
    </configuration>
</plugin>
```

接下来，运行 mvn test 命令，所有的功能测试代码将会批量执行（功能测试文档也会生成到指定的配置目录 target/concordion 中）。

```
C:\Users\wangwenjun\IdeaProjects\cicd>mvn test
[INFO] Scanning for projects...
[INFO]
[INFO] ------------------------------------------------------------------------
[INFO] Building cicd 1.0-SNAPSHOT
[INFO] ------------------------------------------------------------------------
[INFO]
[INFO] --- maven-resources-plugin:2.6:resources (default-resources) @ cicd ---
[WARNING] Using platform encoding (GBK actually) to copy filtered resources, i.e.
    build is platform dependent!
[INFO] Copying 0 resource
[INFO]
[INFO] --- maven-compiler-plugin:3.8.1:compile (default-compile) @ cicd ---
[INFO] Nothing to compile - all classes are up to date
[INFO]
[INFO] --- maven-resources-plugin:2.6:testResources (default-testResources) @ cicd ---
[WARNING] Using platform encoding (GBK actually) to copy filtered resources, i.e.
    build is platform dependent!
[INFO] Copying 2 resources
[INFO]
[INFO] --- maven-compiler-plugin:3.8.1:testCompile (default-testCompile) @ cicd ---
[INFO] Nothing to compile - all classes are up to date
[INFO]
[INFO] --- maven-surefire-plugin:2.19.1:test (default-test) @ cicd ---

-------------------------------------------------------
 T E S T S
-------------------------------------------------------
Running com.wangwenjun.cicd.chapter01.NumericCalculatorTest
Tests run: 11, Failures: 0, Errors: 0, Skipped: 0, Time elapsed: 0.482 sec - in
    com.wangwenjun.cicd.chapter01.NumericCal
culatorTest
Running com.wangwenjun.cicd.chapter01.SimpleTestSuite3Test
Tests run: 1, Failures: 0, Errors: 0, Skipped: 0, Time elapsed: 0 sec - in com.
    wangwenjun.cicd.chapter01.SimpleTestSuite
3Test
Running com.wangwenjun.cicd.chapter01.SimpleTestSuiteTest
Tests run: 1, Failures: 0, Errors: 0, Skipped: 0, Time elapsed: 0.001 sec - in
    com.wangwenjun.cicd.chapter01.SimpleTestS
uiteTest
Running com.wangwenjun.cicd.chapter01.UnitTestBestPracticeTest
true
Tests run: 8, Failures: 0, Errors: 0, Skipped: 0, Time elapsed: 0.029 sec - in
    com.wangwenjun.cicd.chapter01.UnitTestBes
tPracticeTest
Running com.wangwenjun.cicd.chapter02.HamcrestUsageTest
Tests run: 28, Failures: 0, Errors: 0, Skipped: 0, Time elapsed: 0.351 sec - in
    com.wangwenjun.cicd.chapter02.HamcrestUs
ageTest
Running com.wangwenjun.cicd.chapter02.JunitAssertionVsHamcrestTest
Tests run: 5, Failures: 0, Errors: 0, Skipped: 4, Time elapsed: 0.001 sec - in
    com.wangwenjun.cicd.chapter02.JunitAssert
```

```
ionVsHamcrestTest
Running com.wangwenjun.cicd.chapter02.RegexMatcherTest
Tests run: 3, Failures: 0, Errors: 0, Skipped: 1, Time elapsed: 0.001 sec - in
    com.wangwenjun.cicd.chapter02.RegexMatche
rTest
Running com.wangwenjun.cicd.chapter02.REST_AssuredTest
Tests run: 4, Failures: 0, Errors: 0, Skipped: 0, Time elapsed: 14.69 sec - in
    com.wangwenjun.cicd.chapter02.REST_Assure
dTest
Running com.wangwenjun.cicd.chapter07.SplitFixture

//功能测试文档输出到target/concordion路径中。
file://C:\Users\wangwenjun\IdeaProjects\cicd\target\concordion\com\wangwenjun\
    cicd\chapter07\Split.html
Successes: 2, Failures: 0
Tests run: 1, Failures: 0, Errors: 0, Skipped: 0, Time elapsed: 0.96 sec - in
    com.wangwenjun.cicd.chapter07.SplitFixture

Results :

Tests run: 61, Failures: 0, Errors: 0, Skipped: 5

[INFO] ------------------------------------------------------------------------
[INFO] BUILD SUCCESS
[INFO] ------------------------------------------------------------------------
[INFO] Total time: 33.628 s
[INFO] Finished at: 2020-08-08T14:44:41+08:00
[INFO] Final Memory: 13M/273M
[INFO] ------------------------------------------------------------------------
```

7.3　Concordion 的指令详解

至此，我们已经搭建好了 Concordion 的环境，并掌握了开发 Concordion 最基本的流程和步骤。本节将深入 Specification 文档，详细介绍 Concordion 每个指令的具体用法。

1. set 指令

set 指令主要用于在 Specification 文档中定义变量，其功能有些类似于在 Java 语言中定义变量，具体用法请看程序代码 7-2 所示的示例。

程序代码7-2　SetCommand.html

```
<html xmlns:concordion="http://www.concordion.org/2007/concordion">
<head>
    <meta http-equiv="Content-Type" content="text/html; charset=UTF-8"/>
    <link href="concordion.css" rel="stylesheet" type="text/css"/>
</head>
<body>
<h1>Set指令示例</h1>
<div class="example">
x的值为<span concordion:set="#x">10</span>,
y的值为<span concordion:set="#y">20</span>,x+y的结果为:
```

```
    <span concordion:assertEquals="sum(#x,#y)">30</span>
</div>

</body>
</html>
```

在 Specification 文档中，concordion:set 指令用于定义变量 #x 和 #y，它们将取值于 HTML 标签 <span> 中的内容 10 和 20。然后，在另一个 Concordion 指令中调用 Fixture 类中的 sum 方法，并将 #x 和 #y 作为参数传入。SetCommandFixture 和与之关联的项目源代码比较简单，限于篇幅这里就不再展示了，下面我们看一下 Concordion 运行后生成的功能测试文档，如图 7-14 所示。

图 7-14　set 指令生成的测试文档

2. assertEquals 指令

assertEquals 指令主要用于断言 Fixture 中返回的结果，与 Specification 文档中指定的预期值是否相等（基于 Object 中的 equals 方法），具体用法请看如程序代码 7-3 所示的示例。

程序代码7-3　AssertEqualsCommand.html

```html
<html xmlns:concordion="http://www.concordion.org/2007/concordion">
<head>
    <meta http-equiv="Content-Type" content="text/html; charset=UTF-8"/>
    <link href="concordion.css" rel="stylesheet" type="text/css"/>
</head>
<body>
<h1>AssertEquals指令示例</h1>
<div class="example">
    //使用set指令。
    x的值为<span concordion:set="#x">10</span>,
    y的值为<span concordion:set="#y">20</span>,
    //直接在assertEquals指令中调用Fixture的sum方法，并对结果进行断言。
    x+y的结果为:<span concordion:assertEquals="sum(#x,#y)">30</span>

    //先通过execute指令调用Fixture的sum方法，将结果保存在#result中。
    //注意这里不要写成<span/>。
    <span concordion:execute="#result=sum(#x,#y)"></span>
    <p/>
    //对#result进行断言。
    x+y的结果为:<span concordion:assertEquals="#result">30</span>
```

```
</div>
</body>
</html>
```

上述示例代码演示了 concordion:assertEquals 指令的两种用法，第一种用法与上一个示例完全一致，assertEquals 指令直接调用 Fixture 的 sum 方法，并对结果进行断言。第二种用法先通过 concordion:execute 指令调用 Fixture 的 sum 方法，并将返回结果保存在 #result 变量中，然后通过 assertEquals 指令对 #result 进行断言。需要注意的是，在 Specification 文档中，concordion:execute 指令所在的 HTML 标签 <span> 其内容虽然为空，但是不能将其简写成 <span concordion:execute="#result=sum(#x,#y)"/>，否则将会运行失败（不同的版本，情况可能会不一样，但是不简写的方式肯定不会报错），Fixture 的代码比较简单，限于篇幅这里就不再展示了。

3. assertTrue 和 assertFalse 指令

这两个指令主要用于对布尔类型的值进行断言操作，具体用法请看程序代码 7-4 所示的示例。

程序代码7-4　AssertBooleanCommand.html

```
<html xmlns:concordion="http://www.concordion.org/2007/concordion">
<head>
    <meta http-cquiv="Content-Type" content="text/html; charset=UTF-8"/>
    <link href="concordion.css" rel="stylesheet" type="text/css"/>
</head>
<body>
<h1>AssertTrue and AssertFalse指令示例</h1>
<div class="example">
<p>
工具名称 :<span concordion:set="#concordion">Concordion</span>
</p>
    <p>Concordion <span concordion:assertTrue="#concordion.startsWith(#letter)">以
        <b concordion:set="#letter">C</b></span>开头。</p>
    <p>并且<span concordion:assertFalse="#concordion.endsWith(#letter)">
        不以 <b concordion:set="#letter">X</b></span>结尾.
    </p>
</div>
</body>
</html>
```

Specification 文档比较简单，先定义一个变量 #concordion，然后通过 assertTrue 和 assertFalse 方法分别进行断言，断言时分别调用了 String 类的相关方法，实际上，Concordion 断言语句所用的表达式语言主要依赖于 Apache 社区的一个组件 OGNL（Object-Graph Navigation Language）来实现的（熟悉 Apache Struts2 的开发者应该非常熟悉 OGNL 的用法）。

虽然在该 Specification 文档中并未调用 Fixture 中的任何方法，但是如果想让该功能测试能够正确执行，就必须创建一个空的 Fixture，同时命名也要完全遵循 Concordion 的规范，即 AssertBooleanCommandFixture.java，运行该 Fixture 后生成的功能测试文档如图 7-15 所示。

AssertTrue and AssertFalse指令示例

工具 名称 :Concordion

Concordion 以 C开头.

并且 不以 X结尾.

图 7-15　assertTrue 和 assertFalse 指令生成的测试文档

4. execute 指令

execute 指令主要用于调用 Fixture 中的方法，以及传递方法的参数。Java 的方法可分为有返回值类型和无返回值类型（void）两种，前面的示例实际上已经展示过有返回值的 execute 指令用法，下面就来演示无返回值的 execute 指令用法。程序代码 7-5 所示的是一个简单的 Specification 文档，通过 execute 指令向 Fixture 进行值的传递操作。

程序代码7-5　ExecuteCommand.html

```html
<html xmlns:concordion="http://www.concordion.org/2007/concordion">
<head>
    <meta http-equiv="Content-Type" content="text/html; charset=UTF-8"/>
    <link href="concordion.css" rel="stylesheet" type="text/css"/>
</head>
<body>
<h1>Execute指令示例</h1>
<div class="example">
    <p>
        将客户姓氏:<span concordion:set="#firstName">Wang</span>
        //传参调用Fixture的无返回值方法。
        <span concordion:execute="setFirstName(#firstName)">传入后台</span>
    </p>
    <p>
        将客户名字:<span concordion:set="#secondName">WenJun</span>
        //传参调用Fixture的无返回值方法。
        <span concordion:execute="setSecondName(#secondName)">传入后台</span>
    </p>
    <p>
        //不传参调用Fixture有返回值的方法。
        获取客户姓名<span concordion:execute="#fullName=getFullName()">后进行断言</span>
        //结果断言。
        <span concordion:assertEquals="#fullName">Wang WenJun</span>
    </p>
</div>
</body>
</html>
```

关于指令的说明，代码注释已经解释得非常清楚，这里就不再赘述了。程序代码 7-6 所示的是 Fixture 的 Java 代码，由于测试比较简单，因此直接省略了项目源代码那部分内容，在实际工作中建议大家不要这样做。

程序代码7 6 ExecuteCommandFixture.java

```java
package com.wangwenjun.cicd.chapter07;

import org.concordion.api.ConcordionResources;
import org.concordion.integration.junit4.ConcordionRunner;
import org.junit.After;
import org.junit.runner.RunWith;

@RunWith(ConcordionRunner.class)
@ConcordionResources(value = {"concordion.css"})
public class ExecuteCommandFixture
{
    private String firstName = "";

    private String secondName = "";

    @After
    public void tearDown()
    {
        this.firstName = "";
        this.secondName = "";
    }

    public void setFirstName(String firstName)
    {
        this.firstName = firstName;
    }

    public void setSecondName(String secondName)
    {
        this.secondName = secondName;
    }

    public String getFullName()
    {
        return this.firstName + " " + this.secondName;
    }
}
```

直接运行该功能测试 Fixture，生成的功能测试文档如图 7-16 所示。

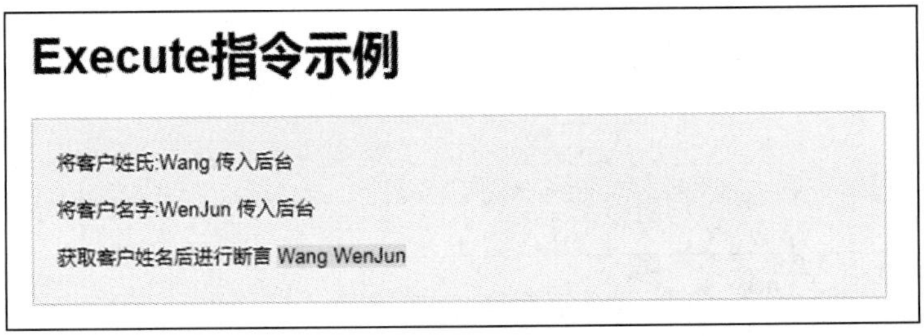

图 7-16   execute 指令生成的测试文档

关于 Concordion 中的指令就介绍这么多，这些指令足以应对日常的功能测试需要，变量的设置、Fixture 中方法的调用、实际结果与期望结果的断言在本节中也都有所体现，最主要的是 Specification HTML 文档的编写，就是最终呈现在我们面前的功能测试文档。

7.4　在 Specification 文档中处理 Java 返回的结果

7.3 节在讲解 Concordion 指令时提到过，在 Specification 文档中，OGNL（Object-Graph Navigation Language，对象图导航语言）主要用于处理返回自 Fixture Java 代码中的数据，本节就来深入讲解它是如何处理 Java 返回的结果的。

可以将 Fixture 返回给 Specification 文档的数据类型简单划分为两类，其中一类为简单数据类型，比如基本数据类型 int、文本字符串类型、基本数组类型和最基本的 POJO 对象类型；另一类则为常见的容器类型，比如 List、Map、Set，以及 Concordion 提供的 MultiValueResult 类型等。

7.4.1　简单的数据类型

首先，我们需要编辑 Specification 文档，在该文档中，不仅要对返回的简单类型进行断言操作，还要基于 OGNL 表达式对返回结果做进一步的处理，具体实现如程序代码 7-7 所示。

程序代码7-7　SimpleDataType.html

```
<html xmlns:concordion="http://www.concordion.org/2007/concordion">
<head>
    <meta http-equiv="Content-Type" content="text/html; charset=UTF-8"/>
    <link href="concordion.css" rel="stylesheet" type="text/css"/>
</head>
<body>
<h1>返回简单类型:(int,String,array,POJO)</h1>
<div class="example">
    <p concordion:execute="#i=getInt()">从Fixture中获取int类型的值</p>
    <p>
        //注释1。
        i的值为:<span concordion:assertEquals="#i">10</span>
    </p>
    <p>
        //注释2。
        i的二进制字符串为:<span concordion:assertEquals="@java.lang.Integer
            @toBinaryString(#i)">1010</span>
    </p>
    <hr/>
    <p concordion:execute="#s=getString()">从Fixture中获取String类型的值</p>
    <p>
        //注释3。
        s的值以<span concordion:assertTrue="#s.startsWith(#h)"><b concordion:set
            ="#h">H</b> </span>开头
```

```
        </p>
        <p>
            //注释4。
            s的值转换为大写后:<span concordion:assertEquals="#s.toUpperCase()">HELLO</
                span>
        </p>
        <p>
            //注释5。
            s的值长度为:<span concordion:assertEquals="#s.length()">5</span>
        </p>
        <hr/>
        <p concordion:execute="#a=getArray()">从Fixture中获取数组类型的值</p>
        <p>
            //注释6。
            a的长度为:<span concordion:assertEquals="#a.length">2</span>
        </p>
        //注释7。
        <p>
            a[0]的值为:<span concordion:assertEquals="#a[0]">Hello</span>
        </p>
        <p>
            a[1]的值为:<span concordion:assertEquals="#a[1]">World</span>
        </p>
        <hr/>
        <p concordion:execute="#o=getPOJO()">从Fixture中获取最基本POJO对象的值</p>
        <p>
            o.name的值为:<span concordion:assertEquals="#o.name">Alex</span>
        </p>
        <p>
            //注释8。
            o.name转换为大写:<span concordion:assertEquals="#o.name.toUpperCase()">
                ALEX</span>
        </p>
        <p>
            //注释9。
            o.name.equalsIgnoreCase: <span concordion:assertTrue="#o.name.
                equalsIgnoreCase(#TEXT)">
            <b concordion:set="#TEXT">alex</b></span>
        </p>
</div>
</body>
</html>
```

下面对代码段中的注释进行详细说明。

❏ 注释 1：对从 Fixture 中获取的 int 类型的值进行断言操作。

❏ 注释 2：借助 OGNL 表达式（调用 Java 类的静态方法）对 #i 进行处理，试图返回 int 数值的二进制字符串。

❏ 注释 3：通过 String 类型的返回值调用实例方法 startsWith 并断言。

❏ 注释 4：类似于注释 3，也是访问 String 类型的实例方法 toUpperCase 并断言。

❏ 注释 5：访问 String 类型的实例方法 length，返回 String 的长度并断言。

❏ 注释 6：断言返回数组类型的长度。

❑ 注释 7：通过下标获取数组中的元素并断言。

❑ 注释 8：对对象类型的属性（字符串）执行 toUpperCase 操作并断言。

❑ 注释 9：对对象类型的属性（字符串）执行 equalsIgnoreCase 判断并断言。

在该 Specification 文档中，所有的 Concordion 指令，以及在指令中用到的 OGNL 表达式语法都是正确无误的，但是执行结果却弹出了表达式错误的提示信息，如图 7-17 所示。

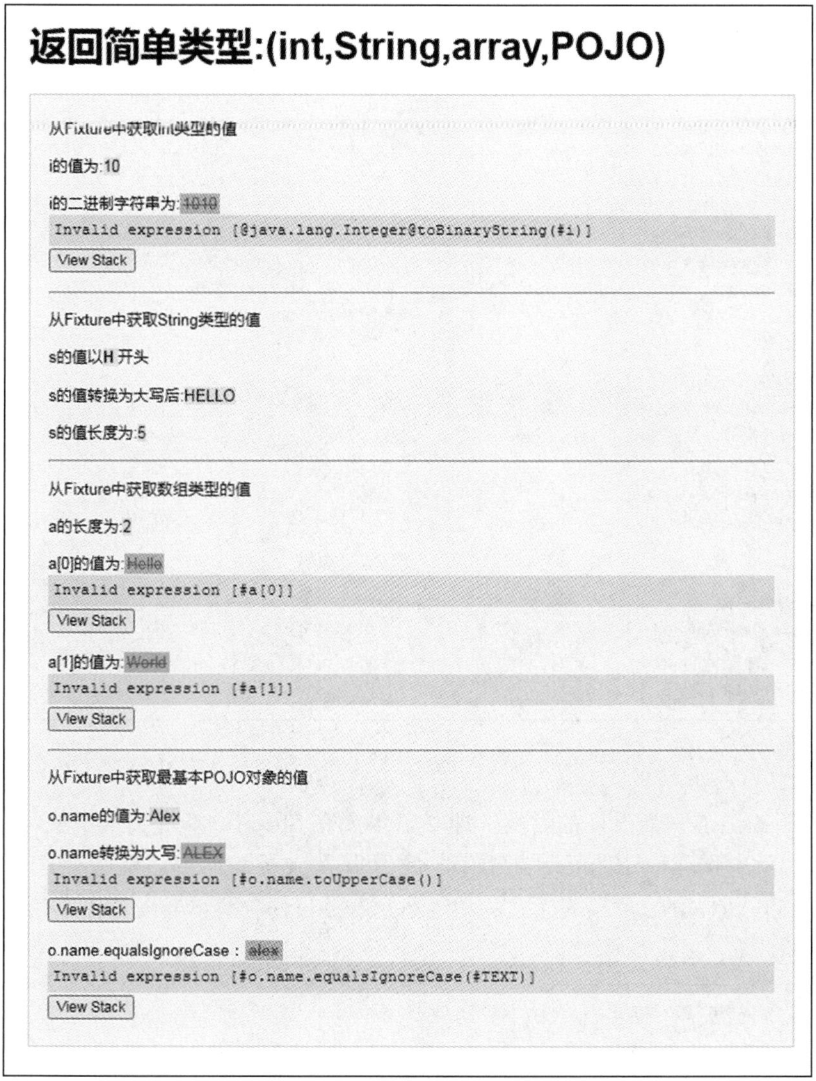

图 7-17　specification 文档处理简单数据类型（错误）

为什么会出现这样的问题呢？Concordion 官网上有这样一段描述："In order to keep your specifications simple and maintainable, Concordion deliberately restricts the expression language that is allowed when instrumenting specifications."（为了使规范文档简单易读且便于维护，Concordion 特意对表达式语言设置了很多限制。）图 7-18 所示的是 Concordion 提出的允许在 Specification 中使用的表达式列表。

Evaluation expressions

```
 1. myProp
 2. myMethod()
 3. myMethod(#var1)
 4. myMethod(#var1, #var2)
 5. #var
 6. #var.myProp
 7. #var.myProp.myProp
 8. #var = myProp
 9. #var = myMethod()
10. #var = myMethod(#var1)
11. #var = myMethod(#var1, #var2)
12. #var ? 's1' : 's2'
13. myProp ? 's1' : 's2'
14. myMethod() ? 's1' : 's2'
15. myMethod(#var1) ? 's1' : 's2'
16. myMethod(#var1, #var2) ? 's1' : 's2'
17. #var.myProp
18. #var.myMethod()
19. #var.myMethod(#var1)
20. #var.myMethod(#var1, #var2)
```

Set expressions

```
• #var = myProp
• #var = myMethod()
• #var = myMethod(#var1)
• #var = myMethod(#var1, #var2)
```

图 7-18　Concordion 允许在 Specification 文档中使用的表达式列表

上述示例提供了一个很好的启发，即尽量不要在 Specification 文档中使用过于复杂的 OGNL 表达式，毕竟 Specification 文档不一定是开发人员编辑的。但是就这个示例而言，可以通过强制开启 OGNL 复杂表达式的功能达到这一目的。具体实现如程序代码 7-8 所示。

程序代码7-8　SimpleDataTypeFixture.java

```java
package com.wangwenjun.cicd.chapter07;

import org.concordion.api.ConcordionResources;
import org.concordion.api.FullOGNL;
import org.concordion.integration.junit4.ConcordionRunner;
import org.junit.runner.RunWith;

//强制开启OGNL复杂表达式的功能。
@FullOGNL
```

```java
@RunWith(ConcordionRunner.class)
@ConcordionResources(value = {"concordion.css"})
public class SimpleDataTypeFixture
{

    public int getInt()
    {
        return 10;
    }

    public String getString()
    {
        return "Hello";
    }

    public String[] getArray()
    {
        return new String[]{"Hello", "World"};
    }


    public Simple getPOJO()
    {
        return new Simple("Alex");
    }

    public static class Simple
    {
        private final String name;

        public Simple(String name)
        {
            this.name = name;
        }

        public String getName()
        {
            return name;
        }
    }
}
```

在 Fixture 上增加 @FullOGNL 注解，可以强制开启支持复杂表达式的功能，开启后再次执行该功能测试代码，就会得到成功运行的结果，以及正确的功能测试文档了（如图 7-19 所示）。

需要注意的是，在 Specification 文档的注释 9 处，assertTrue 中不要有换行，否则在比较两个字符串时，换行符也会纳入比较范围，从而导致最终断言失败。

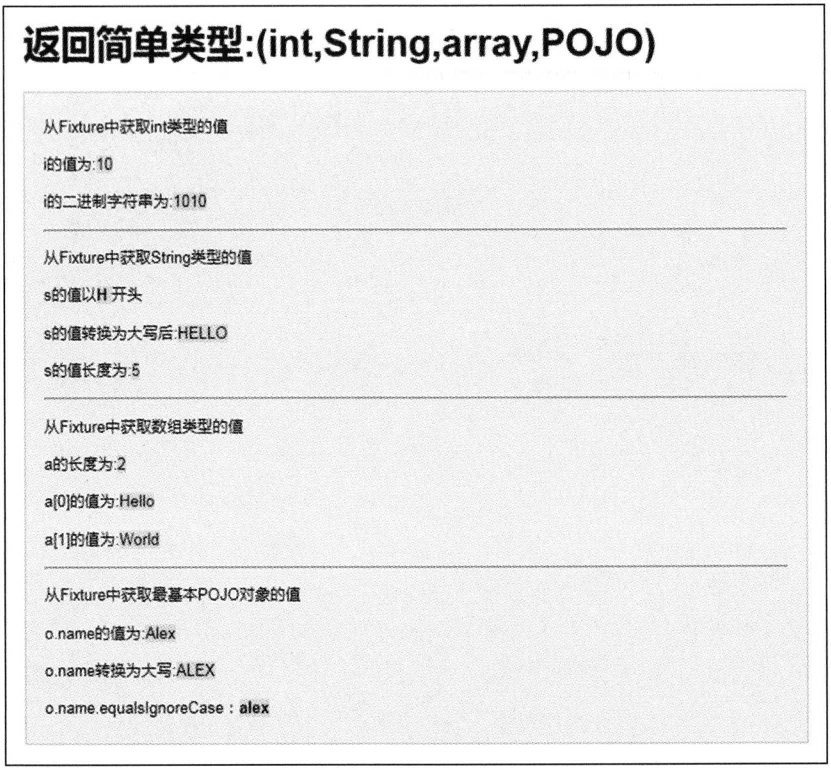

返回简单类型:(int,String,array,POJO)

从Fixture中获取int类型的值

i的值为:10

i的二进制字符串为:1010

从Fixture中获取String类型的值

s的值以H 开头

s的值转换为大写后:HELLO

s的值长度为:5

从Fixture中获取数组类型的值

a的长度为:2

a[0]的值为:Hello

a[1]的值为:World

从Fixture中获取最基本POJO对象的值

o.name的值为:Alex

o.name转换为大写:ALEX

o.name.equalsIgnoreCase : alex

图 7-19 Specification 文档处理简单数据类型（正确）

7.4.2 复杂的数据类型

关于复杂数据类型，本节以 Collection、Map，以及 Concordion 自带的 MultiValueResult 作为示例进行讲解，请看程序代码 7-9 所示的示例。

程序代码7-9 ComplexDataType.html

```
<html xmlns:concordion="http://www.concordion.org/2007/concordion">
<head>
    <meta http-equiv="Content-Type" content="text/html; charset=UTF-8"/>
    <link href="concordion.css" rel="stylesheet" type="text/css"/>
</head>
<body>
<h1>返回复杂类型:(Collection,Map,MultiValueResult)</h1>
<div class="example">
    <p concordion:execute="#c=getCollection()">从Fixture中获取Collection类型的值</p>
    <p>
        //注释1。
        List的长度:<span concordion:assertEquals="#c.size">2</span>
    </p>
    <p>
        //注释2。
```

```
          List:<span concordion:assertFalse="#c.isEmpty">不为空</span>
      </p>

      <p>
          //注释3。
          List中包含:<span concordion:assertTrue="#e in #c"><b concordion:set
              ="#e">Hello</b></span>,
          但不包含:<span concordion:assertTrue="#e not in #c"><b concordion:set
              ="#e">Welcome</b></span>
      </p>

      <p>
          //注释4。
          List中的第 -个元素:<span concordion:assertEquals="#c[0]">Hello</span>,
          List中的第二个元素:<span concordion:assertEquals="#c[1]">World</span>
      </p>
      <hr/>
      <p concordion:execute="#m=getMap()">从Fixture中获取Map类型的值</p>
      <p>
          //注释5。
          Map的长度:<span concordion:assertEquals="#m.size">2</span>
      </p>
      <p>
          //注释6。
          Map["Hello"]的值为:<span concordion:assertEquals="#m.Hello">World</span>,
          Map["Alex"]的值为:<span concordion:assertEquals="#m.Alex">Wangwenjun</span>
      </p>
      <hr/>
      <p concordion:execute="#m=getMultiValueResult()">从Fixture中获取
      MultiValueResult类型的值</p>
      <p>
          //注释7。
          Map的长度:<span concordion:assertEquals="#m.size">2</span>
      </p>
      <p>
          //注释8。
          MultiValueResult["Hello"]的值为:<span concordion:assertEquals
              ="#m.Hello">World</span>,
          MultiValueResult["Alex"]的值为:<span concordion:assertEquals
              ="#m.Alex">Wangwenjun</span>
      </p>
</div>
</body>
</html>
```

下面对代码段中的注释进行详细说明。

❏ 注释 1：对 List 类型数据的 size 断言。

❏ 注释 2：断言 List 不为空。

❏ 注释 3：断言某元素在或不在 List 中。

❏ 注释 4：根据下标获取 List 中的元素并断言。

❏ 注释 5：对 Map 类型数据的 size 断言。

❑ 注释 6：根据 key 值获取 Map 的 value 并断言。

❑ 注释 7：对 MultiValueResult 类型数据的 size 断言。

❑ 注释 8：根据 key 值获取 MultiValueResult 的 value 并断言。

这里需要特别说明的是，由于在 Specification 中用到了 OGNL 的复杂表达式，因此需要在 Fixture 中开启对复杂表达式的支持，具体实现如程序代码 7-10 所示。

程序代码7-10 ComplexDataTypeFixture.java

```java
package com.wangwenjun.cicd.chapter07;

import org.concordion.api.ConcordionResources;
import org.concordion.api.FullOGNL;
import org.concordion.api.MultiValueResult;
import org.concordion.integration.junit4.ConcordionRunner;
import org.junit.runner.RunWith;

import java.util.Arrays;
import java.util.HashMap;
import java.util.List;
import java.util.Map;

@FullOGNL
@RunWith(ConcordionRunner.class)
@ConcordionResources(value = {"concordion.css"})
public class ComplexDataTypeFixture
{

    public List<String> getCollection()
    {
        return Arrays.asList("Hello", "World");
    }

    public Map<String, String> getMap()
    {
        return new HashMap<String, String>()
        {
            {
                put("Hello", "World");
                put("Alex", "Wangwenjun");
            }
        };
    }

    public MultiValueResult getMultiValueResult()
    {
        MultiValueResult result = new MultiValueResult();
        return result.with("Hello", "World").with("Alex", "Wangwenjun");
    }
}
```

运行 Fixture 功能测试，Concordion 将生成如图 7-20 所示的功能测试文档。

图 7-20　Specification 文档处理复杂数据类型

7.5　table 和 list 中的指令

截至目前，Concordion 指令都是根据其在 Specification 文档中出现的顺序依次逐个解析并执行的，其实除了逐一执行指令的方式之外，还有批量执行的方式，本节就来介绍 Concordion 批量执行指令的方式。

在 Concordion 中，将指令与 HTML 中的 table 标签和 list 标签相结合的方式，可用于测试用例的批量执行。本章开头介绍的 fullName 拆分功能可以设计出很多功能测试用例（见图 7-2），用于验证软件是否支持各种不同情况下的用户输入。

7.5.1　使用 table 标签批量执行测试用例

在 Specification 文档中，将 Concordion 指令与 HTML 中的 table、tr、td 等标签元素相结合，可以达到批量执行测试用例的目的。请看程序代码 7-11 所示的示例。

程序代码7-11　TableFullNameSplit.html

```html
<html xmlns:concordion="http://www.concordion.org/2007/concordion">
<head>
    <meta http-equiv="Content-Type" content="text/html; charset=UTF-8"/>
    <link href="concordion.css" rel="stylesheet" type="text/css"/>
</head>
<body>
<h1>Full Name拆分（Table）</h1>
```

```
<div class="example">
    <table>
        <tr>
            <th>Full Name</th>
            <th>First Name</th>
            <th>Second Name</th>
        </tr>
        <tr concordion:execute="#result = split(#fullName)">
            <td concordion:set="#fullName">Jane Smith</td>
            <td concordion:assertEquals="#result.firstName">Jane</td>
            <td concordion:assertEquals="#result.secondName">Smith</td>
        </tr>
        <tr concordion:execute="#result = split(#fullName)">
            <td concordion:set="#fullName">Alex</td>
            <td concordion:assertEquals="#result.firstName">Alex</td>
            <td concordion:assertEquals="#result.secondName"></td>
        </tr>
        <tr concordion:execute="#result = split(#fullName)">
            <td concordion:set="#fullName">sir Bob Geldof</td>
            <td concordion:assertEquals="#result.firstName">Bob</td>
            <td concordion:assertEquals="#result.secondName">Geldof</td>
        </tr>
        <tr concordion:execute="#result = split(#fullName)">
            <td concordion:set="#fullName">Alex Wen Jun Wang</td>
            <td concordion:assertEquals="#result.firstName">Alex</td>
            <td concordion:assertEquals="#result.secondName">Wen Jun Wang</td>
        </tr>
    </table>
</div>
</body>
</html>
```

在上述代码的 Specification 文档中，我们将 Concordion 的 execute 指令写在了 tr 标签中，第一个 td 标签用于设置用户 Full Name 的输入，另外两个则是根据 #result 的结果对 First Name 和 Second Name 进行断言操作。运行功能测试代码（由于代码比较简单，因此这里不做展示），我们将会看到 Concordion 生成的功能测试文档，如图 7-21 所示。

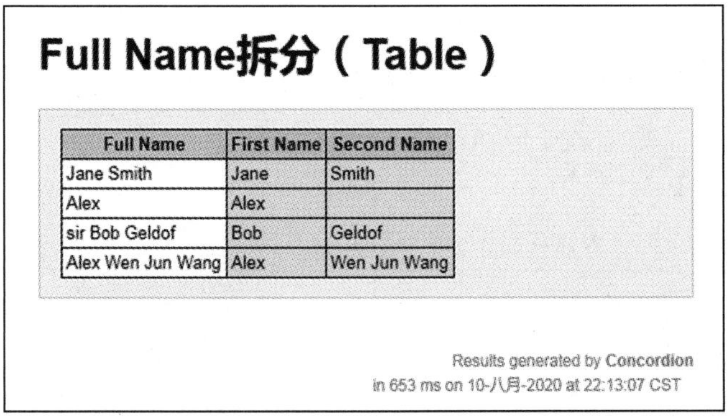

图 7-21　通过 table 标签批量执行功能测试用例

7.5.2　使用 list 标签批量执行测试用例

使用 list 标签批量执行测试用例的方法与 table 标签类似，该 Concordion 指令需要与 HTML 中的 ul、li 等标签元素相结合才能使用。程序代码 7-12 所示的是 Specification 文档的源代码。

程序代码7-12　ListFullNameSplit.html

```html
<html xmlns:concordion="http://www.concordion.org/2007/concordion">
<head>
    <meta http-equiv="Content-Type" content="text/html; charset=UTF-8"/>
    <link href="concordion.css" rel="stylesheet" type="text/css"/>
</head>
<body>
<h1>Full Name拆分（List）</h1>
<div class="example">
    <ul>
        <li>Full Name is: <span concordion:execute="#result = split(#fullname)">
            <b concordion:set="#fullname">Jane Smith</b></span> After Split
            will be below.
            <ui>
                <li concordion:assertEquals="#result.firstName">Jane</li>
                <li concordion:assertEquals="#result.secondName">Smith</li>
            </ui>
        </li>
        <li>Full Name is: <span concordion:execute="#result=split(#TEXT)"
            >Alex</span> After Split will be below.
            <ui>
                <li concordion:assertEquals="#result.firstName">Alex</li>
                <li concordion:assertEquals="#result.secondName"></li>
            </ui>
        </li>
        <li>Full Name is: <span concordion:execute="#result=split(#TEXT)">
            sir Bob Geldof</span> After Split will be below.
            <ui>
                <li concordion:assertEquals="#result.firstName">Bob</li>
                <li concordion:assertEquals="#result.secondName">Geldof</li>
            </ui>
        </li>
        <li>Full Name is: <span concordion:execute="#result=split(#TEXT)">>
            Alex Wen Jun Wang</span> After Split will be below.
            <ui>
                <li concordion:assertEquals="#result.firstName">Alex</li>
                <li concordion:assertEquals="#result.secondName">Wen Jun Wang</li>
            </ui>
        </li>
    </ul>
</div>
</body>
</html>
```

请注意，第一个 li 在 <b> 标签中定义了一个 fullName 的变量，并使用在了 execute 指令中，Concordion 同样支持通过 #TEXT 这种简写的方式直接获取 <span> 标签中的内容，两者在效果上是完全等价的。运行该功能测试代码，同样也可以获得 Concordion 生成的功能测试文档，如图 7-22 所示。

图 7-22　通过 list 标签批量执行功能测试用例

7.6　拾遗补漏

至此，本章已经对 Concordion 的使用方法进行了系统化的讲解和示例展示，本节将介绍几个比较零散的知识点以拾遗补漏。

1. Echo 指令

Echo 也是 Concordion 中的一个指令，主要用于在 Specification 文档中输出某些变量。该变量既可以是执行 execute 指令返回的数据，也可以是在 Specification 文档中通过 set 指令定义的变量。Echo 指令的示例如图 7-23 所示。

图 7-23　Echo 指令的示例

2. #TEXT

#TEXT 是 Concordion 在 Specification 文档中的内置变量，主要用于获取包含在 HTML 标签中的内容，关于其用法，上文的示例中已经有过展示。#TEXT 内置变量的示例如图 7-24 所示。

图 7-24　#TEXT 内置变量的示例

3. 覆盖测试用例名

默认情况下，运行于 Concordion 中的用例名的命名规范为 "Concordion Specification for ' 文档名称 '"，这种命名方式的可读性并不高，为此我们可以通过在 HTML 标签中增加 example 指令的方式，覆盖测试用例名，具体操作如图 7-25 所示。

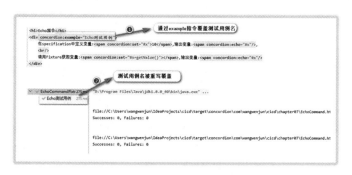

图 7-25　覆盖测试用例名的示例

4. Specification 文档中的 null 值

7.4 节详细介绍了在 Specification 文档中如何处理 Java 返回的数据，但是并未提及当返回值为 null 时该如何进行断言，请看图 7-26 所示的示例。

图 7-26　断言返回值为 null 的示例

从图 7-26 中我们不难发现，在 Specification 文档中对 null 值的断言是字符串 (null)，也就是说，Java 中的 null 值在 Specification 中应该表现为 (null)。

7.7　本章总结

本章非常详细地介绍了 Concordion 是什么，以及 Concordion 可以用来做什么。在软件项目的开发中，如果需要用到一款工具，既能进行自动化功能测试，又能将功能的验证结果输出成文档报告，那么 Concordion 将是一个不错的选择。

Concordion 相对来说还是一款比较小众的功能测试工具，但是随着它的不断完善和迭代，越来越多的贡献者受其吸引，为其发展添砖加瓦，截至 2021 年，Concordion 不仅可以很好地支持 Java 开发语言，而且还能很好地支持 C# 开发语言。Concordion 不仅支持 HTML 格式的 Specification 文档，还支持 Excel、Markdown 等格式，同时它还提供了一些非常好用的插件，大家可以在【拓展阅读】中找到对应的链接地址。

【拓展阅读】

1）Concordion 官方网址为 https://concordion.org/。

2）Concordion 帮助文档，网址为 https://concordion.org/discussing/java/markdown/。

3）Concordion 的扩展插件网址为 https://concordion.org/extensions/java/markdown/。

4）ONGL：Concordion 依赖的表达式语言库，网址为 https://commons.apache.org/proper/commons-ognl/language-guide.html。

Cucumber：热门的行为驱动开发工具

 第 7 章系统性地讲解了 Concordion 行为驱动开发工具的使用方法，该工具不仅可以很好地完成功能测试的工作，还能生成软件功能测试文档。本章将介绍另一款广泛使用的行为驱动开发工具——Cucumber，该工具不仅支持当前几乎所有的开发语言，还拥有这一细分领域最火热的开发者组织。同时还有大量插件可用于根据 Cucumber 测试数据生成报告，本章将介绍其中的一款。

大多数 BDD（Behavior Driven Development）工具都具有相似的开发流程和内部组件，比如：针对测试用例的编辑组件，Concordion 中称为 Specification 文档，而 Cucumber 中则将其称为 Features 文档；Concordion 中的 Fixture Java 程序，主要用于应用软件的集成与调用，而在 Cucumber 中也有类似的组件，称为 Step Definition（胶水代码）；在 Concordion 中有不同的 Specification 文档规范，比如，HTML、Excel 或 Markdown，而在 Cucumber 中针对 Features 文档也有一套专门的语法称为"Gherkin"。通过第 7 章的学习，大家已经具备了比较扎实的 Concordion 知识，由于 BDD 工具的开发流程和组件具有相似性，因此相信大家很容易就能理解和学会 Cucumber 的相关知识。

本章将重点介绍如下内容。

❑ 什么是 Cucumber，以及它有什么优势。

❑ 如何基于 Cucumber 进行功能测试。

❑ Feature 文档的描述语法 Gherkin。

❑ Step Definition，以及 Cucumber 中的相关注解。

❑ 掌握 Cucumber 中的 Tagging 和 Hook。

❑ 如何设置 Cucumber Options。

❑ Cucumber 如何与 Apache Maven 集成，以生成测试报告。

❑ Cucumber 如何与 Selenium 集成，以对 Web 项目进行自动化测试。

8.1 Cucumber 简介

一个项目团队往往是由若干个成员构成的，他们分别隶属于不同的角色，比如，项目进度管理人员、业务需求分析人员（产品经理）、开发人员、软件测试人员、运维支撑人员等，我们将这些不同的角色统称为"利益相关者"。在一个角色众多的团队中，彼此之间的高效沟通非常重要，各角色之间需要清楚地知道大家对同一件事情的认知和看法，以及最终达成的目标是否一致，这一点非常重要。为此，我们曾在传统的瀑布模型中花费大量的时间（可能会占用整个项目周期 30% 左右的时间）输出大量的文档和会议纪要（比如《软件体系设计文档》《软件详细设计文档》《软件需求文档》等），这么做的目的只有一个，那就是让所有的人都非常清楚地知道我们将要做什么？如何做？之后大家就朝着同样的目标推进。可是就算是投入如此巨大的时间和人力成本，也无法百分之百地确保软件的最终输出能够满足客户的真实要求，因此在瀑布模型下开展的项目，若要中途返工，则团队将承担极高的成本。

基于上述原因，在近十几年时间里，软件团队更加倾向于采用敏捷开发模式，该模式会基于快速迭代，增量实现软件的各项功能，软件功能的增量迭代周期一般是 2 周时间，最多不会超过一个月。业务需求分析人员、产品经理等角色会参与每一个迭代周期的开始阶段，进行纠偏以保证项目的进展方向正确，在当前小周期中，进一步明确团队应当输出的成果和达到的目标。不仅如此，他们还会参与每一个迭代周期的末尾阶段，验收团队在当前小周期中的输出是否匹配业务的需求，即使出现偏差，返工的成本最多也只是一个小周期的时间成本，相比传统的瀑布模型，敏捷开发模式的代价明显要低得多。

无论是传统的瀑布模型还是增量迭代的敏捷模型，沟通都是一件非常重要的事情，尤其是精准高效的沟通。在 Cucumber 的设计理念中，它希望用一种专门的语言"Gherkin"来描述软件的功能和需求，开发人员基于"Gherkin"语言表述构成的 Feature 文档进行开发。在软件增量交付时，基于 Feature 文档最初的功能描述进行功能验收测试，如果通过测试，则表明验证通过，是具备发布能力的待交付成果，反之则表明不具备发布能力，还需要进一步改进和修正。

综上所述，Cucumber 是一个支持 BDD（行为驱动开发）的软件功能测试工具，其提供了专门的语法"Gherkin"用于 Feature 文档的编写，Gherkin 的语言规范更易懂，更接近于对软件功能输入与期望的表达。大多数时候，开发人员可以根据 Feature 文档与业务分析人员或产品经理探讨业务的实现细节；有时，Feature 文档甚至是由业务分析人员或产品经理直接编辑的。最终完成软件的增量功能开发之后，Cucumber 将依据最初确认的 Feature 文档，对软件进行功能测试和验收等。

起初，Cucumber 是由 Ruby 语言开发的，随着其功能越来越完善，应用越来越普及，目前已经被翻译成多种语言（如图 8-1 所示），可以毫不夸张地说，Cucumber 是目前世界上支持开发语言种类最多的软件工具之一。本章将基于 Java 语言讲解 Cucumber 的用法。

　　Cucumber 的官方网址为 https://cucumber.io/。

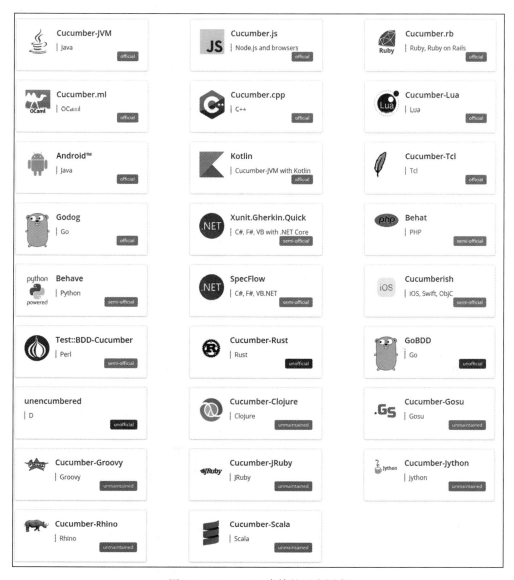

图 8-1　Cucumber 支持的开发语言

8.1.1　快速上手 Cucumber

　　了解了 Cucumber 的概念之后，本节就来讲解 Cucumber 的使用方法。为了更清晰地

讲解 Cucumber 的开发流程和运行原理，本节将不借助于任何集成开发工具，开发一个
Cucumber 程序，并在命令行运行功能测试代码。

这里需要特别说明的一点是，下文在不借助于任何工具运行第一个 Cucumber 程序
时，使用的 Cucumber 版本是 info.cukes 社区的 1.2.5 版本，原因是该版本未被整合至
io.cucumber 版本之前，其环境搭建比较容易，也更容易理解。随着 2019 年 info.cukes 社区
维护的 Cucumber 与 io.cucumber 社区的 Cucumber 的整合，Cucumber Java 版本的结构进
行了模块化的重构，之后依赖了越来越多的第三方类库。除了本节之外，后文中的内容都
将基于最新的 io.cucumber 社区提供的 Cucumber 6.7.0 版本（从变更记录来看，io.cucumber
社区几乎每个月都会发布三个以上的 Cucumber Java 版本迭代，从这一点足可见 Cucumber
的火热程度）。

第一步：下载 Cucumber 执行所需要的依赖包，将其放置在 lib 路径下，Cucumber 执行
所需的 jar 包有 cucumber-core、cucumber-java、Gherkin、cucumber-jvm-deps。然后执行下面
的命令，验证 Cucumber 的运行环境是否正确，如果与笔者的输出结果（如图 8-2 所示）一
致，则表明没有任何问题。

```
java -cp .;lib/cucumber-core-1.2.5.jar;lib/cucumber-java-1.2.5.jar;lib/cucumber-
jvm -deps-1.0.5.jar;lib/gherkin-2.12.2.jar cucumber.api.cli.Main -p pretty
```

图 8-2　Cucumber 手动运行环境验证

根据图 8-2 所示的命令运行输出结果我们可以发现，当前有 0 个 Scenario 和 0 个 Step，
这一点很容易理解，因为此刻我们并未提供任何 Feature 文档和 Step 的定义。

第二步：创建 features 目录。再次运行 Cucumber 时指定 features 目录（如图 8-3 所示），
该目录主要用于存储 Feature 文档，不过目前该目录依然保持为空。

```
java -cp .;lib/cucumber-core-1.2.5.jar;lib/cucumber-java-1.2.5.jar;lib/cucumber-jvm
-deps-1.0.5.jar;lib/gherkin-2.12.2.jar cucumber.api.cli.Main -p pretty features
```

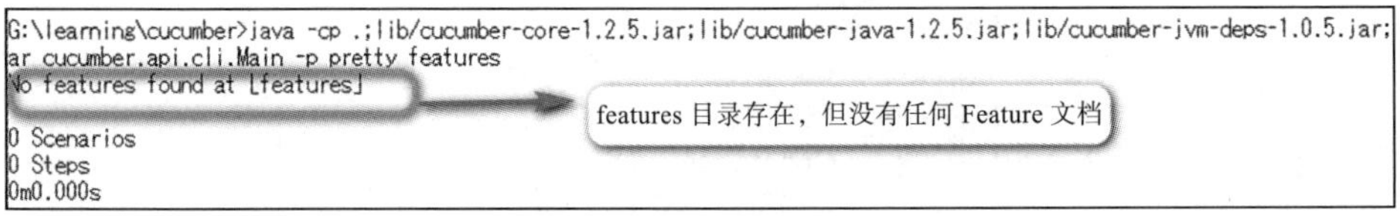

图 8-3　执行 Cucumber 时指定 features 目录

第三步：在 features 目录下创建一个 Feature 文档，该文档用于描述软件的功能特性

（Feature）和执行场景（Scenario），比如，从该文档中可以得知数据的输入，执行的操作，以及最后对软件功能输出的期待。请看如下所示的 Feature 文档示例代码。

```
Feature: Simple integer operation
    Scenario: two integer data add operation
        Given the a is 10 b is 10
        When execute the add method
        Then the result is 20
```

这里简单解释一下该 Feature 文档所表述的含义，该文档是由 Cucumber 的 Gherkin 语法进行描述的。第一行中的关键字"Feature"，用于简要说明该文档的基本信息，通常是与软件功能相关的文字信息；第二行中的关键字"Scenario"，用于描述软件功能的不同场景，我们可以将其理解为具体的测试用例；第三行中的关键字"Given"，用于指定软件功能的输入；第四行中的关键字"When"，通常表示软件功能的执行；第五行中的关键字"Then"，表示对软件功能执行结果的期望。再次执行 Cucumber 的执行命令，我们将会看到如图 8-4 所示的输出信息。

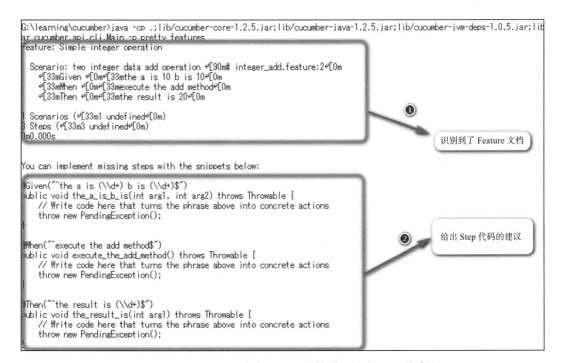

图 8-4　Cucumber 识别到 Feature 文档并且给出 Step 的建议

第四步：根据第三步的提示，开发人员开发与 Feature 文档对应的 Steps Java 代码，具体实现如程序代码 8-1 所示。

程序代码8-1　IntegerOperationSteps.java

```java
package steps;
import cucumber.api.java.en.*;
import cucumber.api.PendingException;
public class IntegerOperationSteps
{
    @Given("^the a is (\\d+) b is (\\d+)$")
    public void the_a_is_b_is(int arg1, int arg2)
        throws Throwable {
        // Write code here that turns the phrase above into concrete actions
            （在此处编写代码，将上述语句转化为具体操作。）
        throw new PendingException();
    }

    @When("^execute the add method$")
    public void execute_the_add_method()
        throws Throwable {
        // Write code here that turns the phrase above into concrete actions
            （在此处编写代码，将上述语句转化为具体操作。）
        throw new PendingException();
    }

    @Then("^the result is (\\d+)$")
    public void the_result_is(int arg1)
        throws Throwable {
        // Write code here that turns the phrase above into concrete actions
            （在此处编写代码，将上述语句转化为具体操作。）
        throw new PendingException();
    }
}
```

运行下面的命令编译 IntegerOperation.java 文件，生成 class 文件。

```
javac -cp .;lib/cucumber-core-1.2.5.jar;lib/cucumber-java-1.2.5.jar;lib/cucumber-
jvm-deps-1.0.5.jar;lib/gherkin-2.12.2.jar -d classes IntegerOperationSteps.java
```

正确编译 IntegerOperationSteps.java 文件之后，再次运行 Cucumber 命令。注意，此时需要指定 Step 所在的 class 包名，参数为：-g steps。

```
java -cp .;lib/cucumber-core-1.2.5.jar;lib/cucumber-java-1.2.5.jar;lib/cucumber -jvm-
deps-1.0.5.jar;lib/gherkin-2.12.2.jar;classes cucumber.api.cli.Main -p pretty -g steps
features
```

此时的 Cucumber 不仅能够识别到 Feature 文档，还能正确执行与之对应的 Step Java 程序。不过，由于此时的 Step 方法中并未提供任何实现，而是直接抛出了 PendingException 异常，因此执行时肯定会出现错误。

第五步：在修复错误之前，请大家思考一个问题，为了保证 Cucumber 功能测试能够成功运行，是否需要在 Step 中开发软件的逻辑代码？答案是不需要。Cucumber 是从软件功能的角度出发，帮助开发者对软件功能进行验证和测试，因此我们需要在软件项目的源工程中开发软件的业务逻辑代码。Cucumber 中的主要层级及关系示意图如图 8-5 所示。关于测试代码与源代码的集成，请参考 7.1 节中关于 Concordion 的开发流程的讲解。

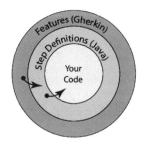

图 8-5　Cucumber 中主要的层级

由于 IntegerOperation 的实现代码非常简单，因此为了节约篇幅，这里就不做展示了，只展示 Cucumber Step 代码与软件源代码的对应关系即可，如图 8-6 所示。

```
package com.wangwenjun.business;                package steps;
                                                import cucumber.api.java.en.*;
public class IntegerOperation                   import cucumber.api.PendingException;
{                                               import com.wangwenjun.business.IntegerOperation;
    private int a;                              public class IntegerOperationSteps
    private int b;                              {

    public IntegerOperation(int a,int b)            private IntegerOperation integerOperation;
    {                                               private int result;
        this.a = a;
        this.b = b;                                 @Given("^the a is (\\d+) b is (\\d+)$")
    }                                               public void the_a_is_b_is(int arg1, int arg2)
                                                        throws Throwable {
    public int add()                                    this.integerOperation = new IntegerOperation(arg1,arg2);
    {                                               }
        return a+b;
    }                                               @When("^execute the add method$")
}                                                   public void execute_the_add_method()
                                                        throws Throwable {
                                                        this.result=this.integerOperation.add();
                                                    }

                                                    @Then("^the result is (\\d+)$")
                                                    public void the_result_is(int expected)
                                                        throws Throwable {
                                                        assert expected==result;
                                                    }
                                                }
```

图 8-6　Cucumber Step 代码调用软件源代码

第六步：一切准备就绪，运行下面的命令（注意，不要忘记激活 JVM 的 assert 功能，以便对实际结果与期望结果进行断言）。

```
java -ea -cp .;lib/cucumber-core-1.2.5.jar;lib/cucumber-java-1.2.5.jar;lib/cucumber
-jvm-deps-1.0.5.jar;lib/gherkin-2.12.2.jar;classes cucumber.api.cli.Main -p pretty
-g steps features
```

结果如图 8-7 所示，输出信息表示 Cucumber 功能测试能够正确运行，其中包含了 1 个 Scenario 和 3 个 Step。

不借助于任何工具运行第一个 Cucumber 程序时，其目录结构如图 8-8 所示。

```
G:\learning\cucumber>java -ea -cp .;lib/cucumber-core-1.2.5.jar;lib/cucumber-java-1.2.5.jar;lib/cucumber-jvm-deps-1.0.5.jar;lib/gherkin-2.12
.2.jar;classes cucumber.api.cli.Main -p pretty -g steps features
Feature: Simple integer operation

  Scenario: two integer data add operation  [90m# integer_add.feature:2[0m
    [32mGiven [0m[32mthe a is [0m[32m[1m10[0m[32m b is [0m[32m[1m10[0m            [90m# IntegerOperationSteps.the_a_is_b_is(i
nt,int)[0m
    [32mThen [0m[32mexecute the add method[0m          [90m# IntegerOperationSteps.execute_the_add_method()[0m
    [32mThen [0m[32mthe result is [0m[32m[1m20[0m           [90m# IntegerOperationSteps.the_result_is(int)[0m

1 Scenarios ([32m1 passed[0m)
3 Steps ([32m3 passed[0m)
0m0.326s
```

图 8-7   Cucumber 功能测试能够正确运行

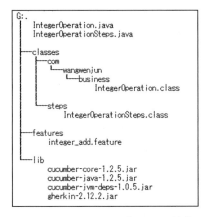

图 8-8   Cucumber 程序的目录结构

8.1.2   Cucumber 与 IntelliJ IDEA 集成

　　虽然我们在不借助于任何集成工具的情况下，完成了第一个 Cucumber 功能测试程序的运行，但是这种方法的运行效率是非常低下的，笔者也不建议大家在实际工作中这样做，本节将介绍如何使用集成开发环境 Intellij IDEA 和 Maven 进行高效的 Cucumber 程序开发。

　　首先，我们需要在当前项目的 pom.xml 文件中引入 Cucumber 的依赖包，另外，还需要在 maven-surefire-plugin 插件中配置包含 Cucumber 的 Runner 类，否则 Cucumber 功能测试代码将不会执行，具体配置代码如下所示。

```
//这里省略部分代码。
//可以不使用该依赖，除非使用的是Java 8 Lambda。
        <dependency>
            <groupId>io.cucumber</groupId>
            <artifactId>cucumber-java8</artifactId>
            <version>6.7.0</version>
            <scope>test</scope>
        </dependency>

        <dependency>
            <groupId>io.cucumber</groupId>
            <artifactId>cucumber-java</artifactId>
```

```
            <version>6.7.0</version>
            <scope>test</scope>
        </dependency>

        <dependency>
            <groupId>io.cucumber</groupId>
            <artifactId>cucumber-junit</artifactId>
            <version>6.7.0</version>
            <scope>test</scope>
        </dependency>
        //这里省略部分代码。
            <plugin>
                <groupId>org.apache.maven.plugins</groupId>
                <artifactId>maven-surefire-plugin</artifactId>
                <version>2.19.1</version>
                <configuration>
                    <includes>
                        <include>**/*Fixture.java</include>
                        <include>**/*Test.java</include>
                          //包含Cucumber的Runner。
                        <include>**/*Runner.java</include>
                    </includes>
                    <systemPropertyVariables>
                        <concordion.output.dir>
target/concordion
</concordion.output.dir>
                    </systemPropertyVariables>
                </configuration>
            </plugin>
        //这里省略部分代码。
```

引入了 Cucumber 的依赖包之后，接下来需要在 src/test/java 中编写 CucumberRunner
程序，具体实现如程序代码 8-2 所示。

程序代码8-2　CucumberRunner.java

```java
package com.wangwenjun.cicd.chapter08;

import io.cucumber.junit.Cucumber;
import io.cucumber.junit.CucumberOptions;
import org.junit.runner.RunWith;
@RunWith(Cucumber.class)
@CucumberOptions(plugin = {"pretty",
 "json:target/cucumber-report/cucumber-report.json",
        "junit:target/cucumber-junit.xml",
        "html:target/site/cucumber-pretty.html"},
        features = {
                "classpath:com/wangwenjun/cicd/chapter08"
        },
        glue = {
                "com.wangwenjun.cicd.chapter08"
        })
public class CucumberRunner
{
}
```

程序代码 8-2 中有关 @CumberOptions 的配置，将会在后文中详细讲解。接下来，我们需要将 8.1.1 节中定义的 Java 源程序、Cucumber Steps 代码，以及 Feature 文档放置在不同的目录中，具体组织结构如图 8-9 所示。

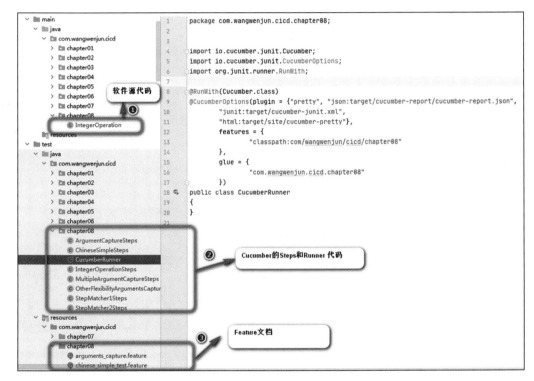

图 8-9　Cucumber 与 IDEA 集成

至此，Cucumber 与 IDEA 和 Maven 的集成工作就完成了，现在无论是直接运行 CucumberRunner（如图 8-10 所示），还是通过 "mvn test" 命令运行 Cucumber 功能测试代码（如图 8-11 所示），都不会再出什么问题了。

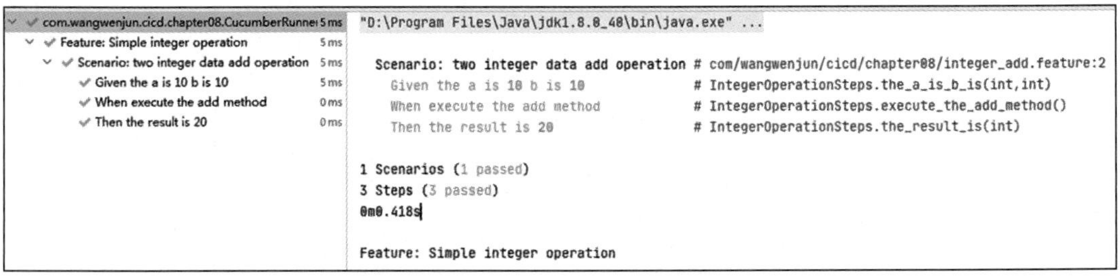

图 8-10　在 IDEA 中直接运行 CucumberRunner

```
------------------------------------------------
T E S T S
------------------------------------------------
Running com.wangwenjun.cicd.chapter08.CucumberRunner
Feature: Simple integer operation

  Scenario: two integer data add operation # com/wangwenjun/cicd/chapter08/integer_add.feature:2
    Given the a is 10 b is 10               # IntegerOperationSteps.the_a_is_b_is(int,int)
    When execute the add method             # IntegerOperationSteps.execute_the_add_method()
    Then the result is 20                   # IntegerOperationSteps.the_result_is(int)

1 Scenarios (1 passed)
3 Steps (3 passed)
0m0.346s
```

图 8-11　基于 Maven 命令运行 CucumberRunner

此外，IntelliJ IDEA 还提供了可用于编辑 Feature 文件的插件（如图 8-12 所示），在该插件中，Gherkin 语法的关键字会高亮显示，Feature 文件的图标则是一个绿色的类似于黄瓜切面的图形，（Gherkin 意为"黄瓜籽"，而 Cucumber 则是"黄瓜"的意思）。

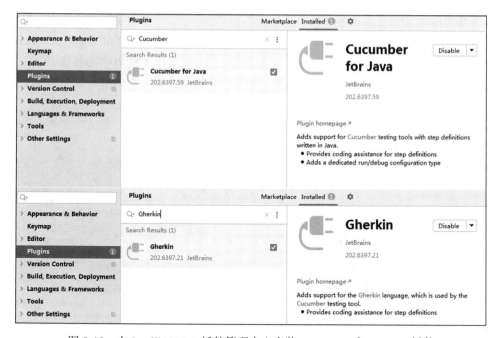

图 8-12　在 IntelliJ IDEA 插件管理中心安装 Cucumber 和 Gherkin 插件

8.1.3　Cucumber 的执行流程

通过前面两节的学习，我们会发现将 Cucumber 应用到实际工作中是一件非常容易的事，尤其是在掌握了 Concordion 的相关知识之后，因为大多数 BDD 框架都有很多相似之处。两者相较，Concordion 更小众一些，Cucumber 的使用范围更广，所支持的开发语言种类也远胜于 Concordion，两者都是行为驱动开发工具细分领域比较出色的工具，都能很好地实现软件功能测试，进而为我们交付高质量的软件把关护航。

Cucumber 在执行时，会读取基于纯文本编写的 Feature 文档，该文档中包含了很多功能测试用例，对此 Cucumber 中有专门的术语，称为 Scenario（场景），一个 Feature 文档可以包含一个或多个的 Scenario。Scenario 中包含了一系列的 Step（步骤），主要用于进行测试条件指定、结果期望、软件接口交互等。Feature 文档由"Gherkin"语法进行描述，在 Feature 文档中，我们不会看到与开发语言有关的任何信息，这一点与 Concordion 的 Specification 文档有所不同，Concordion 的 Specification 文档必须通过指令显式地调用 Fixture 的方法。这也是几乎所有的开发语言都支持 Cucumber 的最大原因之一（在本章中，所有的 Feature 文档都可以直接应用于其他开发语言，而不需要做出任何修改，Feature 文档真正做到了与开发语言无关。这一点非常类似于当下主流的一些序列化工具，比如，Avro、Thrift、Proto Buffers 等）。

除了要编辑 Feature 文档之外，我们还要开发与之对应的 Step Definitions（胶水代码），当然，这里必须需涉及具体的开发语言了，它的主要作用是与 Feature 文档中定义的 Step 进行映射。在 Java 开发语言中，Step Definitions 代码通过注解的方式（Annotation：@When、@Then、@Gavin 等）将 Feature 文档中的 Step 与 Java 代码中的步骤和方法一一进行映射。图 8-13 所示的是 Cucumber 的执行流程示意图。

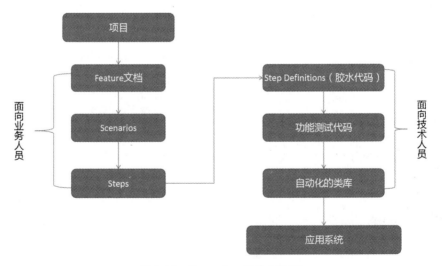

图 8-13 Cucumber 的执行流程

8.2 Feature 文档的语法基础：Gherkin

在前文中，我们了解到 Feature 文档是由 Cucumber 特有的语法"Gherkin"编写的，本节就来系统地学习 Gherkin 的语法规则及其包含的重要的关键字。通过本节内容的学习，我们将能编写出内容丰富且结构清晰的 Feature 文档。

8.2.1　什么是 Gherkin

"在软件的构建过程中，最复杂的事情莫过于精确地知道要构建什么"，这句话出自一篇非常著名的论文《No Silver Bullet》（《没有银弹》）。在软件开发的整个生命周期中，造成成本（时间成本、人力成本、资金成本、机会成本等）浪费的最大原因，莫过于由于对目标的误解而花费了较长的时间开发了无用的软件功能，开发人员与其他利益相关者之间如何进行更高效的沟通，对于避免这种原因造成的浪费至关重要。为此，在软件产品开发的初期，软件团队会使用一些原型设计工具（比如，Axure），开发出软件的界面原型和交互流程，与业务需求人员进行交流，以此来保证交流是基于一个非常具象的"实物"在进行，而不是各自脑海中的"想法"。

Gherkin 的出发点与其他原型设计工具非常类似，主要是将一些"模糊的""模棱两可的"需求转变成"具体的"规范表达，进而形成未来软件进行交付时的验收依据。

8.2.2　Gherkin 语法基础

Gherkin 提供了一组特殊的关键字，用于组织结构和表达不同的含义，这一系列的 Gherkin 关键字构成了 Feature 文档。在英语语系中，Gherkin 常用的关键字有 Feature、Background、Scenario、Given、When、Then、And、But、Scenario Outline、Examples 和星号（*）等，在其他语系中（比如，德语、中文、日语等），这些关键字会有所不同，稍后的章节会有详细介绍，本书将主要基于英语语系介绍 Gherkin 中的关键字。

1. Feature

任何一个合法的 Feature 文档都是以 Feature 关键字开头的，并且 Feature 文档均以纯文本格式存储，其扩展名为".feature"。Feature 关键字对功能测试的行为并不会起到任何实际的作用，它的目的只是为了摘要总结当下 Feature 文档的一些关键信息。Feature 文档示例代码如下。

```
Feature: This is Future document title
    you can add the description
    of course, multiple lines are allowed at here.
```

Feature 关键字的摘要描述支持多行文本信息，需要注意的是，其中尽可能不要出现 Gherkin 的其他关键字（比如 Scenario、Scenario Outline 等），否则会导致 Cucumber 在进行语法检查时由于歧义而出现错误。

2. Scenario

Scenario 意为场景，可以简单地将其理解为测试用例。一个 Feature 文档通常情况下会包含一个及以上的 Scenario，比如，我们想要对一个数据表服务接口进行 CRUD 的测试，

那么该 Feature 文档将至少包含四个 Scenario，它们分别用于测试不同的服务接口。Feature
文档示例代码如下。

```
Feature: This is Future document title
    you can add the description at here
    of course, multiple lines are allowed at here.

    Scenario: create the user product order
    #...
    Scenario: update the user product order
    #...
    Scenario: query the user product order
    #...
    Scenario: delete the user product order
    #...
```

Scenario 关键字后的文字与 Feature 关键字后的文字作用类似，主要用于概述当前测
试用例的目的，且允许多行编辑，每个 Scenario 对应于一个具体的测试场景，比如，创建
用户商品订单、更新商品订单等。虽然每个场景都会包含非常多的步骤，但是我们通常会
遵循如下的三段式模式来进行：设置软件系统的参数输入（数据输入）、改变软件系统的状
态（调用软件系统的服务）、判断软件系统新状态的期望值（获取数据输出进行断言）。而这
三段式中的所有步骤都隶属于同一个 Scenario，在 Gherkin 中会有其他的关键字对其进行
声明。

3. Given、When、Then 关键字

Given 关键字用于设置软件系统的参数，即数据输入；When 关键字用于与软件系统
进行交互，通常是直接或间接地调用软件系统的某些行为方法；Then 关键字则用于对软件
系统的交互结果进行断言，以验证软件的功能是否满足我们的预期。Feature 文档示例代码
如下。

```
Feature: This is Future document title
    you can add the description
    of course, multiple lines are allowed at here.

    Scenario: create the user product order
        Given user order the product and product id is 123456
        When user click submit
        Then user will buy the product 123456 successfully
```

4. And 和 But

Scenario 中的每一行都是业务运行所需要的步骤，比如，Given、When、Then 这样
的关键字。有时，在对软件系统进行参数设置，或者对输出结果进行断言时，仅仅只有一
个步骤可能会不够精准，因此希望对类似的步骤进行多次声明。比如，当用户对编号为
123456 的商品下单时，还想为其提供对购买数量的设置，以及断言在商品购买成功之后，
用户积分随之增加等步骤，我们可以将该 Scenario 的步骤定义成如下这样（在 Gherkin 中这

样定义是完全合法的）。

```
#...这里省略部分代码。...
Scenario: create the user product order with multiple step
    #设置将要下单的商品编号。
    Given user order the product and product id is 123456
    #设置购买同一件商品的数量。
    Given the product quantity is 5
    #点击下单提交。
    When user click submit
    #购买成功，且购买数量为5。
    Then user will buy the product 123456 successfully and quantity is 5
    #同时，用户的个人积分增加了200个。
    Then user points increment 200
```

　　虽然上述 Feature 文档的写法完全合法，但是其在可读性上比较差，因此 Gherkin 提供了另外两个关键字 And 和 But，And 关键字通常用于表述执行与上一个步骤类似的动作，比如，设置软件系统的参数、软件系统的交互访问、返回结果的期望断言等。But 关键字则用于描述期望结果的断言部分，表达与之相反的结果。下面使用 And 和 But 关键字重构上述 Feature 文档，代码如下。

```
#...这里省略部分代码。...
Scenario: create the user product order with multiple step
    #设置将要下单的商品编号。
    Given user order the product and product id is 123456
    #设置购买同一件商品的数量。
    And the product quantity is 5
    #点击下单提交。
    When user click submit
    #购买成功，且购买数量为5。
    Then user will buy the product 123456 successfully and quantity is 5
    #同时用户的个人积分增加了200个。
    And user points increment 200
    #假设用户在下订单之前的积分为1000，由于积分增加了200个，因此下订单后的积分将不再等于1000。
    But user points will not equal 1000
```

5. *（星号）

　　虽然 Given、When、Then、But、And 这样的关键字增强了 Feature 文档的可读性，但实际上，Cucumber 在加载和运行 Feature 文档时并不会在意这些关键字。在 Feature 文档中，每个步骤与 Step 方法的映射实际上是根据步骤的文字描述而来的，比如"And user points increment 200"，Cucumber 会根据 Step 中方法的注解描述文本来匹配执行哪个 Java 方法，关于这一点，8.3 节中会有详细讲解。

　　因此，Gherkin 提供了关键字"*"（星号），用于替代步骤中的其他关键字（Given、When、Then、But、And），示例代码如下。

```
#...这里省略部分代码。...
Scenario: create the user product order with multiple step(use star)
    #设置将要下单的商品编号。
    * user order the product and product id is 123456
```

```
#设置购买同一件商品的数量。
* the product quantity is 5
#点击下单提交。
* user click submit
#购买成功，且购买数量为5。
* user will buy the product 123456 successfully and quantity is 5
#同时，用户的个人积分增加了200个。
* user points increment 200
#假设用户在下订单之前的积分为1000,由于积分增加了200个，因此积分将不再等于1000。
* user points will not equal 1000
```

这里需要特别说明的是，虽然我们在步骤的定义中使用"*"（星号）关键字也可以实现与其他关键字（Given、When、Then、But、And）一样的效果，但是为了使 Feature 文档更具可读性，强烈建议大家不要用"*"代替其他关键字，因为 Gherkin 的目的是消除沟通障碍，使不同的利益相关方能够精准地达成共识，所以请务必保证 Feature 文档清晰简洁。

如同 JUnit 所倡导的哲学一样，单元测试之间应该互相孤立，彼此之间不应该有任何依赖，在 Cucumber 中，Scenario 也提倡同样的理念，不同的 Scenario 之间应该是无状态并且彼此孤立的。

8.2.3　Gherkin 中的注释

在诸如 Java、C、C++ 等编程语言中，程序员除了编写程序代码之外，还会编写注释内容。注释的主要作用是对代码片段增加文字描述，无论是其他人阅读代码，还是开发者自己对代码进行后续维护，都能非常清晰地了解代码所要表达的意图。

Gherkin 也提供了对注释的支持，与 Python 和 Shell 等开发语言类似，在 Gherkin 中，注释也是以"#"开头的，比如下面的 Gherkin 代码片段。

```
#...这里是注释。...
Scenario: create the user product order with multiple step(use star)
#设置将要下单的商品编号（注释）。
* user order the product and product id is 123456
#同时设置购买同一件商品的数量（注释）。
* the product quantity is 5
#点击下单提交（注释）。
#多行注释。
* user click submit
```

关于注释，最近几年业内对其争议颇多，有人提出代码中不应该存在注释，好的代码本身就是好的注释，如代码应该简洁、阅读流畅、通俗易懂。注释有些时候的确会误导阅读者对源代码的理解，比如，某开发人员编写了一段代码 A，并且编写了注释 A'，随后有人对代码 A 进行了修改，但重构后并没有更新注释 A'，这就会导致修改后的代码与注释不一致的问题，进而造成对代码理解的误导。因此，在 Feature 文档中，如果对步骤的定义发生了更改，请务必同步更新与之对应的注释。

8.2.4　Gherkin 对其他语系的支持

8.2.2 节曾提到过，在不同的语系中，Gherkin 的关键字会有所不同，比如，在中文语系中，可以使用"当"来代替"When"关键字，也就是说，Gherkin 还支持除了英语之外的其他语言编辑 Feature 文档。本节将介绍如何通过中文进行 Feature 文档的编写，以及 Step Java 程序的定义。

```
#language不能省略，zh-CN是为了告诉Cucumber我们将采用中文简体。
#language: zh-CN
#Feature关键字用"功能"表示。
功能：中文测试
    #Scenario关键字用"场景"表示。
    场景：中文场景测试
    #Given关键字用"假如"表示。
    假如给定一个2和3
    #When关键字用"当"表示。
    当执行加法运算。
    #Then关键字用"那么"表示。
    那么结果肯定等于5
```

既可以使用中文语系编辑 Feature 文档，也可以使用中文语系定义 Step Java 程序，其中，对于场景中的步骤，也有一些中文的注解（Annotation）与之对应。请看如程序代码 8-3 所示的示例。

程序代码8-3　ChineseSimpleSteps.java

```java
package com.wangwenjun.cicd.chapter08;

import io.cucumber.java.zh_cn.假如;
import io.cucumber.java.zh_cn.当;
import io.cucumber.java.zh_cn.那么;
import static org.hamcrest.CoreMatchers.equalTo;
import static org.hamcrest.MatcherAssert.assertThat;

public class ChineseSimpleSteps
{
    private int x;
    private int y;
    private int result;

    @假如("^给定一个(\\d+)和(\\d+)$")
    public void 给定一个x和y(int x, int y)
    {
        this.x = x;
        this.y = y;
    }

    @当("^执行加法运算$")
    public void 执行加法运算()
    {
        this.result = x + y;
    }
```

```
@那么("^结果肯定等于(\\d+)$")
public void 结果肯定等于(int result)
{
    assertThat(this.result, equalTo(result));
}
}
```

如程序代码 8-3 所示，我们不仅使用了中文注解（Annotation），还在 Step Java 代码中用中文定义了方法名，在 IDEA 集成环境下执行该功能测试，结果如图 8-14 所示。

图 8-14　执行中文编辑的 Feature 文档

除了中文以外，Cucumber 还支持使用其他语系对 Feature 文档进行编辑，比如，德文、日语、法语、中文繁体等 56 余种语系。Cucumber 之所以要大力支持多种不同语系，最主要的原因是为了保证在软件开发过程中，不同的利益相关者能够在不同的场景下，对同一个软件功能的理解达到高度一致，进而减少因沟通不畅而导致的问题。

需要注意的是，虽然上文成功使用了中文语系完成 Feature 文档的编辑，以及 Step Java 程序的开发，并且通过了测试，但是笔者强烈建议大家尽量还是在英语环境中使用 Gherkin 编写 Feature 文档，因为全球普遍使用英文进行程序开发，所以用英文更便于交流和沟通；其次，Cucumber 编写的功能测试程序会在未来应用于验收测试中，甚至在软件系统部署至生产环境后进行冒烟测试等，每个阶段的环境对中文的支持程度很有可能不会完全一致，这就难免会出现 Cucumber 功能测试程序在某些环境下能够执行成功，而在另一些环境下却执行失败的问题。

8.3　Step Definitions 详解

8.2 节介绍了 Gherkin 的基本语法，至此，相信大家可以很轻松地编写一些基本的 Feature 文档了，本节将讲解如何开发与 Feature 文档中 Step 对应的程序代码，即 Step Definitions。Step Definitions 有些类似于 Concordion 中的 Fixture Java 程序，它是连接 Feature 文档和应用软件程序的桥梁（如图 8-15 所示），因此 Step Definitions 代码也称为"胶水代码"。本书会同时使用胶水代码和 Step Definitions 代码两种说法，两者所代表的意思是完全一样的。

由图 8-15 我们可以看出，使用 Gherkin 编辑的 Feature 文档精准地定义了软件需要具备的功能（目标软件系统需要做什么）；Step Definitions 将 Feature 中定义的 Step 步骤翻译成

可运行的 Java 程序；然后直接或间接地访问目标软件系统，最后断言验证软件系统的结果
输出是否满足在 Feature 文档中给定的期望值，并生成测试报告。

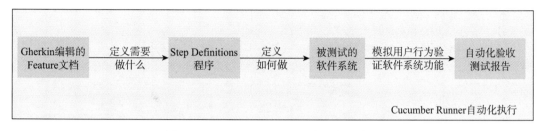

图 8-15　Step Definitions 程序的桥梁作用

8.3.1　步骤的匹配

在 Feature 文档中，每个 Scenario 都是由若干个步骤组成的，这些步骤基本上会遵循
软件系统数据设置（数据输入）、软件系统方法调用（交互）、获取软件系统调用的结果断
言（数据输出并断言）这样的三段式模式。而我们开发的 Step Definitions 程序代码则会将
Feature 文档中每个 Scenario 所包含的步骤，在翻译之后进行真正的软件系统调用。那么，
在 Cucumber 中，Feature 文档中的步骤与 Java 程序中的方法是如何进行映射和关联的呢？

Cucumber 在运行时，首先会扫描 Feature 文档中的步骤 Step，通过 Step 的文本信息来
匹配 Step Definitions 代码中的方法，与步骤相关的注解（Annotation）会对 Step Definitions
代码中的方法进行标注（比如，@Given、@When、@Then、@And、@But 等），Cucumber
会通过 Feature 文档中的步骤信息与注解中的文本信息进行正则匹配。下面我们编辑一个简
单的 Feature 文档进行说明，示例代码如下。

```
Feature: show how to match the step definitions Java Function
    Scenario: test Scenario,contains several steps
        Given setting the system arguments
        When invoke system functions
        Then use system return result assertion
```

上述 Feature 文档示例中仅包含一个 Scenario，该 Scenario 包含三个基本的组成步骤。
上文提到过，Cucumber 会使用步骤的文本信息与 Step Definitions 代码中的方法进行匹配
（比如，"setting the system arguments""invoke system functions""use system return result
assertion"），那么这是否意味着，我们在 Step Definitions 代码中定义方法时所使用的注解
（Annotation）可以是 @Given、@When、@Then、@But、@And 中的任意一个呢？另外，
与之对应的 Step 方法是否可以分布在不同的类中呢？答案是允许的，请看如图 8-16 所示的
示例。

在 Feature 文档中，使用 Given、When、Then 这样的关键字是为了最大化地提高规范
文档的可读性，同样，在 Step Definitions Java 程序中，@Given、@When、@Then 这样

的注解也是为了提高可读性，它们并不会对功能测试运行本身造成实质上的影响。正如图 8-16 所示，使用 @But 这样的注解标记 Step Definitions 方法，并不会影响 Cucumber 的步骤匹配；另外，还可以将步骤方法代码分散在不同的类中，以匹配同一个 Scenario 中的步骤声明，这也是 Cucumber 所允许的，如图 8-17 所示。

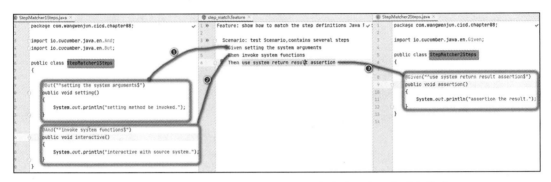

图 8-16　Feature 文档中的步骤与 Java 程序中步骤方法的对应关系

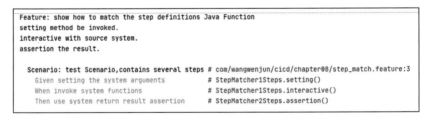

图 8-17　功能测试成功运行

需要注意的是，虽然可以将同一个 Scenario 中的步骤方法分散在不同的 Step Definitions 类中，但是这种方式是不可取的，会对后续的维护造成一定的困难。另外，笔者建议大家严格根据 Gherkin 语法中的步骤关键字（When、Then 等）和与之对应的注解（Annotation）对 Java 方法进行标注，尽量不要尝试标新立异，Gherkin 的出现就是为了打破沟通的障碍，试图创建一种更容易理解和接受的沟通方式，使得多方利益相关者对同一事物的认知达到高度一致，所以不要故意破坏这种规则，刻意增加理解难度。

综上所述，Cucumber 是通过 Feature 文档中步骤的文本信息与 Step Definitions 方法中注解的文本信息来进行步骤匹配的。那么，Cucumber 对 Step Definitions 方法是否有什么特别的规范和要求呢？答案是有的，只不过 Cucumber 对步骤方法的规范相对比较包容，具体要求请看图 8-18 所示的示例。

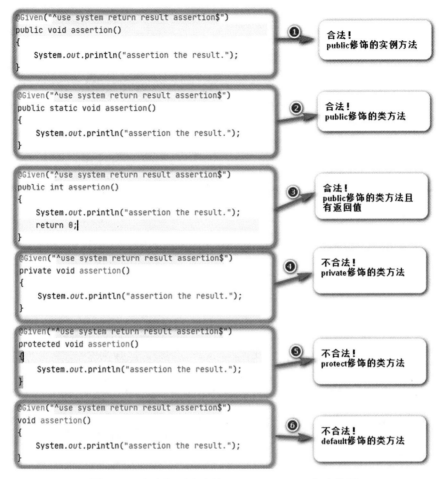

图 8-18　合法与不合法的 Step Definitions 方法举例

8.3.2　通过正则表达式捕获参数

在 Feature 文档的步骤描述文本中设置数据的输入，就是对应的 Java 代码中的步骤方法的入参，本节就来讲解 Cucumber 是如何从 Feature 文档步骤描述文本中捕获参数的。

1. 捕获一个参数

Cucumber 正则表达式中的分组（group）技术可用于参数捕获。下面通过一个具体的示例进行讲解，首先，编辑一个非常简单的 Feature 文档，如下所示。

```
Feature: capture the arguments
Scenario: capture arguments.
    #Alex是要传递给Java程序中的步骤方法的入参。
    Given my name is Alex
    #35是要传递给Java程序中的步骤方法的入参。
```

```
Given my age is 35
#71.5是要传递给Java程序中的步骤方法的入参。
Given my weight is 71.5 KG
```

接下来，我们需要在 Java 程序中的步骤方法中增加 @Given 注解，并且在注解的文本信息中提供一个能够匹配步骤描述文本信息的正则表达式，同时通过分组的方式（正则表达式使用小括号进行分组）来执行参数的捕获操作，代码如下。

```java
@Given("^my name is (\\w+)$")
public void giveName(String name)
{
    System.out.println(name);
}
@Given("^my age is (\\d+)$")
public void giveAge(int age)
{
    System.out.println(age);
}
@Given("^my weight is ([0-9]+\\.[0-9]+) KG$")
public void giveWeight(float weight)
{
    System.out.println(weight);
}
```

运行 Cucumber 可以发现，Feature 文档中 Scenario 所包含的步骤都能正确匹配到与之对应的 Java 步骤方法，而且我们根本不需要进行数据类型的转换操作，Cucumber 能够自动将 age 转换为 int 类型，将 weight 转换为 float 类型。

2. 捕获多个参数

与捕获一个参数的原理类似，我们还可以利用正则表达式的分组技术捕获多个参数，并传递至 Java 程序的步骤方法中，具体实现代码如下。

```
#捕获多个参数。
Feature:capture multiple arguments
#定义Scenario。
Scenario: the example capture multiple arguments
 #第一个步骤，其中Alex、35和71.5都是需要捕获并且传递给Java step方法的参数。
Given my name is Alex, age is 35 and weight is 71.5 KG.
#第二个步骤，其中Jack、35和80都是需要捕获并且传递给Java step方法的参数。
Given my friend name is Jack, age is 35 too and weight is 80 KG.
```

由于每个步骤都希望能为 Java 的步骤方法同时传递三个参数，因此正则表达式会比较复杂，具体实现如下面的 Java 代码所示。

```java
package com.wangwenjun.cicd.chapter08;

import io.cucumber.java.en.Given;

public class MultipleArgumentCaptureSteps
{
    private String name;
    private int age;
```

```
private float weight;

//该正则表达式能够匹配Feature文档中定义的两个步骤。
@Given("^my.*name is (\\w+), age.* is (\\d+).* and weight is (\\d+\\.*\\d*) KG\\.$")
public void env(String name, int age, float weight)
{
    this.name = name;
    this.age = age;
    this.weight = weight;
    System.out.printf("name:%s,age:%d,weight:%f\n", this.name, this.age, this.
        weight);
}
}
```

3. 其他的参数捕获方式

在了解了如何将 Feature 文档步骤中的数据传递至 Java 定义的步骤方法中之后，下面再来看几个特殊的参数捕获方式。

（1）"？"（问号）修饰符

在 Feature 文档步骤中有一段关于"钱包中有几枚硬币的描述"，当钱包中有一枚硬币时，coin 使用单数，而当钱包中的硬币数量超过 1 枚时，则使用复数 coins。Feature 文档代码如下。

```
#...这里省略部分代码。...
Scenario: use question mark modifier
#coin使用单数。
Given I have 1 coin in my wallet.
#使用复数形式coins。
Given I have 3 coins in my wallet.
```

如何在准确获取硬币数量参数的同时，又能在一个 Java 步骤方法中匹配到这两个步骤的定义呢？答案是可以使用正则表达式中的问号修饰符。示例代码如下。

```
//在正则表达式中使用问号修饰符。
@Given("^I have (\\d+) coins? in my wallet\\.$")
public void iHaveCoinInWallet(int coins)
{
    System.out.println(coins);
}
```

（2）非捕获组

上文在进行参数捕获时曾提到过，Feature 文档步骤中的数据想要传递至 Java 步骤方法，必须使用正则表达式中的分组表达式小括号"（）"。如果不想使得分组表达式小括号中的数据成为 Java 步骤方法的参数，又该如何操作呢？假设在步骤中有一段关于"去银行存钱还是取钱的描述"，存钱时使用关键字 deposit，取钱时使用关键字 withdraw，Feature 文档代码如下所示。

```
#这里省略部分代码。
Scenario: the ignore group example
    #存钱。
```

```
Given I have a deposit of 100 yuan in the bank.
#取钱。
Given I have a withdraw of 100 yuan in the bank
```

如何在准确获取金钱数字参数的同时，又能在仅有一个参数的 Java 方法中精准匹配到存钱和取钱这两个步骤呢，请看下面这段方法的代码定义。在 @Given 中使用 (?:deposit|withdraw) 这样的写法显式声明非分组，就可以避免与正则分组表达式的冲突。示例代码如下。

```
//第一个"()"将不会被捕获，成为参数传递，但它能够匹配deposit或withdraw行为。
@Given("^I have a (?:deposit|withdraw) of (\\d+) yuan in the bank\\.$")
public void ignoreGroup(int money)
{
    System.out.println(money);
}
```

Cucumber 参数捕获还支持其他类型，比如，DataTable、Doc Strings 等，关于这一点，8.4 节在讲解 Cucumber 的高级用法时还会有所介绍。

8.3.3　通过 Cucumber 表达式捕获参数

自 io.cucumber 4.x 版本之后，Cucumber 中加入了 Cucumber 表达式的支持，其可以与正则表达式一样进行参数捕获，本节将使用 Cucumber 表达式重写 8.3.2 节中的示例代码，具体如下。

```
Feature:capture multiple arguments by cucumber expression
Scenario: the example capture multiple arguments by cucumber expression
    #捕获多个参数。
    Given name is Alex, age is 35 and weight is 71.5 KG
    #实现与"?"修饰符一样的效果。
    Given In my wallet have 1 coin
    Given In my wallet have 3 coins
    #不分组匹配deposit和withdraw。
    Given deposit of 100 yuan in the bank
    Given withdraw of 100 yuan in the bank
```

Feature 文档并没有任何不同，最大的区别在于，Java 步骤方法中将使用 Cucumber 表达式而不是正则表达式，下面的代码是使用了 Cucumber 表达式重写后的步骤方法。

```
package com.wangwenjun.cicd.chapter08;

import io.cucumber.java.en.Given;

public class ArgumentsCaptureByCucumberExpressionStep
{

    /**
     * 字符串使用{word}表达式。
     * int类型的数字使用{int}表达式。
     * float类型的数字使用{float}表达式。
     */
    @Given("name is {word}, age is {int} and weight is {float} KG")
```

```
public void captureMultipleArguments(String name, int age, float weight)
{
    System.out.println(name + ";" + age + ";" + weight);
}

/**
*直接使用coin(s)就可以匹配coin|coins。
*/
@Given("In my wallet have {int} coin(s)")
public void iHaveCoins(int coins)
{
    System.out.println("coins:" + coins);
}

/**
* "/" 用于匹配是deposit还是withdraw，二选一。
*/
@Given("deposit/withdraw of {int} yuan in the bank")
public void bankBusiness(int money)
{
    System.out.println("money:" + money);
}
}
```

由上述示例代码可以看出，Cucumber 表达式比正则表达式简洁得多，实际上也是如此。
在同一个 Cucumber 功能测试项目中，可同时支持正则表达式和 Cucumber 表达式两种方
式，但是在某个 Scenario 的一个步骤中，如果同时使用这两种方式，则会让 Cucumber 摸不
着头脑，所以千万不要这样使用。

除了简洁之外，Cucumber 表达式还支持更多的数据类型，比如，BigInteger、
BigDecimal、Boolean（布尔类型需要额外定义参数类型方法，否则将会无法匹配）、Byte、
Short、Integer、Long、Float、Double 和 String。下面通过一个简单的示例进行讲解，示例
代码如下。

```
#这里省略部分代码。
  Scenario: more data type
    #该步骤为一整行，内容太多，所以会换行显示，请不要误解。
    Given BigInteger:123, BigDecimal:123.45,Boolean:false,Byte:12,Short:64,Inte
ger:100,Long:1000,Float:10.0,Double:100.0 and String: 'i like cucumber'.
```

在 Feature 文档的步骤定义中，几乎枚举了所有的数据类型，下面再来看看如何在 Java
步骤方法中精准捕获这些参数，实现代码具体如下。

```
//这里省略部分代码。
//在Java步骤方法中捕获参数。
@Given("BigInteger:{biginteger}, BigDecimal:{bigdecimal},Boolean:{bool},Byte:{b
yte},Short:{short},Integer:{int},Long:{long},Float:{float},Double:{double}  and
String: {string}.")
public void test(BigInteger bigInteger, BigDecimal bigDecimal, boolean bool,
byte b, short s, int i, long l, float f, double d, String string)
{
    //断言捕获的参数数值。
```

```java
    assertThat(bigInteger, is(equalTo(BigInteger.valueOf(123L))));
    assertThat(bigDecimal, is(closeTo(new BigDecimal("123"), new BigDecimal("0.5"))));
    assertThat(bool, not(true));
    assertThat(b, is(equalTo((byte)12)));
    assertThat(s, is(equalTo((short)64)));
    assertThat(i, is(equalTo(100)));
    assertThat(l, is(equalTo(1000L)));
    assertThat(f, is(equalTo(10.0F)));
    assertThat(d, is(equalTo(100.0D)));
    assertThat(string, is(equalTo("i like cucumber")));
}

//定义参数类型方法，用于匹配捕获Boolean类型的数值。
@ParameterType("true|false")
public Boolean bool(String type)
{
    return Boolean.valueOf(type);
}
```

在该实例中，我们使用自定义参数类型转换方法提供对 Boolean 类型数值的捕获，那么我们能否将步骤定义中的若干个参数捕获为一个自定义对象呢？答案是可以的，只不过具体实现会稍微复杂一些，请看下面的示例。

```
#这里省略部分代码。
    Scenario: example of capture multiple arguments into Java Object
        Given my name is Alex, age more than 30 and weight is 71.5KG
```

通过前面内容的学习可以得知，想要捕获到"Alex，30，71.5"这样的参数，无论是通过正则表达式的方式，还是 Cucumber 表达式的方式，都需要提供三个参数的分组，才能捕获到与参数对应的数值，再定义构造某个自定义对象，然后进行使用。借助于自定义参数类型的方法，我们只需要提供一个分组即可完成上述所有的动作，请看下面的示例代码。

```java
//这里省略部分代码。
//在步骤方法中使用自定义参数表达式{profile}。
@Given("my name is {profile}KG")
public void captureProfile(Profile profile)
{
    //断言语句。
    assertThat(profile, notNullValue());
    assertThat(profile.getName(), is(equalTo("Alex")));
    assertThat(profile.getAge(), is(equalTo(30)));
    assertThat(profile.weight, is(equalTo(71.5F)));
}

//自定义参数方法。
//注释1。
@ParameterType("(\\w+), age more than (\\d+) and weight is (\\d+\\.\\d+)")
public Profile profile(String name, String age, String weight)
{
    //构造并返回Profile对象。
    return new Profile(name, Integer.parseInt(age),Float.parseFloat(weight));
}
```

```
//Profile 类，包含三个属性，分别是姓名、年龄和体重。
static class Profile
{
    private final String name;
    private final int age;
    private final float weight;
    public Profile(String name, int age, float weight)
    {
        this.name = name;
        this.age = age;
        this.weight = weight;
    }
    //省略get方法。
}
```

这里需要说明的一点是，在注释 1 处，@ParameterType 注解中使用的是正则表达式，其中仍然存在三个分组操作，用于提取 Feature 文档步骤定义中的数据，另外，@ParameterType 所标识的方法入参必须是 String 类型的参数，其并不会自动进行类型转换，如果将自定义参数方法定义成其他类型，则会出现错误，比如下面的示例代码。

```
@ParameterType("(\\w+), age more than (\\d+) and weight is (\\d+\\.\\d+)")
public Profile profile(String name, int age, float weight)
{
    return new Profile(name, age, weight);
}
```

运行时出错，Cucumber 会弹出如下方法签名错误提示。

```
严重: Unable to start Cucumber
io.cucumber.java.InvalidMethodSignatureException: A @ParameterType annotated
    method must have one of these signatures:
 * public Author parameterName(String all)
 * public Author parameterName(String captureGroup1, String captureGroup2,
    ...ect )
 * public Author parameterName(String... captureGroups)
at com.wangwenjun.cicd.chapter08.ArgumentsCaptureByCucumberExpressionStep.
    profile(java.lang.String,int,float)
Note: Author is an example of the class you want to convert captureGroups to
```

8.3.4　使用 Java 8 Lambda 表达式定义步骤方法

Cucumber 社区非常活跃，JDK 8 引入了 Lambda 表达式之后，Cucumber 在第一时间就做出了积极的响应和支持，本节将介绍如何使用 Java 8 Lambda 表达式进行步骤方法的开发。要想在 Cucumber 的方法定义中使用 Lambda 表达式，必须引入 Java 8 的依赖包，引入代码如下。

```
<dependency>
    <groupId>io.cucumber</groupId>
    <artifactId>cucumber-java8</artifactId>
    <version>6.7.0</version>
    <scope>test</scope>
</dependency>
```

　　首先，定义一个简单的 Feature 文档，该文档仅包含一个 Scenario 和三个步骤，Feature 文档示例代码如下所示。

```
Feature: tutorial the Java 8 lambda support in Cucumber
Scenario: Track my budget
    #参数设置。
    Given I have 100 in my wallet
    #与软件系统进行交互。
    When I buy milk with 10
    #断言交互结果。
    Then I should have 90 in my wallet
```

　　上述 Feature 文档非常简单，这里就不再赘述了，下面重点讲解如何使用 Java 8 Lambda 表达式定义步骤方法。与其他 Step Definitions Java 类不同的是，使用 Java 8 Lambda 表达式定义步骤方法，需要实现代表某个语系的接口（比如，英语语系 En、法语语系 Fr 等），遗憾的是，在 Java 8 Lambda 表达式中并未提供对中文语系的支持。使用 Java 8 Lambda 表达式定义步骤方法的代码如下。

```java
package com.wangwenjun.cicd.chapter08;

import io.cucumber.java8.En;

import static org.hamcrest.CoreMatchers.equalTo;
import static org.hamcrest.CoreMatchers.is;
import static org.hamcrest.MatcherAssert.assertThat;

public class Java8LambdaSteps implements En
{
    private int money;

    public Java8LambdaSteps()
    {
        //步骤方法，直接使用Lambda表达式。
        Given("I have {int} in my wallet", (Integer budget) ->
        {
            money = budget;
        });

        When("I buy milk with {int}", (Integer price) ->
        {
            money -= price;
        });

        Then("I should have {int} in my wallet", (Integer currentBudget) ->
        {
            assertThat(money, is(equalTo(currentBudget)));
        });
    }
}
```

　　通过上面的代码我们不难发现，代码不再需要诸如 @Given、@When、@Then 这样的注解，而是可以直接使用 Given、When、Then 等方法，这些方法都有一个共同的特点，那就是第一个参数均用于匹配和捕获 Feature 文档中定义的步骤和参数数值，另外一个参数则是一个 Lambda 表达式，主要用于使用捕获的参数与软件系统进行交互和断言等操作。

8.3.5　Step Definitions 的常见问题

虽然 Cucumber 的使用比较容易，但是作为初学者难免还是会遇到各种问题，一般来说，常见的问题主要包括如下两个大类。

❑ Java 步骤方法签名与参数提取不一致。

❑ Java 步骤方法标记内容引起的二义性。

1. Java 步骤方法签名与参数提取不一致

假设在参数提取时使用了 3 个分组，而在步骤方法签名中却只提供了两个入参形式，这种情况下就会出现参数个数不匹配的错误，请看如下的示例代码。

```
Feature: this feature document is demo common exception
    Scenario: example of Arguments Not Matched Exception
        Given The x is 10, y is 20 and z is 30.
```

如果在 Step Definitions 代码中，步骤方法定义成下面列举的几种形式，则将出现 Java 步骤方法签名与参数提取不一致的错误（错误形式分别列举了正则表达式和 Cucumber 表达式两种情况，Cucumber 表达式要更严格一些）。

【错误形式一】

```
//正则表达式中使用了三个分组进行参数提取，在方法签名中却只定义了两个入参。
@Given("^The x is (\d+), y is (\d+) and z is (\d+)\.$")
public void showArgumentsNotMatchedException(int x, int y)
{
    //这里省略部分代码。
}
```

【错误形式二】

```
//正则表达式中使用了三个分组进行参数提取，在方法签名中却定义了四个入参。
@Given("^The x is (\d+), y is (\d+) and z is (\d+)\.$")
public void showArgumentsNotMatchedException(int x, int y, int z, int w)
{
    //这里省略部分代码。
}
```

【错误形式三】

```
/**该错误形式比较特殊，参数个数完全一致，但是正则表达式和Cucumber表达式对其的要求不一样，使用
正则表达式的方式提取参数没有问题，使用Cucumber表达式的方式提取参数则会出现错误（原因是参数类
型不匹配）。
*/
@Given("The x is {int}, y is {int} and z is {int}.")
public void showArgumentsNotMatchedException(int x, float y, String z)
{
}
```

【错误形式四】

```
//与【错误形式一】类似，只不过这里演示的是Cucumber表达式。
@Given("The x is {int}, y is {int} and z is {int}.")
public void showArgumentsNotMatchedException(int x, int y)
{
}
```

【错误形式五】

```
//与【错误形式二】类似，只不过这里演示的是Cucumber表达式。
@Given("The x is {int}, y is {int} and z is {int}.")
public void showArgumentsNotMatchedException(int x, int y,int z,int w)
{
}
```

需要特别说明的是，虽然在使用正则表达式提取参数时，在步骤方法参数个数与正则表达式分组数量一致的情况下，会忽略对步骤方法参数类型的验证，但是笔者仍然强烈推荐大家使用正确的方法类型参数定义，保持一个比较好的习惯非常重要。

2. Java 步骤方法标记内容引起的二义性

所谓"二义性"是指，我们在 Feature 文档步骤中定义的文本描述可以同时与多个 Java 步骤方法相匹配，如此一来，Cucumber 就不知道该执行哪个 Java 方法了。下面通过一个具体的示例进行讲解，示例代码如下。

```
Scenario: example of ambiguity exception
    Given The x is 10, y is 20, all of x and y is input data.
```

在 Java 步骤方法的定义中，如果有一个以上的方法标注的文本内容，能够与 Feature 文档中定义的文本相匹配，就会引起二义性的错误（这两个步骤方法的定义极有可能会分散在不同的 Java 类文件中，由不同的程序员开发，这也是出现二义性错误最多的场景，为了演示方便，下面的代码将这两个方法写在了同一个 Java 类文件中）。

```
@Given("^The x is (\\d+), y is (\\d+), all of x and y is input data\\.$")
public void showStepMatchAmbiguityException_1(int x,int y)
{
}
@Given("^The x is (\\d+), y is (\\d+), .*$")
public void showStepMatchAmbiguityException_2(int x,int y)
{
}
```

在我们定义的两个步骤方法的标记中，正则表达式都能够匹配到" The x is 10, y is 20, all of x and y is input data."，因此在 Cucumber 的执行过程中都会抛出二义性错误，如图 8-19 所示。

```
io.cucumber.core.runner.AmbiguousStepDefinitionsException: "The x is 10, y is 20, all of x and y is input data." matches more than one step defini
  "^The x is (\d+), y is (\d+), .*$" in com.wangwenjun.cicd.chapter08.CucumberCommonErrorSteps.showStepMatchAmbiguityException_2(int,int)
  "^The x is (\d+), y is (\d+), all of x and y is input data\.$" in com.wangwenjun.cicd.chapter08.CucumberCommonErrorSteps.showStepMatchAmbiguityE
    at io.cucumber.core.runner.CachingGlue.findStepDefinitionMatch(CachingGlue.java:373)
    at io.cucumber.core.runner.CachingGlue.stepDefinitionMatch(CachingGlue.java:341)
    at io.cucumber.core.runner.Runner.matchStepToStepDefinition(Runner.java:146)
    at io.cucumber.core.runner.Runner.createTestStepsForPickleSteps(Runner.java:126)
```

图 8-19 二义性错误

　　那么，如何才能避免二义性错误的发生呢？其实可以有很多种不同的方法，比如，为每个场景定义唯一的编号，与之对应的 Java 方法使用同样的编号与之相匹配，这样就可以有效地避免二义性错误的出现。另外，由于正则表达式的文本匹配功能非常强大，因此我们可以使用 Cumber 表达式的方式，因为 Cumber 表达式更注重全文本的匹配方式。

8.3.6　Cumber 中 Step 的执行过程

　　在学习了 Gherkin 语法和 Step Definitions 程序的开发之后，相信大家现在都能借助于 Cumber 工具开发针对软件系统进行功能测试的程序了，本节将通过流程图来进一步梳理 Cumber 在执行不同 Scenario 时的过程。

　　在 Cumber 中，真正执行的是步骤 Step，而 Step 则被组合至某个场景 Scenario 之中，因此 Cumber 的执行过程实际上是 Scenario 中步骤的运行过程，如图 8-20 所示。

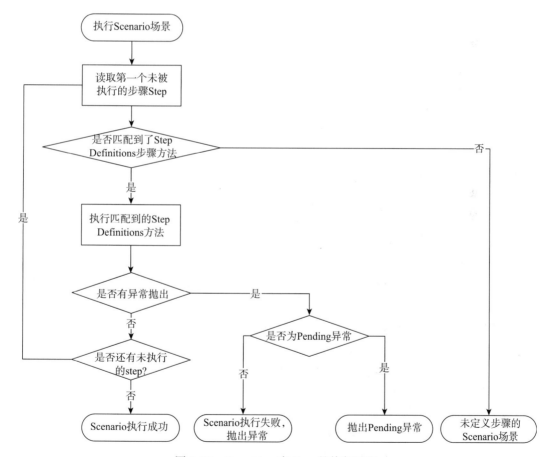

图 8-20　Cumber 中 Step 的执行过程

8.4 Cumber 进阶

在 8.2 节和 8.3 节中，我们学习了 Gherkin 的语法基础、如何定义步骤方法、如何通过正则表达式捕获参数、如何通过 Cucumber 表达式捕获参数等。有了前面的基础知识，本节就来介绍 Cucumber 的高阶内容，比如，Background 关键字、Data Table 复杂数据类型、Scenario Outline、Tagging、Hooks 等。

8.4.1 Background 关键字

如果 Feature 文档中包含了若干个 Scenario 或 Scenario Outline，并且每个场景中都包含了一些公共步骤，则可以借助于 Background 关键字，将一些公共步骤抽取到 Background 区域，以减小 Feature 文档的规模。当 Feature 文档增加了 Background 关键字之后，每个 Scenario 中的步骤在执行之前，都会先执行关键字 Background 中的步骤。下面来看一个具体的例子，示例代码如下。

```
Feature: this is the example for background key word
    contains several scenarios

    Scenario: login the weibo post message
        Given login the www.weibo.com site
        And the author is Alex
        When edit the post message area
        And the content is "Cucumber is a great tools for function testing"
        Then i will see the new post message "Cucumber is a great tools for
            function testing"

    Scenario: login the weibo post message again
        Given login the www.weibo.com site
        And the author is Alex
        When edit the post message area
        And the content is "background key word"
        Then i will see the new post message "background key word"
```

该 Feature 文档中存在两个场景 Scenario，主要用来测试登录微博并发布两条消息，除了两次所发布的消息内容不同之外，其他的步骤完全一致，比如，登录微博、发布微博的作者、编辑微博信息框的动作等。这就难免会导致一些步骤的重复，假设该 Feature 文档中存在几十个场景 Scenario，如果想要将发布微博的作者修改为其他人，那么这几十个场景都需要修改，只要漏掉一个场景，就会引起不必要的错误，因此我们可以将这些"重复且需要先于其他 Scenario 步骤执行"的步骤抽取到一个 Background 区域作为公共步骤，这样既可以避免大量重复操作，又可以提高 Feature 文档维护的便利性。下面的示例代码是使用了 Background 关键字重构之后的 Feature 文档。

```
Feature: this is the example for background key word
    contains several scenarios

    Background: the common steps
```

```
        Given login the www.weibo.com site
        And the author is Alex
        When edit the post message area

    Scenario: login the weibo post message
        And the content is "Cucumber is a great tools for function testing"
        Then i will see the new post message "Cucumber is a great tools for
            function testing"

    Scenario: login the weibo post message again
        And the content is "background key word"
        Then i will see the new post message "background key word"
```

执行该 Feature 文档可以看到，Background 区域中定义的所有步骤都会插入到每个 Scenario 之前优先执行，如图 8-21 所示。

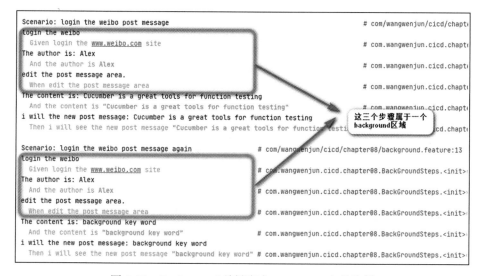

图 8-21　Background 关键字在 Cucumber 中的执行

需要注意的是，由于 Step Definitions 的相关实现代码比较简单，限于篇幅，此处不再展示，大家如有需要可以参考随书代码。

8.4.2　Data Table

有时需要在访问软件系统的某个接口时传入一组数据（比如，将某些数据批量插入到数据库中），同样，在调用软件系统接口时可能会期待返回一组数据，针对一次需要传入一批数据的软件系统接口测试，可以使用 Data Table 类型的声明来实现。下面基于 Cucumber 来测试我们在第 7 章开发的 Full Name 拆分功能（FullNameSplit）详细讲解 Data Table 的用法。

首先，编写 Feature 文档，在该文档中，我们将首次接触到 Gherkin 的 Data Table 语法，Feature 文档代码如下所示（其中，在步骤定义下方用竖线包裹的部分即为 Data Table，这些数据在 Cucumber 运行时会作为步骤方法的实际参数批量传入）。

```
Feature: example for the Data Table(Complex data type)

    Scenario: Data Table example
        Given The full name as below
        | Alex Wang            |
        | Alex                 |
        | Alex Wen Jun Wang    |
        | sir Alex Wang        |
        When invoke the full name split method
        Then the split result as below
        | firstName | lastName       |
        | Alex      | Wang           |
        | Alex      |                |
        | Alex      | Wen Jun Wang   |
        | Alex      | Wang           |
```

然后，开发运行该 Feature 文档的 Step Definitions Java 程序（如程序代码 8-4 所示），在该程序中，我们会接触到一个新的 API——DataTable，其主要用来接收 Feature 文档步骤定义中的批量数据。

程序代码8-4　DataTableSteps.java

```java
package com.wangwenjun.cicd.chapter08;

import com.wangwenjun.cicd.chapter07.FullNameSplit;
import io.cucumber.datatable.DataTable;
import io.cucumber.java.DataTableType;
import io.cucumber.java.en.Given;
import io.cucumber.java.en.Then;
import io.cucumber.java.en.When;

import java.util.ArrayList;
import java.util.List;
import java.util.Map;

import static org.hamcrest.MatcherAssert.assertThat;
import static org.hamcrest.Matchers.*;

public class DataTableSteps
{
    private final List<Name> actuallyNames = new ArrayList<>();

    private List<String> nameDataTable;

    private FullNameSplit fullNameSplit = new FullNameSplit();

    @Given("The full name as below")
    public void inputFullNameList(DataTable dataTable)
    {
        //接收DataTable，并且将其转换为List<String>类型。
        this.nameDataTable = dataTable.asList(String.class);
```

```java
}

@When("invoke the full name split method")
public void split()
{
    //对Given步骤中传入的full name进行拆分。
    nameDataTable.forEach(name ->
    {
        String[] result = fullNameSplit.split(name);
        actuallyNames.add(new Name(result[0], result[1]));
    });
}

@Then("the split result as below")
public void verify(DataTable dataTable)
{
    //转换dataTable为List<Name>。
    List<Name> exceptedNameList = dataTable.asList(Name.class);
    assertThat(exceptedNameList, hasSize(4));
    for (int i = 0; i < exceptedNameList.size(); i++)
    {
        Name exceptedName = exceptedNameList.get(i);
        Name actuallyName = actuallyNames.get(i);
        //断言。
        assertThat(actuallyName.getFirstName(), either(equalTo(
            exceptedName.getFirstName())).or(equalTo("")));
        assertThat(actuallyName.getLastName(), either(equalTo(exceptedName.
            getLastName())).or(equalTo("")));
    }
}

//类型转换。
@DataTableType
public Name nameType(Map<String, String> entry)
{
    return new Name(entry.get("firstName"), entry.get("lastName"));
}

static class Name
{
    private String firstName;
    private String lastName;

    public Name(String firstName, String lastName)
    {
        this.firstName = firstName;
        this.lastName = lastName;
    }

    public Name()
    {
    }

    public String getFirstName()
    {
```

```
            return firstName;
        }

        public void setFirstName(String firstName)
        {
            this.firstName = firstName;
        }

        public String getLastName()
        {
            return lastName;
        }

        public void setLastName(String lastName)
        {
            this.lastName = lastName;
        }

        @Override
        public String toString()
        {
            return "Name{" +
                    "firstName='" + firstName + '\'' +
                    ", lastName='" + lastName + '\'' +
                    '}';
        }
    }
}
```

在程序代码 8-4 中，有一些比较关键的地方，需要重点说明，具体如下。

1）在 inputFullNameList() 和 verify() 方法中，入参均为 DataTable。主要用于接收 Feature 文档步骤定义中的批量数据。

2）在 verify() 方法中，需要将 DataTable 转换为 List<Name>，这需要定义类型转换方法，并且使用注解 @DataTableType 对该方法进行标注（该方法就是代码中的 nameType() 方法），否则 Cucumber 在执行时会出现错误。

3）如果在 Feature 文档中，Data Table 包含若干个属性（比如，firstName 和 lastName），那么我们需要为该 Data Table 增加表头（Header）（比如，| firstName | lastName|），并且要求在 Name 类中应包含与之对应的属性。

4）如果不想在 Java 程序的步骤方法中将 DataTable 作为形参类型，则可以直接使用转换后的数据类型作为形参类型（比如，List<String> 或 List<Name>），代码如下所示。

```
//直接使用List<String>作为形参类型声明。
@Given("The full name as below")
public void inputFullNameList(List<String> nameDataTable)
{
    this.nameDataTable = nameDataTable;
}

//直接使用List<Name>作为形参类型声明。
```

```
@Then("the split result as below")
public void verify(List<Name> exceptedNameList)
{
    assertThat(exceptedNameList, hasSize(4));
    for (int i = 0; i < exceptedNameList.size(); i++)
    {
        Name exceptedName = exceptedNameList.get(i);
        Name actuallyName = actuallyNames.get(i);
        assertThat(actuallyName.getFirstName(), either(equalTo(exceptedName.
            getFirstName())).or(equalTo("")));
        assertThat(actuallyName.getLastName(), either(equalTo(exceptedName.
            getLastName())).or(equalTo("")));
    }
}
```

需要特别说明的是，在使用 Java 8 Lambda 表达式定义步骤时只允许使用 DataTable 作为形参类型，如果使用 List<Name> 或 List<String> 接收来自 Feature 文档的 Data Table，则数据会出现错误。

8.4.3　Scenario Outline 关键字

如果 Feature 文档中包含了若干个 Scenario，这些 Scenario 中所有的步骤都相同，则可以使用 Scenario Outline 进行声明。下面同样以拆分 Full Name 的功能测试为例进行说明。

首先，按照惯例定义一个 Feature 文档，该文档包含了 2 个 Scenario，代码如下所示。

```
Feature: multiple scenarios(same steps pattern)
    we can use scenario outline Gherkin keywords

    Scenario: full name is :Alex Wen Jun Wang
        Given my full name is: "Alex Wen Jun Wang"
        When take the full name split function
        Then the first name is "Alex" and second name is "Wen Jun Wang"

    Scenario: full name is :Alex Wang
        Given my full name is: "Alex Wang"
        When take the full name split function
        Then the first name is "Alex" and second name is "Wang"
```

该 Feature 文档中包含了两个 Scenario，这两个 Scenario 的测试步骤完全一致，唯一的区别在于使用的测试数据不同，以及期望的输出结果也不同。如果针对每个测试数据都要编写一个 Scenario 场景，那么数十组测试数据就需要编写数十个 Scenario。这种做法会使得该 Feature 文档变得相当臃肿，针对这种场景，Gherkin 提供了另外一个关键字 Scenario Outline，用于解决上述问题。下面是使用了关键字 Scenario Outline 重构之后的代码（注意：Scenario Outline 关键字必须与另外一个关键字 Examples 配合使用）。

```
Feature: multiple scenarios(same steps pattern)
    we can use scenario outline Gherkin keywords

    Scenario Outline: full name split
        Given my full name is: "<fullName>"
```

```
        When take the full name split function
        Then the first name is "<firstName>" and second name is "<secondName>"
        Examples:
        | fullName          | firstName | secondName    |
        | Alex Wen Jun Wang | Alex      | Wen Jun Wang  |
        | Alex Wang         | Alex      | Wang          |
```

需要注意的是，Scenario Outline 中必须包含一个 Examples，Examples 有点类似于 Data Table。除此之外，Examples 中必须包含表头 Header，Header 的名称（比如，fullName、firstName、secondName）将会作为入参（比如，<fullName>、<firstName>、<secondName>）用在步骤方法的定义中。

步骤方法相关的 Java 代码比较简单，请看下面的代码片段。

```java
package com.wangwenjun.cicd.chapter08;

import com.wangwenjun.cicd.chapter07.FullNameSplit;
import io.cucumber.java8.En;

import static org.hamcrest.MatcherAssert.assertThat;
import static org.hamcrest.Matchers.equalTo;
import static org.hamcrest.Matchers.is;

public class ScenarioOutlineSteps implements En
{
    private FullNameSplit fullNameSplit;

    private String fullName;

    private String[] names;

    public ScenarioOutlineSteps()
    {
        Given("my full name is: {string}", (String fullName) ->
        {
            this.fullName = fullName;
            this.fullNameSplit = new FullNameSplit();
        });

        When("take the full name split function", () ->
        {
            this.names = this.fullNameSplit.split(fullName);
        });

        Then("the first name is {string} and second name is {string}",
                (String firstName, String lastName) ->
                {
                    assertThat(names[0], is(equalTo(firstName)));
                    assertThat(names[1], is(equalTo(lastName)));
                });
    }
}
```

在 Cucumber 中执行该 Feature 文档，结果如图 8-22 所示，从中我们可以看到，该

Scenario 一共执行了两次，Scenario 执行的次数主要取决于 Examples 中的行数。

```
Scenario Outline: full name split                                            # com/wangwenjun/cicd/chapter08/scenario_outline.f
  Given my full name is: "Alex Wen Jun Wang"                                 # com.wangwenjun.cicd.chapter08.ScenarioOutlineSte
  When take the full name split function                                     # com.wangwenjun.cicd.chapter08.ScenarioOutlineSte
  Then the first name is "Alex" and second name is "Wen Jun Wang"            # com.wangwenjun.cicd.chapter08.ScenarioOutlineSte

Scenario Outline: full name split                                            # com/wangwenjun/cicd/chapter08/scenario_outline.feature:2
  Given my full name is: "Alex Wang"                                         # com.wangwenjun.cicd.chapter08.ScenarioOutlineSteps.<init
  When take the full name split function                                     # com.wangwenjun.cicd.chapter08.ScenarioOutlineSteps.<init
  Then the first name is "Alex" and second name is "Wang"                    # com.wangwenjun.cicd.chapter08.ScenarioOutlineSteps.<init
```

图 8-22　Scenario Outline 关键字执行示例

8.4.4　Doc String

在 Feature 文档的步骤定义中，文本信息不允许编辑为多行。如图 8-23 所示，Gherkin 语法不允许在步骤定义中，通过多行文本编辑 JSON 的报文信息。

```
Feature: this feature document will demo the Doc String
  The Doc String use """ """ wrap the text.

  Scenario: multiple lines in step is invalid.
    Given the action type is "POST" and payload as below:
    {
      "header":{
        "Content-Length":100
      },
      "body":{
        "userName":"alex",
        "age":35
      }
    }
```

图 8-23　Feature 文档的步骤定义不允许编辑多行文本

假设用于测试的数据是较大的文本（比如 JSON、XML、YAML 等），应该怎么办呢？Doc String 可以很好地解决这个问题，Doc String 非常简单，使用三个双引号将文本信息括起来即可，具体操作如下面的示例代码所示。

```
Scenario: multiple lines in step is valid.
    Given the action type is "POST" and payload as below:
    """
    {
        "header":{
            "Content-Length":100
        },
        "body":{
            "userName":"alex",
            "age":35
        }
    }
    """
```

与之对应的 Java 方法定义稍微有些特殊，Doc String 不必进行参数捕获，Cucumber 会进行特别处理（请注意，这里会出现参数捕获数量与 Java 方法定义参数数量不一致的情况，但是这并非错误，因为 Cucumber 会对 Doc String 进行特殊处理）。具体实现代码如下。

```
//**请注意，这里只用了一个参数提取表达式，用于提取type，Doc String并未进行参数提取。另外，
步骤方法的参数是两个而不是一个。
*/@Given("the action type is {string} and payload as below:")
public void docString(String type, String docString)
{
    System.out.println(type);
    System.out.println(docString);
}
```

运行该 Feature 文档，不仅会看到 type=POST 能够正确提取，而且 DocString 也可以作为合法的 JSON 报文，如果想要更进一步，直接将 JSON 的字符串转换为 JsonNode 对象，还可以通过自定义转换方法，再加上 @DocStringType 注解的方式来实现。示例代码如下。

```
//这里省略部分代码。
private static ObjectMapper objectMapper = new ObjectMapper();

//自定义转换方法，并且使用注解@DocStringType标注该方法。
@DocStringType
public JsonNode json(String docString) throws JsonProcessingException
{
    return objectMapper.readValue(docString, JsonNode.class);
}

/**请注意，这里只用了一个参数提取表达式，用于提取type，Doc String并未进行参数提取。另外，步
骤方法的参数是两个而不是一个。
*/
@Given("the action type is {string} and payload as below:")
public void docString(String type, JsonNode docString)
{
    System.out.println(type);
    System.out.println(docString);
}
//这里省略部分代码。
```

至此，我们已经接触了 Cucumber 提供的所有类型转换方法注解，简单归纳如下。

❑ @ParameterType：用于普通参数转换。

❑ @DataTableType：用于复杂数据类型 Data Table 参数转换。

❑ @DocStringType：用于特殊数据类型 Doc String 参数转换。

8.4.5　Tagging & Hooks

随着软件规模的不断增大，对应的功能测试用例也会随之增多，所有的功能测试代码全部运行一次比较耗时，Tagging 功能可用于快速运行指定部分的功能测试代码。

Tagging 的语法比较简单，只需要在 Feature、Scenario、Scenario Outline 关键字的上方增加 @tagging 即可，具体操作请参看图 8-24 所示的示例（本书中所有的 Feature 文档都增加了 @cicd @v1.0.0 Tagging）。

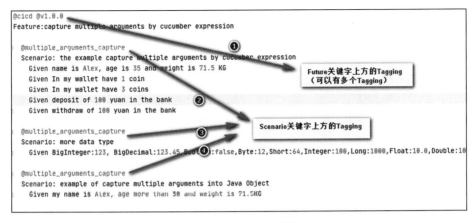

图 8-24　Tagging 示例

无论是直接运行 CucumberRunner，还是通过"mvn test"命令运行，所有的功能测试都会默认执行。有了 Tagging 之后，就可以很灵活地只执行某一类或几类由 @tagging 标记的 Scenario 了。

Maven 命令可用于运行功能测试中 Tagging 指定的示例，具体说明如下。

❑ mvn test -Dcucumber.options="--tags @cicd"：所有的 Scenario 都会运行，主要原因是我们在每个 Feature 文档上都增加了 @cicd 的 Tagging。

❑ mvn test -Dcucumber.options="--tags @multiple_arguments_capture"：只有增加了 @multiple_arguments_capture Tagging 的 Scenario 才会运行。

❑ mvn test -Dcucumber.options="--tags ~@multiple_arguments_capture"：增加了 @multiple_arguments_capture Tagging 的 Scenario 不会运行，除此之外的 Scenario 都会运行。

❑ mvn test -Dcucumber.options="--tags @scenario_outline --tags @cicd "：只有同时增加了 @scenario_outline 和 @cicd Tagging 的 Scenario 才会运行。

❑ mvn test -Dcucumber.options="--tags @scenario_outline,--tags @doc_string"：增加了 @scenario_outline 或 @doc_string Tagging 的 Scenario 都会运行。

Tagging 的另外一个用途是与 Hook 方法结合起来一起使用，Hook 方法与 JUnit 中的 Before 及 After 套件方法极其类似，唯一的不同之处是，在 Cucumber 中，Hook 方法会作用于每个 Scenario 的前后。下面对 8.4.3 节中的 Step Definitions 代码进行重构，增加 Hook 方法，重构后的代码如下所示。

```
package com.wangwenjun.cicd.chapter08;

import com.wangwenjun.cicd.chapter07.FullNameSplit;
import io.cucumber.java.Before;
import io.cucumber.java.After;
import io.cucumber.java8.En;
```

```java
//这里省略部分代码。
public class ScenarioOutlineSteps implements En
{
    private FullNameSplit fullNameSplit;

    private String fullName;

    private String[] names;

    @Before
    public static void beforeHook()
    {
        System.out.println("---------before hook method");
    }

    public ScenarioOutlineSteps()
    {
        //这里省略部分代码。
    }

    @After
    public static void afterHook()
    {
        System.out.println("---------after hook method");
    }
}
```

注解 @io.cucumber.java.Before 和 @io.cucumber.java.After 标注的方法称为 Hook 方法，其中，@io.cucumber.java.Before 标注的方法会在 Scenario 场景中所有的步骤方法执行之前先执行，而 @io.cucumber.java.After 则会在 Scenario 场景中所有的步骤方法执行之后再执行。另外，需要说明的一点是，Before 和 After 既可以作用于类方法，还可以作用于类的实例方法。再次运行时我们会发现，在 ScenarioOutlineSteps 中增加的 Hook 方法对所有的 Scenario 场景都有作用，如图 8-25 所示。

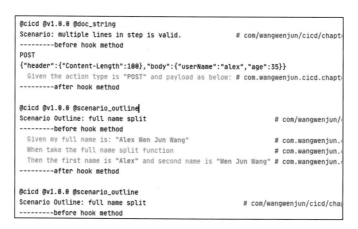

图 8-25　全局执行 HOOK 方法

这样的结果显然不是我们所期望的，与 JUnit 的套件方法类似，我们希望 Cucumber 的 Before Hook 方法用于对一些资源进行初始化操作，而 After Hook 方法则用于对一些资源进行回收操作，通过为 Hook 方法增加 Tagging 就可以达到这样的目的，具体实现请看下面的示例代码。

```java
package com.wangwenjun.cicd.chapter08;

import com.wangwenjun.cicd.chapter07.FullNameSplit;
import io.cucumber.java.Before;
import io.cucumber.java.After;
import io.cucumber.java8.En;
//这里省略部分代码。
public class ScenarioOutlineSteps implements En
{
    private FullNameSplit fullNameSplit;

    private String fullName;

    private String[] names;

    //在@scenario_outline的场景之前执行。
    @Before("@scenario_outline")
    public void beforeHook()
    {
        this.fullNameSplit = new FullNameSplit();
        System.out.println("------before hook-----");
    }

    public ScenarioOutlineSteps()
    {
        //这里省略部分代码。
    }

    //在@scenario_outline的场景之后执行。
    @After("@scenario_outline")
    public void afterHook()
    {
        this.names = null;
        System.out.println("------after hook-----");
    }
}
```

8.5　CucumberOptions

在 8.1.2 节中，我们开发了 CucumberRunner 类，除了使用 JUnit 的 @RunWith 注解标记使用 Cucumber 的 Runner 之外，还使用了另外一个注解 @CucumberOptions，用于设置 Cucumber 运行环境的参数。示例代码如下。

```java
import io.cucumber.junit.Cucumber;
import io.cucumber.junit.CucumberOptions;
```

```
import org.junit.runner.RunWith;

@RunWith(Cucumber.class)
@CucumberOptions(
        plugin = {
                "pretty", "json:target/cucumber-report/cucumber-report.json",
                "junit:target/cucumber-junit.xml",
                "html:target/site/cucumber-pretty.html"
        },
        features = {
                "classpath:com/wangwenjun/cicd/chapter08"
        },
        glue = {
                "com.wangwenjun.cicd.chapter08"
        })
public class CucumberRunner
{
}
```

除了 plugin、features、glue 这几个选项可供设置之外，Cucumber 还支持很多其他选项设置，常见的选项设置说明如下。

❑ dryRun：跳过 Java 胶水代码的执行，主要用于验证 Feature 文档是否合法，Cucumber 的参数配置是否正确，比如，是否可在指定胶水代码的路径下找到步骤方法、是否存在未定义 Java 胶水代码的步骤定义等，它并不会真正地运行功能测试代码，但是可用于在正式开始执行功能测试代码之前，验证 Cucumber 的执行环境是否正确，默认情况下 dryRun 为 false。

❑ features：用于指定 Feature 文档的路径，可以同时设置多个路径，比如，"classpath:com/wangwenjun/cicd/chapter08","classpath:com/wangwenjun/cicd/chapterx"。

❑ glue：用于指定 Java 胶水代码，也就是 Step Definitions Java 类的包名，该参数允许设置多个包名，比如 "com.wangwenjun.cicd.chapter08""com.wangwen jun.cicd.chapterx"。如果未指定任何包名，Cucumber 则会默认将注解 @RunWith(Cucumber.class) 标注的类所在的包名作为胶水代码的包名，比如，将 com.wangwenjun.cicd.chapter08.CucumberRunner 所在的包名 com.wangwenjun.cicd.chapter08 作为胶水代码所在的包名。

❑ tags：用于指定将会运行哪些 Tagging 的 Scenario，其还支持 8.4.5 节中示例的 ANDing 和 ORing 操作，具体说明如下。

❑ tags="@cicd"：告诉 Cucumber 只运行满足 @cicd Tagging 的 Scenario。

❑ tags="@cicd and @v1.0.0"：告诉 Cucumber 只运行同时满足 @cicd 和 @v1.0.0 Tagging 的 Scenario。

❑ tags="@cicd or @v1.0.0"：告诉 Cucumber 运行满足 @cicd 或 @v1.0.0 Tagging 的 Scenario。

❑ tags="not @background"：告诉 Cucumber 除了 @background Tagging 的 Scenario，

其他的 Scenario 都要运行。

❑ plugins：主要用于设置 Cucumber 功能测试报告的格式，本节设置了三种功能测试报告的输出格式，分别为 JSON 格式（8.7 节还会继续使用该格式）、JUnit XML 格式和 HTML 格式。plugin 的设置代码如下。

```
plugin = {"pretty", "json:target/cucumber-report/cucumber-report.json",
            "junit:target/cucumber-junit.xml",
            "html:target/site/cucumber-pretty.html"},
```

HTML 格式的功能测试报告如图 8-26 所示。

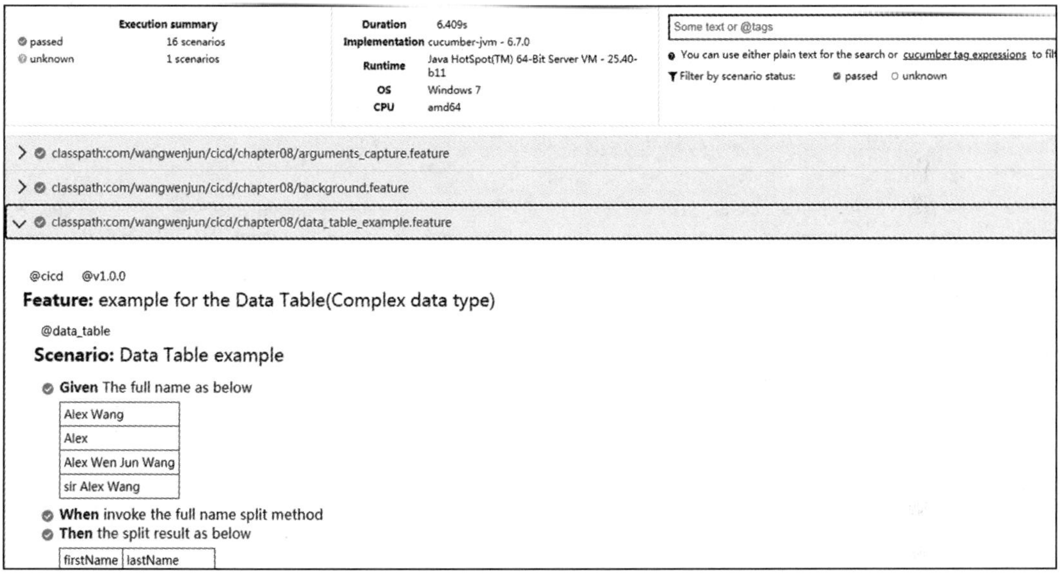

图 8-26　HTML 格式的功能测试报告

除了这几个选项之外，Cucumber 还提供了其他选项，不过通常来讲上述几个已经足够工作所需了，其他的保持默认即可。如果还想进一步了解 CucumberOptions 的其他选项，可参阅 Cucumber 的官方文档，参考地址如下。

❑ https://cucumber.io/docs/cucumber/api/#options。

❑ https://github.com/cucumber/cucumber-jvm/tree/main/junit-platform-engine#configuration-options。

8.6　Cucumber 整合 Selenium 进行 Web 自动化测试

Cucumber 虽然不是浏览器自动化工具，但可以与一些浏览器自动化工具配合使用，从而实现对 Web 应用程序的自动化功能测试，本节将使用 Cucumber 整合 Selenium

WebDriver 对 Web 应用页面的登录功能进行自动化测试。

在 Cucumber 中正式使用 Selenium WebDriver 之前，我们需要先引入 Selenium WebDriver 的依赖包，直接在工程的 pom.xml 文件中引入 Selenium WebDriver 的依赖包即可，引入代码如下。

```
<dependency>
    <groupId>org.seleniumhq.selenium</groupId>
    <artifactId>selenium-java</artifactId>
    <version>3.11.0</version>
    <scope>test</scope>
</dependency>
```

其次，还需要下载并安装浏览器驱动，下面的示例是基于 Chrome 浏览器进行展示，如果你使用的是其他浏览器，则可以针对所用的浏览器下载与之对应的驱动程序（如图 8-27 所示，下载地址详见本章结尾的【拓展阅读】部分），然后将下载到的压缩包解压保存在本地磁盘的某个路径下，比如，笔者的浏览器驱动程序路径为 E:\\chromedriver.exe。

Browser	Supported OS	Maintained by	Download	Issue Tracker
Chromium/Chrome	Windows/macOS/Linux	Google	Downloads	Issues
Firefox	Windows/macOS/Linux	Mozilla	Downloads	Issues
Edge	Windows 10	Microsoft	Downloads	Issues
Internet Explorer	Windows	Selenium Project	Downloads	Issues
Safari	macOS El Capitan and newer	Apple	Built in	Issues
Opera	Windows/macOS/Linux	Opera	Downloads	Issues

图 8-27　不同浏览器的 Selenium 驱动

需要特别说明的是，请务必保证浏览器驱动和与之对应的浏览器版本一致，否则将会出现版本不一致的错误，从而导致无法进行 Web 应用程序的自动化测试，比如，笔者的 Chrome 浏览器版本为 86.0.4240.111，因此笔者需要使用 86.0.4240.x 版本的 chromedriver。

```
//浏览器的版本与浏览器驱动的版本不一致时将出现错误。
org.openqa.selenium.SessionNotCreatedException: session not created: This
    version of ChromeDriver only supports Chrome version 74
(Driver info: chromedriver=74.0.3729.6 (255758eccf3d244491b8a1317aa76e1ce10
    d57e9-refs/branch-heads/3729@{#29}),platform=Windows NT 6.1.7601 SP1 x86_64)
    (WARNING: The server did not provide any stacktrace information)
```

一切准备就绪之后，就可以编写 Feature 文档了，在该 Feature 文档中，我们仅以自动化登录 Web 应用程序为例进行讲解。如果大家还对 Selenium 感兴趣，可以自行深入学习 Selenium 的相关知识（Selenium 是一个备受测试人员推崇的工具，目前也有很多人将它用作爬虫工具等）。

由于测试的是 Web 应用程序，因此首先需要打开浏览器，在地址栏中输入 Web 应用的地址，然后在确保浏览器成功渲染了页面中的所有元素之后再进行下一步的操作，这一系列操作可以在 Scenario 步骤中定义如下。

```
#给定Web应用程序的地址。
Given use the jenkins url "http://127.0.0.1:8080/jenkins/"
#打开浏览器并访问Web应用。
When open the jenkins home page
#如果看到了某个页面元素，则认为Web应用打开成功。
Then the login button and jenkins logo will be display
```

Scenario 中定义的这些步骤可以翻译成 Java 步骤方法代码，不过其中还包含了一些 Selenium Web Driver 的相关代码，具体请看代码注释中的详细解释。

```
//捕获Web应用程序的url地址。
@Given("use the jenkins url {string}")
public void withJenkinsUrl(String url)
{
    this.url = url;
}

//在浏览器中打开Web应用。
@When("open the jenkins home page")
public void openHomePage()
{
    //构造浏览器驱动。
    driver = new ChromeDriver();
    //对驱动进行设置。
    driver.manage().window().maximize();
    driver.manage().timeouts().implicitlyWait(15, TimeUnit.SECONDS);
    //在浏览器中打开url地址。
    driver.get(url);
    //地址访问超时时间为15秒。
    wait = new WebDriverWait(driver, 15);
}

@Then("the login button and jenkins logo will be display")
public void homePageDisplay()
{
    //等待浏览器成功渲染页面元素。
    wait.until(ExpectedConditions.presenceOfElementLocated(submitButton));
    //断言可以看到提交按钮元素。
    assertThat(driver.findElement(submitButton).isDisplayed(), equalTo(true));
    //断言可以看到Web应用的logo图片元素。
    assertThat(driver.findElement(logo).isDisplayed(), equalTo(true));
    /**基于上述两个断言，我们可以认为浏览器能够成功打开并加载Web应用的主页面。
    */
}
```

成功打开 Web 应用之后就可以在输入框中自动化输入一些信息，比如，输入登录用户名和密码，然后点击登录按钮，Selenium 无法知道登录是否成功，因此我们必须通过 HTML 页面元素查找的方法判断登录是否成功，与之对应的 Scenario 步骤方法如下。

```
#给定登录信息、用户名和密码。
Given use account "admin" with password "admin"
```

```
#点击登录按钮。
When click the login button
#断言登录是否成功。
Then the login jenkins action successful
```

开发与上述三个步骤定义对应的 Java 方法，代码如下所示。

```
//捕获登录用户名和密码。
@Given("use account {string} with password {string}")
public void accountAndPassword(String username, String password)
{
    this.account = username;
    this.password = password;
}

//将用户名和密码输入到对应的页面元素中，然后点击提交按钮。
@When("click the login button")
public void loginJenkinsApp()
{
    driver.findElement(By.id("j_username")).sendKeys(account);
    driver.findElement(By.name("j_password")).sendKeys(password);
    driver.findElement(submitButton).click();
}

//判断登录成功的页面是否存在task-link这样的CSS样式元素。
@Then("the login jenkins action successful")
public void loginSuccess()
{
    assertThat(driver.findElement(By.className("task-link"))
.isDisplayed(), equalTo(true));
}
```

至此，Feature 文档编辑完成，Java 步骤方法定义也开发完毕，下面就来运行该 Feature 文档，在此过程中大家可以发现，所有的动作都是自动化完成的：浏览器驱动自动打开浏览器、输入用户名和密码、点击登录按钮、等待，以及最后登录成功。下面是完整的 Feature 文档代码。

```
@jenkins
Feature: automation testing login jenkins application

    Scenario: login the jenkins application
        Given use the jenkins url "http://127.0.0.1:8080/jenkins/"
        When open the jenkins home page
        Then the login button and jenkins logo will be display
        Given use account "admin" with password "admin"
        When click the login button
        Then the login jenkins action successful
```

程序代码 8-5 中是 Java 步骤方法代码。

程序代码8-5　LoginJenkinsSteps.java

```
package com.wangwenjun.cicd.chapter08;

import io.cucumber.java.After;
```

```java
import io.cucumber.java.en.Given;
import io.cucumber.java.en.Then;
import io.cucumber.java.en.When;
import org.openqa.selenium.By;
import org.openqa.selenium.WebDriver;
import org.openqa.selenium.chrome.ChromeDriver;
import org.openqa.selenium.support.ui.ExpectedConditions;
import org.openqa.selenium.support.ui.WebDriverWait;

import java.util.concurrent.TimeUnit;

import static org.hamcrest.CoreMatchers.equalTo;
import static org.hamcrest.MatcherAssert.assertThat;

public class LoginJenkinsSteps
{
    static
    {
        System.setProperty("webdriver.chrome.driver", "e:\\chromedriver.exe");
    }

    private WebDriver driver = null;
    private WebDriverWait wait = null;
    private String url;
    private final By submitButton = By.name("Submit");
    private final By logo = By.className("logo");
    private String account;
    private String password;

    @Given("use the jenkins url {string}")
    public void withJenkinsUrl(String url)
    {
        this.url = url;
    }

    @When("open the jenkins home page")
    public void openHomePage()
    {
        driver = new ChromeDriver();
        driver.manage().window().maximize();
        driver.manage().timeouts().implicitlyWait(15, TimeUnit.SECONDS);
        driver.get(url);
        wait = new WebDriverWait(driver, 15);
    }

    @Then("the login button and jenkins logo will be display")
    public void homePageDisplay()
    {
        wait.until(ExpectedConditions.presenceOfElementLocated(submitButton));
        assertThat(driver.findElement(submitButton).isDisplayed(), equalTo(true));
        assertThat(driver.findElement(logo).isDisplayed(), equalTo(true));
    }

    @Given("use account {string} with password {string}")
    public void accountAndPassword(String username, String password)
```

```
    {
        this.account = username;
        this.password = password;
    }

    @When("click the login button")
    public void loginJenkinsApp()
    {
        driver.findElement(By.id("j_username")).sendKeys(account);
        driver.findElement(By.name("j_password")).sendKeys(password);
        driver.findElement(submitButton).click();
    }

    @Then("the login jenkins action successful")
    public void loginSuccess()
    {
        assertThat(driver.findElement(By.className("task-link")).isDisplayed(),
            equalTo(true));
    }

    @After("@jenkins")
    public void cleanUp()
    {
        driver.quit();
    }
}
```

需要特别说明的是，在静态代码块中，一定要设置浏览器驱动程序的路径。另外，我们还增加了一个 HOOK 方法，用于在 @jenkins 这个 Scenario 中所有的步骤方法执行结束之后，关闭浏览器驱动程序，以释放资源。多个项目或多个团队在使用一套自动化的构建环境时，请务必及时释放资源，否则会影响到其他应用程序的测试。

8.7 Cucumber 功能测试报告

8.5 节在讲述 CucumberOptions 时曾提到过，Cucumber 会将所有功能测试的结果输出到某一类测试报告文件中，有很多开源项目专门针对这些测试数据进行报表展示。本节将使用 trivago.rta 开发的报表工具，它可以很好地与 Maven、Gradle 进行集成，当所有的功能测试代码全部执行结束之后，trivago.rta 插件会自动生成可视化报表。

首先，在工程 pom.xml 文件中引入 trivago.rta 插件，并且进行一些简单的配置，配置代码片段如下所示。

```
<plugin>
    <groupId>com.trivago.rta</groupId>
    <artifactId>cluecumber-report-plugin</artifactId>
    <version>1.10.1</version>
    <executions>
        <execution>
            <id>report</id>
```

```
        <phase>post-integration-test</phase>
        <goals>
            <goal>reporting</goal>
        </goals>
    </execution>
</executions>
<configuration>
    <sourceJsonReportDirectory>
        //请注意，这里与8.5节中JSON报告的设置相对应。
${project.build.directory}/cucumber-report
</sourceJsonReportDirectory>
    <generatedHtmlReportDirectory>
${project.build.directory}/generated-report
    </generatedHtmlReportDirectory>
</configuration>
</plugin>
```

在 trivago.rta 插件的配置中，sourceJsonReportDirectory 需要用到 Cucumber 输出的测试数据，即 CucumberRunner 中设置的 cucumber-report.json 文件路径，它默认会在 json:target/cucumber-report/ 路径下寻找并读取 cucumber-report.json 文件。执行"mvn cluecumber-report:reporting"命令，trivago.rta 会在 ${project.build.directory} /generated-report 路径下生成功能测试报告（如图 8-28 所示），报告中的很多链接都是可以点击进入查看统计详情的，由于篇幅所限，笔者只截取了部分报告页面（如图 8-29 所示）。

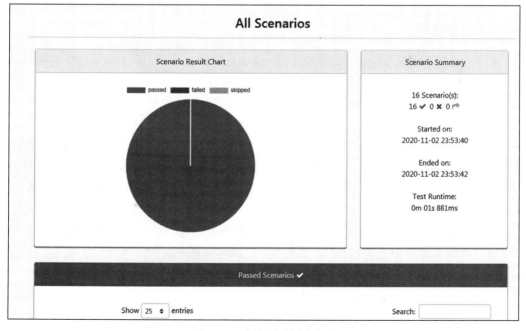

图 8-28　功能测试报告主页

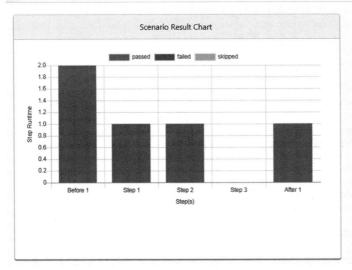

图 8-29　功能测试用例执行报表展示

8.8　本章总结

本章首先从不借助于任何工具创建 Cucumber 程序开始，介绍了 Feature 文档的编辑和 Java 步骤方法的定义，并详细讲述了 Cucumber 执行功能测试用例的整个流程，使读者对 Cucumber 的使用有了一个大致的了解。

接下来，本章详细讲述了 Feature 文档的独有语法 Gherkin 及其关键字，Cucumber Gherkin 语法的主要目的是完全屏蔽计算机编程语言，这样一来，不熟悉计算机编程的需求分析人员、业务分析人员、产品经理等利益相关者，都可以在软件项目的早期参与进来，使需求描述更加精准，从而降低沟通成本。Gherkin 语法屏蔽具体计算机编程语言的另外一个好处是，Feature 文档可以任意移植，跨开发语言执行，比如，本章中所有的 Feature 文档都可以直接运行在 Java、C#、Ruby、Python 等开发语言中，而无须任何改动。第 7 章介绍的 Concordion 中的 Specification 文档则无法摆脱对具体语言的使用，因为其必须通过 Concordion 的指令显式调用 Fixture 代码的相关方法才可以。

Step Definitions Java 程序通常称为胶水（Glue）程序，主要用于从 Feature 文档中捕获数据，然后根据文档中定义的步骤执行 Java 方法，只有在这些 Java 方法中，才能真正调用软件系统的功能接口，达到功能测试的目的。该部分还非常详细地讲解了如何通过正则表达式和 Cucumber 表达式捕获参数，同时还介绍了 Cucumber 对 Java 8 函数式编程风格的支持。

8.4 节介绍了一些关于 Cucumber 的高级知识，比如，Background、Data Table、Scenario Outline、Doc String、Tagging 和 Hooks 等。

最后，本章介绍了 CucumberOptions 参数设置，以及如何整合 Selenium 进行 Web 应用系统的自动化测试。

Cucumber 是一款当下最火热和主流的功能测试工具，强烈建议每个开发者熟练掌握其应用方法，以增强自己的技能。

【拓展阅读】

1）Cucumber 官方网址为 https://cucumber.io。

2）Cucumber 帮助文档，网址为 https://cucumber.io/docs/。

3）浏览器驱动程序下载地址为 https://www.selenium.dev/documentation/en/webdriver/driver_requirements。

遇见 Jenkins

Jenkins 是一款纯 Java 语言开发的持续集成（Continuous Integration）工具，自 Jenkins 2.0 版本以后，Jenkins 就具备了持续交付（Continuous Delivery）的能力。Jenkins 运行在 Servlet 容器中（无论是以 war 包的形式，还是以独立运行的方式），支持与软件版本管理工具（SCM，比如，CVS、Subversion、Git、Clearcase 等）集成，还可以与基于 Apache Ivy、Apache Maven、Gradle 的项目进行集成。

Jenkins 具有如下特点和优势。

❑ 持续集成和持续交付：作为一个可扩展的自动化服务工具，Jenkins 可以作为简单的 CI 服务器，或者作为任何项目的持续交付中心。

❑ 安装简易：Jenkins 是一个基于 Java 的独立程序，安装和运行都很简单，包含 Windows、Mac OS X 和其他类 Unix 操作系统。

❑ 配置简单：Jenkins 可以通过管理界面轻松完成设置和配置。

❑ 插件多，开发者活跃：在 Jenkins 的更新中心，目前已有 1000 多个插件可供使用，这些插件几乎囊括了持续集成和持续交付工具链中的所有工具。

❑ 高可扩展性：Jenkins 可以通过其插件架构进行扩展，因此 Jenkins 可以做的事几乎具有无限的可能性。

❑ 分布式：Jenkins 可以轻松地在多台机器上分配工作，从而帮助开发人员更快速地跨多个平台完成构建、测试和部署。

Jenkins 的前身是 Hudson 项目，2004 年孵化并创建于 Sun 公司，Oracle 公司收购 Sun 公司后，Hudson 团队在项目的发展运作方式理念上，与 Oracle 公司无法达成一致，于是 Hudson 项目原班人马出走 Oracle，基于 Hudson 继续发展出了 Jenkins 项目。截至 2021 年 4 月，该项目已经发布到了 2.288 版本，并且有大量的开发人员参与讨论开发，贡献各种插件。

在笔者早年参加工作的时候，业内流行着一个概念：Daily Build，即开发人员每天将变更的代码提交至版本控制仓库，那么我们如何才能确保正确构建所提交的变更，使其不会影响系统功能的正常运行呢？通常会设置一个定时任务，在每晚十点以后从版本控制系统拉取代码库，完成编译、测试、打包等流程，以确保当前开发人员提交的代码不会影响第二天的开发任务。最开始这些流程都是由服务器的 Shell 脚本配合 Apache ANT 工具来完成的，后来逐渐引入了 Hudson 来完成这些工作。

本部分总共包含两个章节的内容，其中，第 9 章将重点介绍 Jenkins 的基础知识，讲解如何通过 Jenkins 进行项目的集成构建和可视化构建，介绍 Pipeline Job 和 Blue Ocean。第 10 章将以一个比较简单的 RESTful 应用为例，从单元测试和功能测试两个方面切入，集成 GitHub 实现整个持续集成和持续交付的全过程。

本部分所涉及的工具比较多，比如，CheckStyle、PMD、JCOCO、FindBugs、SpotBugs、GitHub、Nexus、Ansible 等，限于篇幅，这些工具不会全部详细讲解，大家如有兴趣，可以自行扩展阅读。

Jenkins 的基础知识

简单了解了 Jenkins 的背景知识之后，本章将重点介绍 Jenkins 的一些基础知识，为第 10 章使用 Jenkins 构建持续集成和持续交付的工作做好准备，本章将重点介绍如下内容。

- ❏ Jenkins 在 Linux 系统中的安装。
- ❏ Jenkins 快速上手构建自由风格（Free Style）的 Job。
- ❏ Jenkins 的一些基本配置。
- ❏ Jenkins 的参数化构建和可视化构建。
- ❏ Jenkins 集群环境的搭建。
- ❏ Jenkins 2.0 之后的 Pipeline Job 及 Jenkinsfile。
- ❏ 了解 Blue Ocean 插件的使用。

9.1 Jenkins 的安装及快速构建 Job

本节将介绍如何安装 Jenkins，以及如何快速构建一个 Jenkins Job，如果大家已经熟知了 Jenkins 的安装过程，则可以跳过本节内容。

9.1.1 Jenkins 的安装

Jenkins 是由纯 Java 语言开发的、运行在 Servlet 容器中的集成化工具，因此在安装 Jenkins 之前，请确保运行环境安装了正确的 JDK 版本和 Servlet 容器。笔者使用的环境和软件具体如下。

- ❏ JDK 版本及路径：/opt/jdk1.8.0_201/。

❑ Servlet 容器及路径：/opt/apache-tomcat-8.5.39。

❑ Maven 版本及路径：/opt/apache-maven-3.5.2。

❑ Git 版本：2.17.1。

❑ 操作系统版本：Ubuntu 18.04.2 LTS。

当所有的准备工作就绪之后，就可以正式安装 Jenkins 了。Jenkins 支持多种安装方式，比如，通过 RPM 包或 Deb 包的方式进行安装，本书将统一采用 war 包的方式进行安装，安装步骤具体如下。

第一步：从 Jenkins 的官方网站下载最新的 Jenkins war 包（如图 9-1 所示）。网站地址为 https://www.jenkins.io/download/。

Downloading Jenkins

Jenkins is distributed as WAR files, native packages, installers, and Docker images. Follow these installation steps:

1. Before downloading, please take a moment to review the **Hardware and Software requirements** section of the User Handbook.
2. Select one of the packages below and follow the download instructions.
3. Once a Jenkins package has been downloaded, proceed to the **Installing Jenkins** section of the User Handbook.
4. You may also want to verify the package you downloaded. Learn more about verifying Jenkins downloads.

Download Jenkins 2.249.3 LTS for:	Download Jenkins 2.265 for:
Generic Java package (.war) SHA-256: 8de8f11d5688c79967bc53a8124960926a90d623e5e9f03f1315ccf3e7c49702	Generic Java package (.war) SHA-256: 42bb44f021383861b76f39b37913ed0d08fdd44fce36939b56d8c8e28e22701c
Docker	Docker
Ubuntu/Debian	Ubuntu/Debian
CentOS/Fedora/Red Hat	CentOS/Fedora/Red Hat

图 9-1　选择当前最新版本的 Jenkins war 包

在 $TOMCAT/webapps 路径下使用 wget 命令直接下载，具体如下。

```
wget https://mirrors.tuna.tsinghua.edu.cn/jenkins/war/2.266/jenkins.war。
```

第二步：启动并初始化 Jenkins。

将 Jenkins 的 war 包下载至 $TOMCAT/webapps 路径下，通过启动 Tomcat 服务的方式来启动 Jenkins。如果是首次安装，则需要在启动 Jenkins 时完成初始化的操作（如图 9-2 所示），以及常用 Jenkins 插件的安装，操作步骤具体如下。

Please wait while Jenkins is getting ready to work ...

Your browser will reload automatically when Jenkins is ready.

图 9-2　等待 Jenkins 进行初始化（这个过程大概会持续几分钟）

1）执行命令启动 Tomcat 服务：sh $TOMCAT/bin/startup.sh。

2）打开浏览器，访问 Jenkins 应用（http://192.168.88.244:8888/jenkins）。

3）解锁 Jenkins：在 Jenkins 完成初始化之后，页面会跳转到解锁界面，根据提示（如图 9-3 所示），需要手动输入系统初始密码。

图 9-3　根据提示解锁 Jenkins

4）安装 Jenkins 插件：根据 Jenkins 社区的推荐来安装 Jenkins 插件（如图 9-4 所示）。Jenkins 更像是一个集成构建工具平台，真正工作的是各种各样的插件，每个插件都有自己的既定功能和目标，将若干个插件相互组合，即可发挥惊人的效果。得益于 Jenkins 插件化的设计和高度的灵活性，开发者自定义插件并不是一件难事，大家在熟悉了 Jenkins 之后也可以根据自身的需求开发 Jenkins 插件。

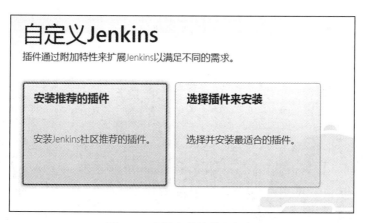

图 9-4　选择安装推荐的插件

5）修复无法安装 Jenkins 插件的错误：有时，我们可能会无法通过 Jenkins 安装向导成功安装插件（如图 9-5 所示），这时就需要手动修改 Jenkins 的配置了。

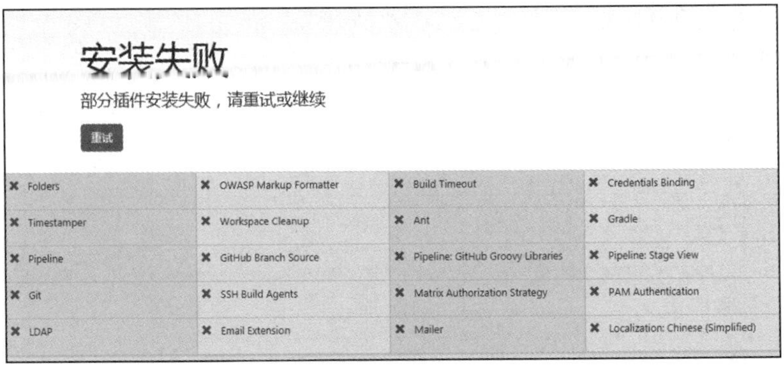

图 9-5　Jenkins 插件安装失败

将 Jenkins 默认的插件更新中心替换为镜像地址，Jenkins 插件更新中心配置文件的路径为"~/.jenkins/hudson.model.UpdateCenter.xml"，更新后的文件内容如下所示。

```
<?xml version='1.1' encoding='UTF-8'?>
<sites>
    <site>
        <id>default</id>
        <url>http://mirror.esuni.jp/jenkins/updates/update-center.json</url>
    </site>
</sites>
```

或者，我们可以选择暂时跳过这一步，稍后进入 Jenkins（依次选择"管理控制台"→"插件管理"）后再手动安装（插件管理是一个常用工具，我们需要经常使用它以完成不同插件的安装）。另外，Jenkins 也允许将 jpi（jenkins plugin 的简写）文件直接复制至"~/.jenkins/plugins"的安装方式（如图 9-6 所示）。

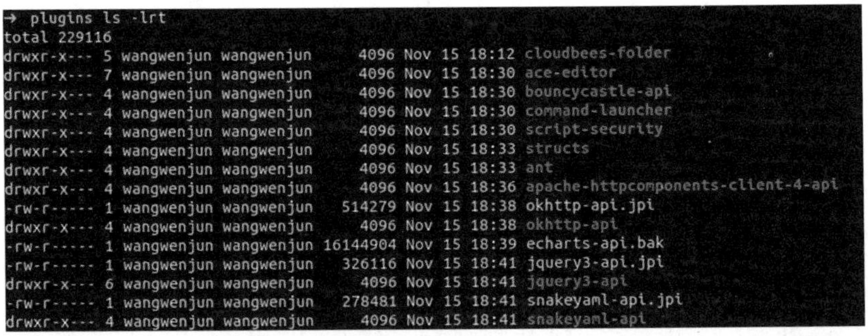

图 9-6　Jenkins 插件路径下的 jpi 文件

6）创建管理员用户：根据提示（如图 9-7 所示），我们需要为 Jenkins 创建一个管理员账号。

7）实例配置：保持默认即可（如图 9-8 所示）。

图 9-7　创建管理员用户

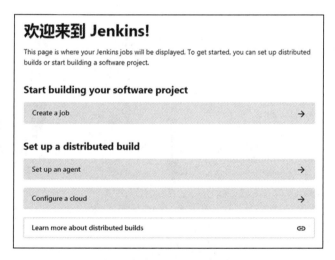

图 9-8　实例配置（保持默认）

8）保存并完成：最后点击"保存并完成"按钮，就可以开始使用 Jenkins 了（如图 9-9 所示）。

图 9-9　进入 Jenkins 主页面

注意：由于网络（Great Wall）等原因，Jenkins 各种插件的下载对于国内用户来说是很难的，因此强烈建议大家在团队内部，定期对已经下载并安装的 Jenkins 插件进行备份管理（直接备份在" ~/jenkins/plugins "路径下即可），将其作为一种组织过程资产，重复利用。在笔者多次搭建 Jenkins 环境的经验中，每次最耗时的环节就是下载插件。笔者已将本书中用到的所有 Jenkins 插件都上传到了版本仓库 GitHub 中，大家可以直接下载并使用。

9.1.2　Jenkins Job 的快速构建

Jenkins 环境已经安装完毕，接下来我们可以快速创建一个 Job，验证 Jenkins 是否能够帮助我们进行项目构建，Jenkins 提供了多种类型的 Job 模板，本书将讲解如下三种创建 Job 的方式：自由风格；Maven 项目；流水线。

本节将使用自由风格的方式创建 Job，其他两种方式会在后文中进行详细讲解。

第一步：点击菜单栏的"新建 Item"或"Create a job"连接，进入 Job 的创建页面（如图 9-10 所示）。

图 9-10　两种方式创建 Job

第二步：输入 Job 名称，选择创建 Job 的方式和类型，点击"确定"按钮进入 Job 的明细配置页面（如图 9-11 所示）。

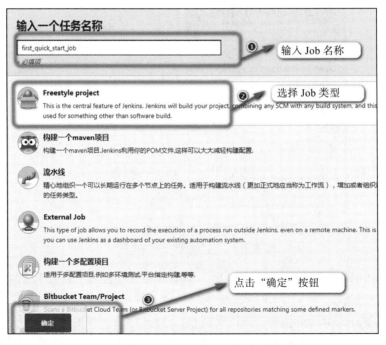

图 9-11　输入 Job 名称并选中自由风格项目

第三步：Job 的明细配置，在自由风格中，所包含的配置项可以概括为如下六大部分。

1）通用：在该部分中，我们主要配置 Job 的描述文本信息，清除历史构建记录的策略，进行参数化构建，自定义 Job 的工作空间路径等。

2）源码管理：用于配置项目源码存储的 VCS 类型及其远程仓库的地址。

3）构建触发器：配置 Job 构建的触发方式。

4）构建环境：指定构建时所需的配置文件、删除上一个 Job 运行时的工作目录、生成 Release Note Book 等，一般情况下这部分内容很少需要进行配置。

5）构建步骤：在这部分中，可以选择执行 Shell 命令、Maven 插件、Gradle 插件、Bat 批处理命令、Ant 命令等步骤（如图 9-12 所示）。

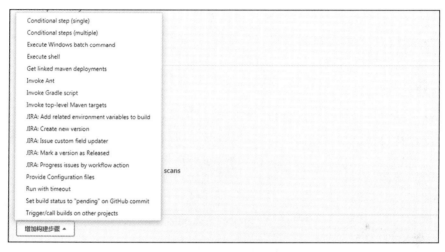

图 9-12　增加构建步骤

6）构建后操作：当 Job 构建完成之后（如图 9-13 所示），还可以进行一些后续处理，比如，生成 Java Doc 文档、生成单元测试报告、生成功能测试报告、发送邮件通知构建结果，或者触发另一个 Job 的构建等。为了演示，我们并未在"构建后操作"部分中进行任何配置。

在图 9-13 所示的"构建"步骤添加的两个步骤均是执行简单的 Shell 命令，保存该 Job 的设置之后，就可以点击 Build Now ，执行 Job 的构建了，如图 9-14 所示。

first_quick_start_job 顺利完成构建之后，则可以通过控制台输出检查 Job 构建过程的明细（如图 9-15 所示）。

图 9-13　增加构建后步骤

图 9-14　执行 Job 的构建

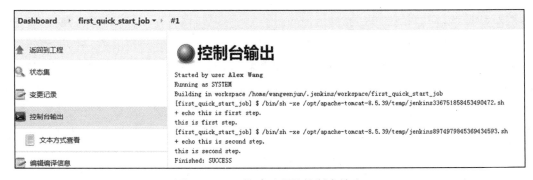

图 9-15　Job 构建过程的控制台输出

也可以通过 Job 列表的晴雨表来查看 Job 的运行情况（如图 9-16 所示）。

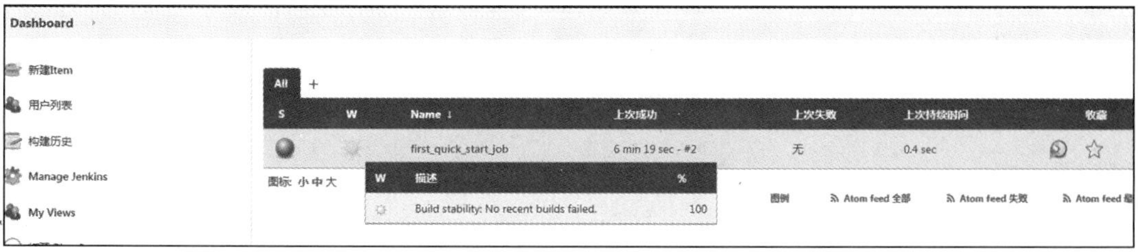

图 9-16　Job 晴雨表

读到这里，相信大家已经成功安装了 Jenkins 环境，并且能够使用 Jenkins 创建和执行自由风格 Job 的构建。接下来，我们会继续讲解 Jenkins 的其他基础知识：如何进行 Jenkins 工具配置、插件管理、集群环境搭建、参数化构建等。

9.2　配置 Jenkins

9.1 节基于 Ubuntu 操作系统成功安装了 Jenkins 环境，并且创建了自由风格类型的 Job。本节将介绍 Jenkins 的一些基本配置，然后基于 Maven 项目的方式创建一个 Jenkins Job，以完成持续集成环境的配置。

9.2.1　Jenkins 的基本配置

无论创建何种类型的 Jenkins Job，其目的都是帮助我们进行自动化的项目构建。如果想要顺利构建软件项目，则需要对 Jenkins 进行必要的设置，比如，Jenkins 从什么地方拉取软件源码，Jenkins 使用什么工具对软件进行编译，以及项目的打包发布等。

1. 系统全局配置

点击"管理 Jenkins"链接，在"系统配置"分类中点击 ⚙ Configure System Configure global settings and paths.（"系统全局配置"图标）进入系统全局配置页面。在系统全局配置中，只需要针对" Maven 项目配置"部分进行配置即可（如图 9-17 所示），其他的都可以维持默认状态。

下面针对图 9-17 中的编号进行项目配置说明。

① 运行 Maven 命令的一些全局选项，若没有特殊需求，则将这块保持为空即可。

② Maven 的本地仓库路径。

③ 在当前 Jenkins 机器上，允许同时构建的 Job 数，默认为 2 个。如果同时触发了 3 个 Job 的构建，那么会有一个 Job 的构建处于等待状态。

④ 标签。默认为空，由于下文中会使用流水线（Pipeline）的构建方式，因此这里输入了"master"。

⑤ 当前机器的使用策略，选择尽可能多地使用该机器进行 Job 的构建。

⑥ 生成前等待的时间，保持默认即可。

⑦ 从 SCM 系统中拉取代码失败时的重试次数上限。

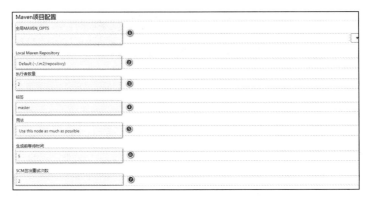

图 9-17　全局系统配置中的 Maven 项目配置

2. 全局工具配置

全局工具配置，主要是指在 Jenkins 中设置一些基础软件工具的路径。本书只需要配置 JDK、Maven、Git 即可，JDK、Maven 和 Git 的配置分别如图 9-18、图 9-19 和图 9-20 所示。点击"管理 Jenkins"链接，在"系统配置"分类中点击 （"全局工具配置"图标）进入全局工具配置页面。

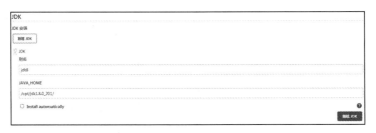

图 9-18　点击"新增 JDK"按钮配置 JDK

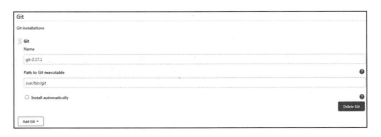

图 9-19　点击"Add Git"按钮配置 Git

图 9-20　点击"新增 Maven"按钮配置 Maven

需要注意的是，此处尽量不要选择自动下载安装的方式，通常来说，我们需要在 Jenkins 节点机器上提前安装好所需要的工具软件。

其他的配置选项暂时保持默认即可，点击"保存"按钮然后退出，至此就完成了基本的全局工具安装。在后文的示例中，我们将使用这些工具从代码仓库中拉取代码，在 Jenkins 节点机器上完成编译、单元测试代码执行、功能测试代码、软件打包、软件发布等过程。

提示　Jenkins 允许在一套环境中存在某个软件的多个版本，比如，Jenkins 允许在服务器上安装多个版本的 Maven、JDK 等。

3. 系统权限配置

通常情况下，每个公司都会有一个 LDAP 库用来实现员工账号的统一管理，Jenkins 可以通过 LDAP 插件集成企业的 LDAP 数据库。笔者所在的公司，所有系统的认证都是基于 LDAP 实现的，比如，企业级 GitHub、Ansible、Nexus、Jenkins/Team City、Sonar Qube 等，甚至工作电脑和服务器的登录都集成了 LDAP。

由于缺乏 LDAP 环境，所以本节的系统权限配置的示例将基于安全矩阵和角色策略（9.2.3 节中将进行详解）的授权策略进行。点击"管理 Jenkins"链接，在"安全"分类中点击 Manage Users Create/delete/modify（"管理用户"图标）增加几个登录账号（如图 9-21 所示）。

图 9-21　新增 Jenkins 登录用户

除了管理员 Alex 之外，我们还新增了两个用于测试的 Jenkins 登录用户 test 和 jack，如图 9-22 所示。

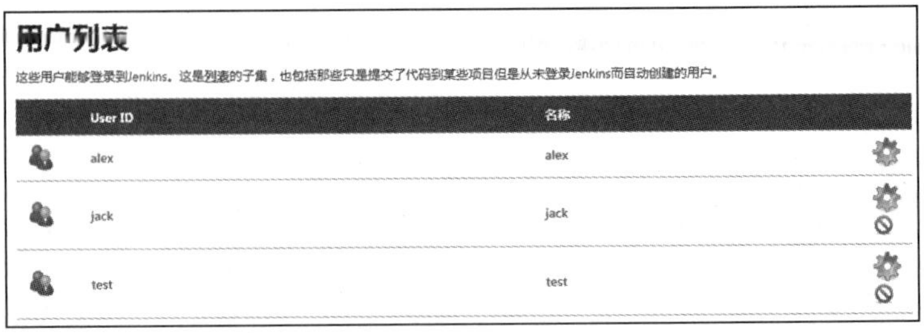

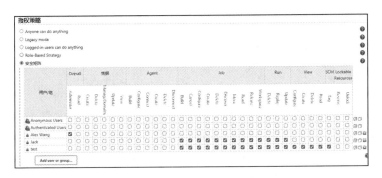

图 9-22　Jenkins 用户列表

接下来，在"安全"分类中点击 🔒 Configure Global Security（"配置全局安全"图标），设置安全策略。如图 9-23 所示，在授权策略页面中，我们选择安全矩阵，新增上一个步骤中创建的两个用户，并设置相关权限。普通用户仅分配 Jenkins Job 相关的权限即可。系统配置和安全策略等管理员相关的权限只对管理员可见。

图 9-23　Jenkins 用户授权页面

最后分别使用 jack 和 test 两个新建的账户登录 Jenkins 并创建 Job，通过测试可以发现，这两个账号都能成功登录 Jenkins，并且创建和运行 Job，但是无法进行 Jenkins 相关的配置和管理工作（限于篇幅，这里省略测试过程）。由于安全矩阵的方式无法从 Jenkins Job 的维度来进行权限控制（比如，jack 账户创建的 Job，test 账户也可以执行，并且修改其配置），因此 9.2.3 节将介绍基于角色的权限控制策略。

9.2.2　为 Jenkins 配置集群节点

随着需要构建的 Job 规模的增加，一台 Jenkins 服务节点显然是无法满足需求的。因此我们还需要为 Jenkins 增加新的服务器节点，Jenkins 会根据设置将 Job 的构建任务分配给指定的服务器节点，这样就可以解决单台 Jenkins 服务节点无法满足同时运行多个 Job 的构建要求，本节将介绍如何在 Jenkins 中配置集群节点。

点击"管理 Jenkins"链接，在"系统配置"分类中点击 📑 Manage Nodes and Clouds（"管理节点"图标），进入 Jenkins 服务器节点管理页面。在菜单栏左侧点击 （"新建节点"图标），为当前 Jenkins 环境增加新的构建节点（如图 9-24 所示）。

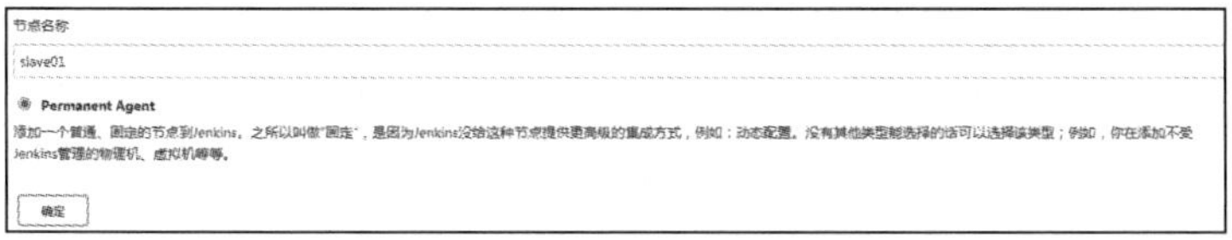

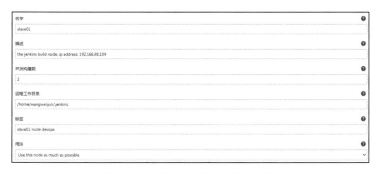

图 9-24　新建 Jenkins 构建节点

输入节点名称 slave01，并将其设置为永久代理（Permanent Agent），点击"确认"按钮，进入节点的配置页面。虽然节点的配置信息比较多，但大致可以分为如下三个类别：基本配置（配置节点的基本信息，比如，工作目录、任务数量等）、启动方式（以何种方式唤醒 Jenkins 和进行任务分配）、节点的属性配置（配置节点的一些软件工具路径）等。

首先是配置节点的基本属性，配置界面如图 9-25 所示。

图 9-25　新增节点的基本信息配置

新增节点的基本信息配置说明如下。

1）设置新增节点的名称和基本信息描述。

2）设置构建并发数（该节点支持同时构建 Job 的最大数量），设置为 2。

3）设置新增节点的工作目录 /home/wangwenjun/.jenkins（建议大家在实际工作中，不要把工作目录放在 home 路径下）。

4）设置该新增节点的标签，可以设置多个标签，中间用空格隔开。

5）在用法中仍然选择"尽可能多地使用该节点"（Use this node as much as possible）。

基本信息设置完成后，接下来需要配置 Master 唤醒启动该新增节点的方式，这里我们采用 SSH 免密码的方式，以确保 Jenkins Master 机器可以以免密码的方式访问新增的节点机器。在开始配置之前，我们需要完成如下的准备工作。

1）Master 机器生成 SSH key，命令为"ssh-keygen -t rsa"，一切保持默认即可。

2）将 Master 机器的 public key 复制至新增的节点机器，命令为" ssh-copy-id

wangwenjun@192.168.88.109"。

3）验证 Master 机器可以免密登录至新增节点机器 wangwenjun@192.168.88.109，命令为"ssh wangwenjun@192.168.88.109"。

当准备工作完成，并确保 Master 机器可以以免密码的方式登录新增节点之后，就可以正常配置启动方式了。配置启动方式的界面如图 9-26 所示。

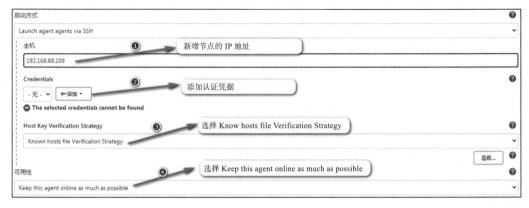

图 9-26　配置启动方式

图 9-26 中的步骤 1、3 和 4 都比较简单，下面重点解释步骤 2：如何添加认证凭据。点击"添加"按钮会弹出一个对话框，请根据图 9-27 所示的信息进行操作（请注意，私钥是新增节点的 SSH 私钥，而不是 Master 机器节点的 SSH 私钥）。

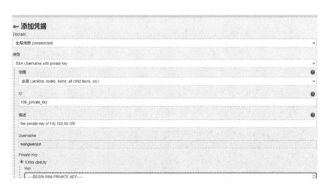

图 9-27　添加新增节点的 SSH 凭据

成功添加了认证凭据之后，Jenkins 会进行连接性测试，如果出现问题，它就会给出提示，否则就是顺利通过了连接性测试。接下来是配置新增节点的属性（如图 9-28 所示），其中，需要重点设置新增节点软件工具的相关路径（请提前做好诸如 Git、JDK 等工具的安装工作）。

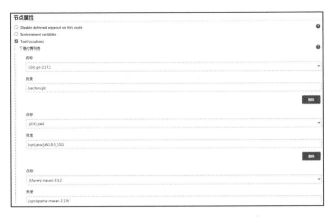

图 9-28 配置新增节点的属性

根据我们的需求，只需要设置 JDK、Git、Maven 的路径即可，其他的都无须设置。最后点击"保存"按钮，这样就为当前 Jenkins 环境新增了一个集群节点。检查新增节点的日志，如果出现如下信息，则表明新增的 Jenkins 构建节点已成功完成。

```
[11/22/20 14:41:37] [SSH] Checking java version of /home/wangwenjun/.jenkins/
    jdk/bin/java
Couldn't figure out the Java version of /home/wangwenjun/.jenkins/jdk/bin/java
bash: /home/wangwenjun/.jenkins/jdk/bin/java: No such file or directory

[11/22/20 14:41:37] [SSH] Checking java version of /opt/java/jdk1.8.0_102//bin/java
[11/22/20 14:41:40] [SSH] /opt/java/jdk1.8.0_102//bin/java -version returned 1.8.0_102.
[11/22/20 14:41:40] [SSH] Starting sftp client.
[11/22/20 14:41:40] [SSH] Remote file system root /home/wangwenjun/.jenkins
    does not exist. Will try to create it...
[11/22/20 14:41:40] [SSH] Copying latest remoting.jar...
[11/22/20 14:41:42] [SSH] Copied 1,506,923 bytes.
Expanded the channel window size to 4MB
[11/22/20 14:41:42] [SSH] Starting agent process: cd "/home/wangwenjun/.
    jenkins" && /opt/java/jdk1.8.0_102//bin/java  -jar remoting.jar -workDir /
    home/wangwenjun/.jenkins
Nov 21, 2020 10:41:46 PM org.jenkinsci.remoting.engine.WorkDirManager initializeWorkDir
INFO: Using /home/wangwenjun/.jenkins/remoting as a remoting work directory
Nov 21, 2020 10:41:47 PM org.jenkinsci.remoting.engine.WorkDirManager setupLogging
INFO: Both error and output logs will be printed to /home/wangwenjun/.jenkins/remoting
<===[JENKINS REMOTING CAPACITY]===>channel started
Remoting version: 4.6
This is a Unix agent
Evacuated stdout
Agent successfully connected and online
```

Jenkins 集群节点列表如图 9-29 所示。

请注意，Jenkins 会在新增的节点工作目录下安装 agent 相关的 jar 包和一些文件夹 /home/wangwenjun/.jenkins/remoting.jar，请不要手动删除。

与很多分布式计算框架类似，Jenkins 可以通过水平增加集群节点的方式，提高 Job 构建的并发能力，其中，Master、Node、Executor 等构成了 Jenkins 的集群构建框架，它们之间的关系如图 9-30 所示。

S	名称 ↓	Architecture	Clock Difference	Free Disk Space	Free Swap Space	Free Temp Space	Response Time	
	master	Linux (amd64)	In sync	3.45 GB	459.98 MB	3.45 GB	0ms	
	slave01	Linux (amd64)	1 sec ahead	9.88 GB	1014.67 MB	9.88 GB	3230ms	
	获取到的数据	2 min 34 sec	2 min 33 sec	2 min 30 sec	2 min 29 sec	2 min 30 sec	2 min 32 sec	

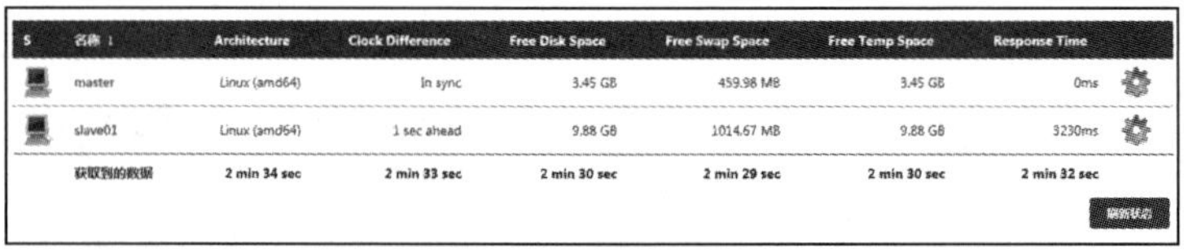

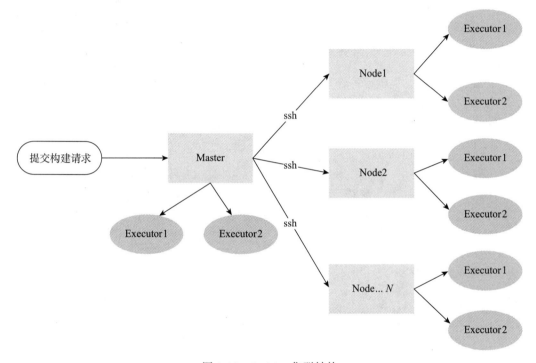

图 9-29 Jenkins 集群节点列表

图 9-30 Jenkins 集群结构

由图 9-30 可以看出，假设 Jenkins 集群的规模为 N 台，每台节点的构建并发数（即 Executor 的数量）为 2，那么该 Jenkins 集群最大支持（$2*N$）并发 Job 构建能力。

需要注意的是，在一个较大规模的 Jenkins 集群环境中，请尽量避免 Master 节点参与 Job 的构建工作，Master 节点只用于受理构建请求，并将构建任务分配至其他节点中，这样可以提高效率。

9.2.3 Jenkins 插件管理

Jenkins 的插件管理是一个常用工具，尤其是 Jenkins 管理员。本节将学习如何使用该工具完成插件的安装（下面以 Role Strategy 插件为例进行说明）。

在"系统管理"的系统配置类目下，点击 （"插件管理"图标），进入插件管理页面，该页面总共包含四个标签：可更新、可选插件、已安装、高级（如图 9-31 所示）。这里主要为大家介绍如何安装插件，其他的功能大家可以自行尝试。

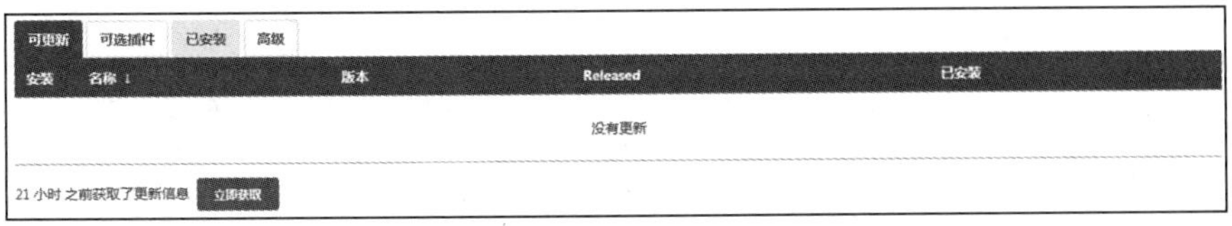

图 9-31　Jenkins 插件管理中心

在插件管理中心安装插件可采用两种方式，第一种是在线搜索安装的方式，这种方式比较稳妥，因为很多插件都会依赖于其他插件，采用搜索安装的方式会连同依赖一并下载安装。点击"可选插件"标签，输入关键字"Role Strategy"，然后回车搜索该插件，最后根据搜索结果选中需要安装的插件，点击"直接安装"按钮（如图 9-32 所示）。

图 9-32　在可选插件中搜索插件

通常情况下，插件安装完成之后需要重启 Jenkins 服务才能生效，当然，也可以直接勾选"安装完成后重启 Jenkins（空闲时）"选项（如图 9-33 所示），当插件完成安装后，Jenkins 会自动重启，使已安装的插件生效。

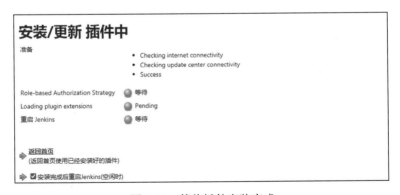

图 9-33　等待插件安装完成

第二种方式是在 Jenkins 插件中心下载 hpi 插件文件，在"插件管理"的"高级"标签中通过上传 hpi 文件的方式进行安装（不推荐采用这种方式，因为不同的插件对 Jenkins 的版本要求不同，同时还需要很清晰地知道多个插件之间的依赖关系）。上传 hpi 文件安装插件的方式如图 9-34 所示。

图 9-34 通过上传 hpi 文件安装 Jenkins 插件

需要注意的是，笔者将本书中所用的插件都上传到了 GitHub 仓库，大家可以下载并直接复制至 "~/.jenkins/plugins" 目录，在本章总结中，我们可以看到 GitHub 的仓库地址。

9.2.4　基于 Role Strategy 配置权限

9.2.2 节介绍了通过安全矩阵的方式设置 Jenkins 的安全策略，虽然不同的用户可以拥有不同的 Jenkins 资源权限，但是这种方式的设置粒度较粗，无法控制到 Job 级别。本节将介绍如何基于角色策略来进行 Jenkins 的安全设置，默认情况下，Role Strategy 插件并未安装在 Jenkins 中，如果想要使用这种安全策略，则需要先下载并安装相关的插件。下载地址为 https://plugins.jenkins.io/role-strategy/。

在 "全局安全配置" 中选择 ◉ Role-Based Strategy （"基于角色策略"图标）后保存退出。在选择了 "Role-Based Strategy" 后，Jenkins 管理页面的 "未分类 Uncategorized" 类目下会多出一个 🔒 Manage and Assign Roles（"管理并分配角色"图标）选项，点击后即可进行设置（如图 9-35 所示）。

图 9-35　管理并分配角色

点击 Manage Roles 管理角色（"管理角色"图标）进行角色配置，在角色管理中共有三类角色，分别是全局角色、项目角色、集群 Slave 角色，我们只需要设置全局角色和项目角色，集群角色保持默认即可，如图 9-36 所示。

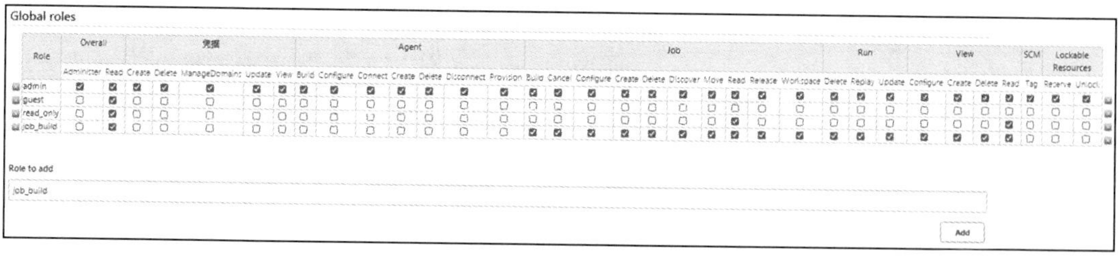

图 9-36　添加全局角色

全局角色中新增了三个角色（admin 是默认存在的角色）：guest、read_only 和 job_build，并且分别对它们进行了授权。接下来是创建项目角色，创建项目角色时，需要设置项目正则表达式，比如，分别使用"DEV.*"和"TEST.*"（如图 9-37 所示）。

图 9-37　添加项目角色

保存之后退出返回到主页面，点击 Assign Roles 分配角色 （"分配角色"图标），为已经创建的 Jenkins 用户分配角色（如图 9-38 所示）。

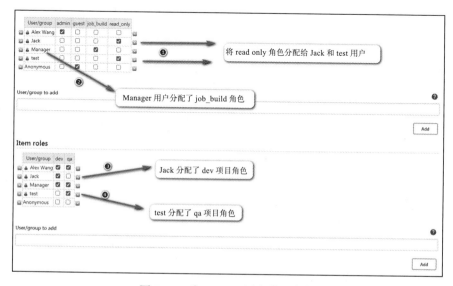

图 9-38　为 Jenkins 用户分配角色

保存之后退出,并且注销管理员账号,接下来以 Manager 用户登入 Jenkins,创建一个自由风格的 Job,并命名为 DEV_first_job 然后退出,再使用 Jack 的用户账号登入,即可对该 Job 执行修改和构建等操作。如果用 test 用户账号登录,则无法对该 Job 执行修改、删除和构建等操作(如图 9-39 所示)。

图 9-39　test 用户无法运行 DEV_first_job

相对于安全矩阵的安全策略,基于角色的方式控制权限,其控制粒度更为细致,可以达到精确控制什么用户操作什么 Job 的级别。

9.2.5　构建 Maven 项目类型的 Job

9.1.2 节创建了自由风格的 Job,并且详细解释了该类型 Job 中每一部分配置项的细节,本节将创建 Maven 项目类型的 Job(如图 9-40 所示),Maven 项目类型在配置上与自由风格相差不是很大,但是它重点突出了 Maven 项目的构建方式(实际上,Maven 项目类型的 Job 通过自由风格类型都可以很好地完成,而且更加灵活。在实际工作中,相较于 Maven 项目类型,自由风格类型的使用更广泛)。

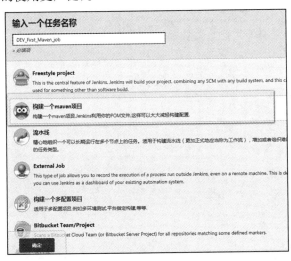

图 9-40　创建 Maven 项目类型的 Job

在"Maven Info Plugin Configuration"部分，勾选"限制项目的运行节点"选项，并输入 Jenkins 节点标签 devops（如图 9-41 所示），这样该 Maven 项目的构建任务将会运行在 9.2.2 节中新增的节点机器上。

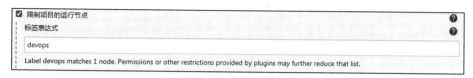

图 9-41　配置限制项目的运行节点

在"源码管理"部分，需要设置软件代码的 GitHub 的仓库地址，并且指定 Git 分支（branch）为 master，仓库地址为 git@github.com:wangwenjun/cicd.git（如图 9-42 所示）。

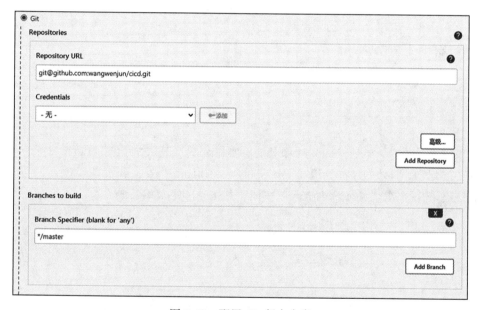

图 9-42　配置 Git 版本仓库

最后，在"构建"部分，输入 Root POM 为 pom.xml，Goals and options 为 package-Dcucumber.options="--tags ~@jenkins"（这里排除了 Cucumber 和 Selenium 相关的测试用例，主要原因是 Jenkins 的集成环境并没有安装 Web Driver 的浏览器驱动）。

完成了 Maven 项目类型 Job 的创建之后，就可以对其进行构建了（首次构建会比较耗时，因为需要下载很多 pom 的依赖包至本地仓库中），查看 Job 构建控制台的输出日志，如果出现如下信息，则表明 DEV_First_Maven_job 构建成功。

```
Tests run: 16, Failures: 0, Errors: 0, Skipped: 0, Time elapsed: 30.043 sec -
    in com.wangwenjun.cicd.chapter08.CucumberRunner
Running com.wangwenjun.cicd.chapter02.HamcrestUsageTest
```

```
Tests run: 28, Failures: 0, Errors: 0, Skipped: 0, Time elapsed: 0.901 sec - in
    com.wangwenjun.cicd.chapter02.HamcrestUsageTest
Running com.wangwenjun.cicd.chapter02.REST_AssuredTest
Tests run: 4, Failures: 0, Errors: 0, Skipped: 0, Time elapsed: 32.689 sec - in
    com.wangwenjun.cicd.chapter02.REST_AssuredTest
Running com.wangwenjun.cicd.chapter02.JunitAssertionVsHamcrestTest
Tests run: 5, Failures: 0, Errors: 0, Skipped: 4, Time elapsed: 0.039 sec - in
    com.wangwenjun.cicd.chapter02.JunitAssertionVsHamcrestTest
Running com.wangwenjun.cicd.chapter02.RegexMatcherTest
Tests run: 2, Failures: 0, Errors: 0, Skipped: 1, Time elapsed: 0.044 sec - in
    com.wangwenjun.cicd.chapter02.RegexMatcherTest
Results :

Tests run: 76, Failures: 0, Errors: 0, Skipped: 5


[INFO]
[INFO] --- maven-jar-plugin:2.4:jar (default-jar) @ cicd ---
[INFO] Building jar: /home/wangwenjun/.jenkins/workspace/DEV_First_Maven_job/
    target/cicd-1.0-SNAPSHOT.jar
[INFO] ------------------------------------------------------------------------
[INFO] BUILD SUCCESS
[INFO] ------------------------------------------------------------------------
[INFO] Total time: 03:55 min
[INFO] Finished at: 2020-11-22T08:19:29-08:00
[INFO] Final Memory: 25M/59M
[INFO] ------------------------------------------------------------------------
Finished: SUCCESS
```

这里需要说明的一点是，Jenkins 服务器需要将 SSH 公钥添加到 GitHub 上才可以正常拉取仓库中的代码。具体的添加方法如下，登录个人 GitHub 账号，进入"settings"→"SSH and GPG keys"，点击"New SSH Key"按钮，具体操作如图 9-43 所示。

图 9-43　配置 Github SSH Keys

9.3　Jenkins 参数化及可视化构建

至此，我们已经掌握了 Jenkins 的安装和基本配置等知识，也学习了两种创建 Jenkins Job 的方式，即自由风格和 Maven 项目，本节就来介绍 Jenkins 的参数化构建和可视化构建。

在某个 Jenkins Job 构建完成之后，接下来需要驱动（trigger）另外一个 Jenkins Job 的构建工作，甚至还会将一些自定义的参数传递至下一个 Jenkins Job 作为构建参数，我们将采用参数化构建的方式，使多个 Jenkins Job 通过上游（Upstream）驱动下游（Downstream）的方式形成一条构建链路。

本书代码的构建过程可以拆分成如下四个 Jenkins Job，并形成一个构建链路：从 GitHub 仓库拉取代码、运行单元测试、运行功能测试、发布功能测试报告，如图 9-44 所示。

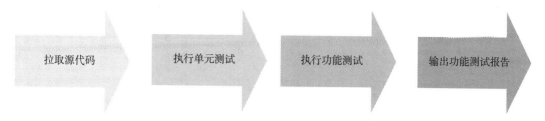

图 9-44　四个 Jenkins Job 组成的构建链

9.3.1　参数化构建

根据上文的描述，我们需要创建四个 Jenkins Job，然后将其组成一个链路，其中，下游 Job 的构建都是受上游 Job 驱动的（第一个 Job 除外），另外，后面三个 Job 的构建也需要用到上游 Job 的参数化输入（这四个 Jenkins Job 都将采用自由风格的方式来创建），以下是这四个 Job 的构建过程。

1. 拉取源代码的 Job

首先，创建拉取项目源码的 Jenkins Job。该 Job 比较简单，仅仅是从 Github 仓库中拉取软件源代码，非常重要的一点是我们需要在该 Job 中设置工作空间，并且传入下一个 Job 中，这样一来四个 Job 将工作在同一个工作空间中，下游 Job 也可以直接使用上游 Job 已经完成的输出，比如，编译后的 class 文件、功能测试结果数据等。配置内容的设置具体如下。

1）自由风格"通用"部分的配置如图 9-45 所示。

2）在"源码管理"部分，输入 Git 仓库地址，并且选择合适的分支，如图 9-46 所示。

3）"构建触发器""构建环境"和"构建"这三个部分保持空白，不做任何配置。

4）在"构建后操作"部分，需要进行相关的设置（如图 9-47 所示）。首先，当前 Job 构建成功后需要 trigger 下一个 Job 的构建，其次，需要配置工作空间，使所有的 Job 都工作在同一个工作空间中（由于我们还没有创建 DEV_COMPILE_UNIT_TEST_Job，因此这里会提示报错信息）。

保存之后退出，接下来开始创建另外一个自由风格的 Jenkins Job，该 Job 主要用于运行单元测试代码。

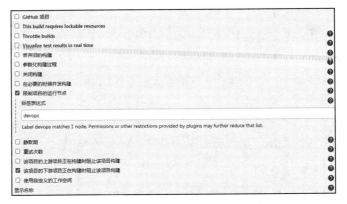

图 9-45　拉取源代码 Job 的通用部分配置界面

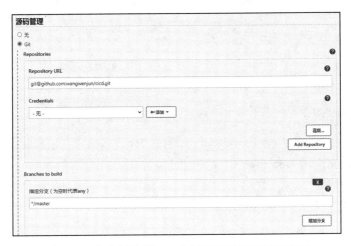

图 9-46　拉取源代码 Job 的源码管理部分配置界面

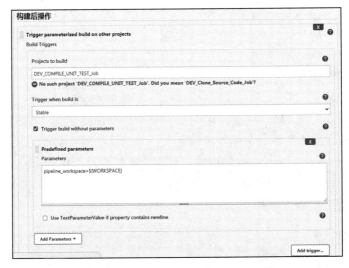

图 9-47　配置触发 DEV_COMPILE_UNIT_TEST_Job

2. 执行单元测试代码的 Job

在 DEV_COMPILE_UNIT_TEST_Job 中，需要设置参数化构建的过程和指定 Job 的工作空间，如图 9-48 所示。

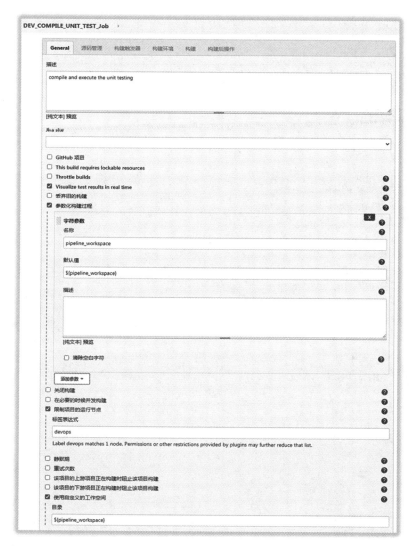

图 9-48   DEV_COMPILE_UNIT_TEST_Job 的 "通用" 部分配置界面

"源码管理""构建触发器"和"构建环境"这三个部分不用做任何配置，之后配置"构建"部分，输入单元测试的 mvn 执行命令，如图 9-49 所示。

配置好了"构建"部分之后，接下来需要配置"构建后操作"这一部分（如图 9-50 所示），该部分需要新增两个步骤：发布测试报告和驱动下一个 DEV_FUNCTION_TEST_Job。

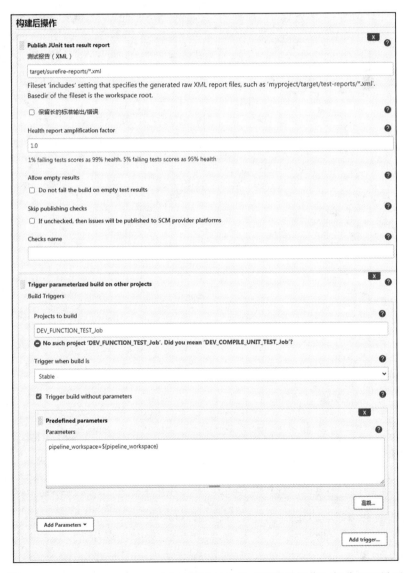

图 9-49　DEV_COMPILE_UNIT_TEST_Job 的"构建"部分配置界面

图 9-50　DEV_COMPILE_UNIT_TEST_Job 的"构建后操作"部分配置界面

保存之后退出，开始配置第三个自由风格的 Jenkins Job，该 Job 主要用于执行功能测试代码（运行本书中所有的 Cucumber 和 Concordion 功能测试代码）。

3. 执行功能测试代码的 Job

DEV_FUNCTION_TEST_Job 的通用部分与 DEV_COMPILE_UNIT_TEST_Job 类似，这里就不再赘述了，我们仅关注"构建"和"构建后操作"这两部分即可，具体配置如图 9-51 所示。

图 9-51　DEV_FUNCTION_TEST_Job 的"构建"和"构建后操作"部分配置界面

4. 输出功能测试报告的 Job

关于功能测试的 Jenkins Job 执行结束以后，接下来需要发布功能测试报告，这也是整个构建链路的最后一个 Jenkins Job，通用配置部分与前面两个 Job 完全一致，这里不再赘述，只需要关注"构建"部分的配置即可，如图 9-52 所示。

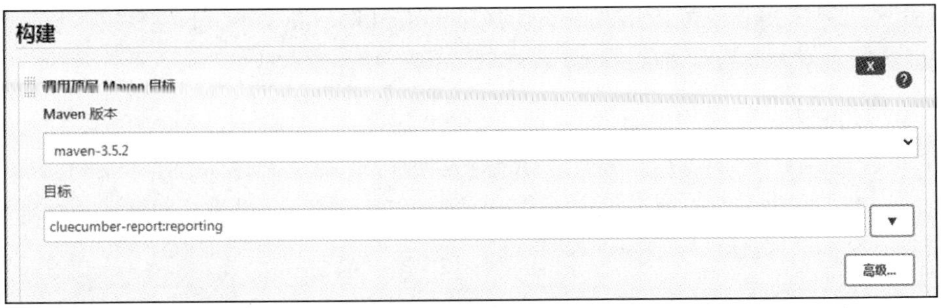

图 9-52 DEV_PUBLISH_FUNCTION_TEST_REPORT_Job 的"构建"部分配置界面

至此，关于参数化构建的四个 Jenkins Job 已经配置完成，这四个 Jenkins Job 之间存在 Upstream 和 Downstream 的关系，现在只要触发 DEV_Clone_Source_Code_Job，整个构建链路的四个 Job 就会按照顺序运行。

9.3.2 可视化构建

虽然只要触发 DEV_Clone_Source_Code_Job 的构建，就可以自动完成整个构建链路中所有 Jenkins Job 的构建动作，但是这种方式还是不够直观，因此本节将使用另外一个视图插件对这几个 Job 的运行进行可视化的输出。

首先，下载并安装 Build Pipeline View 的插件，然后在 Dashboard 的左侧菜单栏点击"新建视图"连接，如图 9-53 所示。

图 9-53 点击"新建视图"连接

在新建视图的页面中输入视图的名称，并选择合适的视图类型，我们选择“Build Pipeline View”，然后点击“确定”按钮对视图进行设置（如图 9-54 所示）。

视图名称
my_build_pipeline
Build Monitor View
Shows a highly visible status of selected jobs. Ideal as an Extreme Feedback Device to be displayed on a screen on your office wall.
Build Pipeline View
Shows the jobs in a build pipeline view. The complete pipeline of jobs that a version propagates through are shown as a row in the view.
列表视图
显示简单列表。你可以从中选择任务来显示在某个视图中
我的视图
该视图自动显示当前用户有权限访问的任务
确定

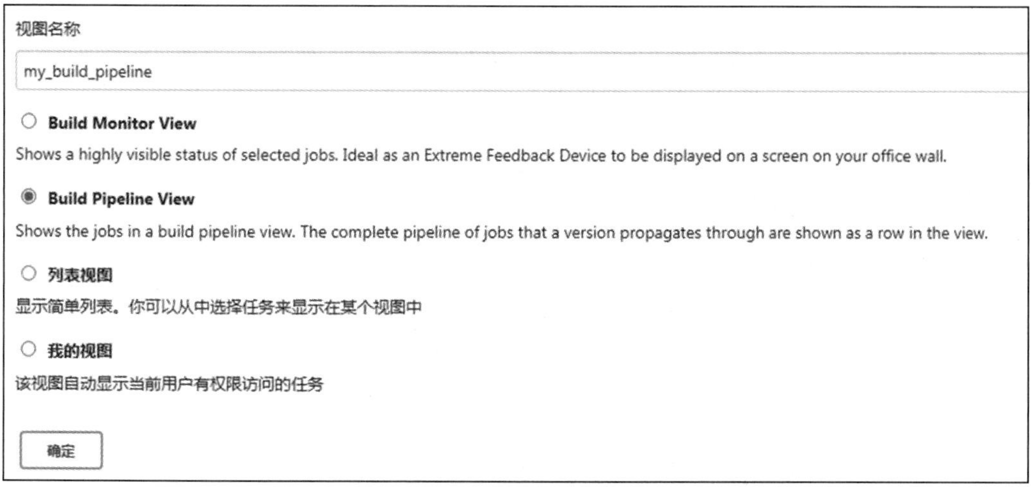

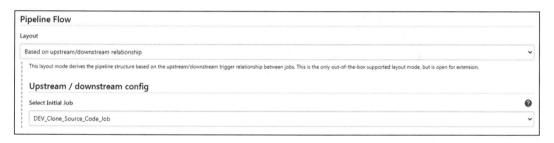

图 9-54　输入视图名称并选择 Build Pipeline View

在 Pipeline 的配置页面选择初始 Jenkins Job，其他的保持默认即可（如图 9-55 所示）。

Pipeline Flow
Layout
Based on upstream/downstream relationship
This layout mode derives the pipeline structure based on the upstream/downstream trigger relationship between jobs. This is the only out-of-the-box supported layout mode, but is open for extension.
Upstream / downstream config
Select Initial Job
DEV_Clone_Source_Code_Job

图 9-55　选择 Pipeline 的初始化 Job

点击“保存”按钮退出配置界面，我们将会看到上文中创建的四个 Job 已经以可视化的方式组合在了一起，手动点击 这个“运行”图标就可以立即开始构建。在该视图中，我们可以清晰地看到每个 Job 的运行情况（如图 9-56 所示）。

除了 Build Pipeline View 插件之外，我们还可以在 Jenkins 插件中心下载其他类型的可视化插件，图 9-57 是使用了 Build Monitor View 插件创建的可视化构建效果。

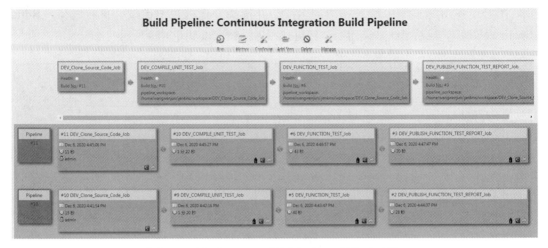

图 9-56　通过 Pipeline 视图查看 Job 的构建过程

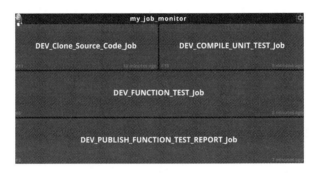

图 9-57　Build Monitor View 可视化插件

9.4　Jenkins 构建 Pipeline Job

Jenkins 自 2.x 版本以后，开始支持流水线式的 Jenkins Job 创建，创建该类型的 Jenkins Job 时，需要使用 Groovy 语言编写 Pipeline 脚本，用于声明 stages 和构建等步骤，指定 Jenkins 机器节点和定义构建工具等工作。这种方式比较灵活，有较高的可重复使用性，但是相对来说，学习曲线也较高，毕竟会要求开发者额外掌握一门开发语言——Groovy。

9.4.1　Groovy Pipeline Script

本节将通过编写 Pipeline Script 的方式创建 Jenkins Pipeline Job。首先新建 Jenkins Job，并选择流水线类型，如图 9-58 所示。

图 9-58　创建流水线类型的 Jenkins Job

点击"确定"按钮，进入 Jenkins Job 的配置，该类型的 Job 配置非常少，原因是任务的构建过程已在 Pipeline Script 中定义完成。流水线类型的 Job 包含四个配置部分，分别是：通用、构建触发器、高级项目选项、流水线。这里主要关注流水线部分的 Pipeline Script 的脚本开发，实现代码具体如下。

```
pipeline{
    //设置运行该Job的Jenkins机器节点label。
    agent {label 'devops'}
    //设置工具（9.2.2节中进行的配置）。
    tools{
        maven 'maven-3.5.2'
        jdk 'jdk1.8'
    }
    stages{
        //定义初始化stage，输出环境变量，也可以不用。
        stage("Initialize"){
            steps{
                sh '''
                    echo "PATH=${PATH}"
                    echo "MAVEN_HOME=${MAVEN_HOME}"
                '''
            }
        }
        //定义从Git代码仓库中clone源码的stage和步骤。
        stage("Clone source code"){
            steps{
                git 'git@github.com:wangwenjun/cicd.git'
```

```
        }
    }

    //定义执行单元测试的步骤。
    stage("Unit Test"){
        steps{
            sh 'mvn clean test "-Dtest=*Test"'
        }
        post{
            success{
                junit '**/target/surefire-reports/*.xml'
            }
        }
    }

    //定义执行功能测试的步骤。
    stage("Function Test"){
        steps{
            sh 'mvn test "-Dtest=*Fixture,*Runner"'
        }
    }

    //定义生成功能测试报告的步骤。
    stage("Publish Function Testing Report"){
        steps{
            sh 'mvn cluecumber-report:reporting'
        }
    }
}
}
```

在流水线 Job 的脚本配置中输入以上内容，如图 9-59 所示。

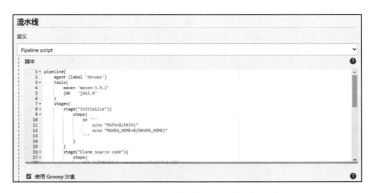

图 9-59　配置流水线 Job 的构建脚本

无论是自由风格还是 Maven 项目风格的 Jenkins Job，都需要进行较多的 Job 配置，而流水线类型的 Jenkins Job 则不需要，所有阶段及阶段内部的步骤都定义在了 Pipeline Script 中，这极大地降低了配置的复杂度。在流水线 Pipeline Script 编写完成之后就可以点击"保存"按钮退出，然后对其执行构建操作，图 9-60 所示的是 Pipeline Job 的构建过程。

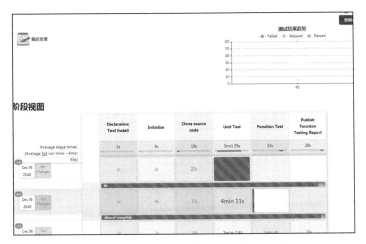

图 9-60　流水线 Job 的可视化构建过程

9.4.2　Jenkinsfile

无论是自由风格类型的 Jenkins Job 还是 Maven 项目类型的 Jenkins Job，一旦在 Jenkins 环境中完成 Job 的创建，之后如果想要将这些 Job 迁移到其他 Jenkins 环境中，则必须逐字逐句重新进行配置。当 Job 的数量比较少时，迁移及重新配置尚且比较容易，一旦 Job 规模变得庞大起来，这种迁移方式就会变得既耗时又容易出错，采用 Pipeline Script 的方式则可以简化手动配置的重复工作。

虽然 Pipeline Script 的方式可以减少页面表单的手动配置工作，但是仍然需要手动完成脚本的录入工作，那么有没有一种方式可以直接从某个地方拉取这些 Pipeline Script 代码，然后重复利用呢？在流水线式的 Job 定义中是允许这样做的，我们可以直接将 Pipeline Script 代码定义为 Jenkinsfile 文件，然后提交至软件项目的根目录，流水线 Job 会从软件项目的根目录拉取 Jenkinsfile 文件，然后完成 Job 的构建过程，具体的操作步骤如下。

首先，需要将 9.4.1 节中的 Pipeline Script 保存在一个名为 Jenkinsfile 的文件中（请注意，该文件名没有任何后缀），然后放到软件项目的根目录并提交至版本控制系统中（对应于本书源代码的 Git 远程仓库）。

然后，在创建流水线 Jenkins Job 时，指定从 Git 远程仓库获取 Jenkinsfile，这样就可以达到"一处编写，处处构建"的效果了，如图 9-61 所示。

保存退出后即可立即进行构建，这一点与 9.4.1 节中的结果并没有任何区别，但是这种方式可以使 Job 的构建过程和步骤得到最大化的复用，这种方式近年来已成为一种主流，尤其是 Jenkins 结合 Docker 等容器技术实现软件部署时，可以将很多 Docker 的命令都编辑在 Jenkinsfile 文件中。

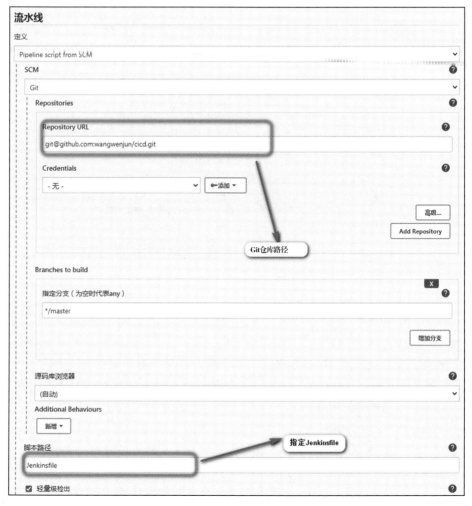

图 9-61　从 Git 仓库中拉取 Jenkinsfile 文件

9.4.3　Blue Ocean

本节将介绍一款重量级的 Jenkins 插件——Blue Ocean，该插件极大地提高了 Jenkins 的用户体验，专门为 Jenkins 流水线式的 Job 而设计，同时又能兼容自由风格类型的 Jenkins Job。Blue Ocean 插件不仅可以帮助我们创建流水线式的 Jenkins Job，还可以以可视化的方式运行流水线式的 Jenkins Job。

相对于其他插件，Blue Ocean 比较重量级，其运行需要更多的系统资源支持。首先，参考 9.2.3 节的插件管理，安装 Blue Ocean，当 Blue Ocean 插件安装好以后，需要重启 Jenkins 服务使其生效。点击进入一个已经存在的 Pipeline Job（这里以 DEV_Pipeline_job 为例，如图 9-62 所示），我们会发现在左侧菜单栏处多了一个 Blue Ocean 的图标

🌀 **打开 Blue Ocean**，点击该图标即可进入 Blue Ocean 的主页面。

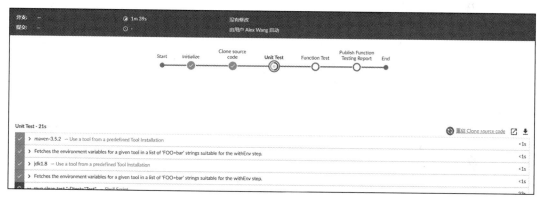

图 9-62　Blue Ocean 主页面

　　点击"运行"按钮，DEV_Pipeline_job 将以可视化的方式运行（如图 9-63 所示），无论是交互界面还是用户体验，都远比直接在 Jenkins 流水线 Job 上构建要酷炫许多（但是两种方式相比较，前者会耗费更多系统资源）。

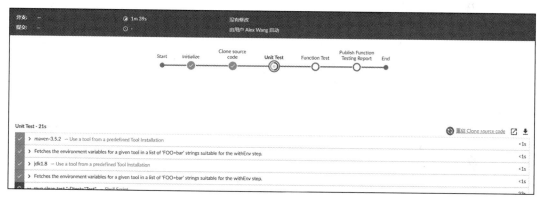

图 9-63　Blue Ocean 中的 Job 构建过程

　　除了可以使用 Blue Ocean 打开已经创建好的流水线 Jenkins Job 之外，还可以直接使用 Blue Ocean 创建流水线 Job，如图 9-64 所示，打开 Blue Ocean，点击"创建流水线"按钮。

图 9-64　通过 Blue Ocean 创建流水线

　　选择代码仓库类型"Git"，并在"连接到 Git 仓库"中输入远程 Git 仓库地址，然后点击"创建流水线"按钮，Blue Ocean 会自动识别 Jenkinsfile，并帮助我们创建一个流水线 Jenkins Job，如图 9-65 所示。

图 9-65　Blue Ocean 创建 Job 的过程

9.5　本章总结

本章从 Jenkins 的安装开始说起，以层层递进的方式讲解了如何构建三种类型（自由风格、Maven 项目类型、流水线类型）的 Jenkins Job，以及如何进行 Jenkins 集群节点的配置和权限管理、系统管理、工具管理和插件管理等。

本章希望帮助读者独立完成 Jenkins 环境的搭建和 Job 的构建等工作。在开源软件的世界中，Jenkins 广泛应用于集成开发和集成交付等工作领域，几乎所有公司和团队都在使用 Jenkins 管理和构建持续集成和持续交付的工作，因此熟悉并掌握 Jenkins 的使用方法是非常有必要的，这也为我们学习好第 10 章的内容打下了一个坚实的基础。

由于网络等原因，在安装 Jenkins 插件时可能偶尔会失败，因此强烈建议大家将 Jenkins 的各种插件进行归档管理，在搭建新的 Jenkins 环境时，只需要将备份保存的插件复制到"~/.jenkins/plugins"路径下即可。为了方便大家搭建 Jenkins 环境，笔者将本书中用到的所有 Jenkins 插件全部上传至 GitHub 中，大家可以直接下载并使用，地址为 git@

github.com:wangwenjun/jenkins_plugins.git。

【拓展阅读】

1）Jenkins 官方网址为 https://www.jenkins.io/。

2）Jenkins 插件索引网址为 https://plugins.jenkins.io/。

3）Role Strategy 授权策略插件，网址为 https://plugins.jenkins.io/role-strategy/。

4）Build Pipeline View，网址为 https://plugins.jenkins.io/build-pipeline-plugin/。

5）Jenkins Pipeline Job，网址为 https://jenkins.io/doc/book/pipeline/syntax/。

6）Blue Ocean，网址为 https://plugins.jenkins.io/blueocean。

7）本书中所有的 Jenkins 插件见 git@github.com:wangwenjun/jenkins_plugins.git。

基于 Jenkins 构建持续集成与持续交付

本章将结合前面所学的知识,逐步构建一个比较完善的持续集成和持续交付环境。由于目前 Devops 的概念逐渐火热起来,受到越来越多企业的重视,因此业内涌现出了非常多的能完成同样工作的工具种类,本书所讲的工具与您所选的工具难免会存在差异,不过,使用工具是为了提升工作效率,适合自己的才是最好的。

本章首先会基于 Spring Boot 构建一个简单的 RESTful 应用程序,该应用程序提供了若干个 Endpoint,用于对 MySQL 数据表进行 CRUD 操作。应用程序在编译打包的过程中会进行源代码检查和单元测试执行等操作,当本地开发环境成功通过一系列检查之后,开发人员会将变更推送(Push)至 GitHub 仓库的 Feature 分支中,并且发起合并(Merge)请求。项目团队的其他成员在对代码进行审核(Review)之后会批准将变更合并至 develop 分支。develop 分支变动后会产生一个事件触发 Jenkins Job 的构建,Jenkins Job 会对代码进行拉取、编译、单元测试执行,然后打包并上传至企业级私服 Nexus 中。在这一切操作完成之后,Jenkins Job 还会触发 Ansible Playbook 从 Nexus 私服拉取软件包,然后自动化部署至目标机器 Inventory 并启动。为了验证本次的软件部署是否成功,Jenkins Job 还会触发功能测试对软件功能进行验收测试。图 10-1 所示的是本章将要搭建的持续集成和持续交付架构图。

本章将重点介绍如下内容。

❏ 如何通过 Spring Boot 开发基本的 RESTful 应用及 SpringTest Runner。

❏ 如何使用 Nexus 搭建 Maven 仓库私服。

❏ RedHat Ansible 的基本使用方法。

❏ Ansible Playbook 的语法,以及对软件的部署。

❏ 回顾如何使用 Cucumber 对软件进行功能测试。

❏ 持续集成和持续交付环境的搭建。

❑ 如何通过 Checkstyle 检查代码风格。

❑ FindBugs、SpotBugs、PMD 静态代码分析。

❑ 如何通过 OWASP 分析第三方依赖库的安全性。

❑ 进一步熟悉 Jenkins Pipeline Script 和 Blue Ocean。

❑ GitHub WebHook 与 Jenkins 的集成。

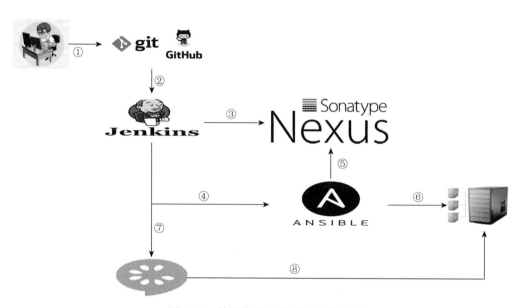

图 10-1　持续集成 & 持续交付架构图

10.1　Spring Boot 开发 RESTful 应用

本节将使用 Spring Boot 开发一个非常简单的 RESTful 应用程序，该程序虽然简单，但它提供了几种常见的 HTTP 调用方式，同时，本节还会针对源代码完成单元测试、代码格式、安全性、漏洞等的检查工作。最后还将使用 Cucumber 单独创建一个项目，用于对部署启动后的应用程序进行自动化验收测试，所有步骤的构建最终都会由 Jenkins Pipeline 进行管理，正如图 10-1 所描述的那样。

本节将会包含如下两个项目。

❑ simple_application：RESTful 应用程序。

❑ simple_application_acceptance：对 RESTful 应用程序功能进行自动化测试的程序。

10.1.1　搭建 Spring Boot 环境

创建 Spring Boot 项目的方式有很多种，比较方便的一种是直接使用 Spring 提供的

Initializr 来创建，直接在 Initializr 的官方网站进行创建（IDEA 和 Eclipse 均提供了类似的插件）即可，这种方式还可以解决很多冲突问题。

访问 Spring Initializr 网站（网址为 https://start.spring.io/），填写基本的 project 信息，选择需要用到的依赖，然后点击生成" GENERATE "即可下载一个空的 Spring Boot 项目了（如图 10-2 所示）。

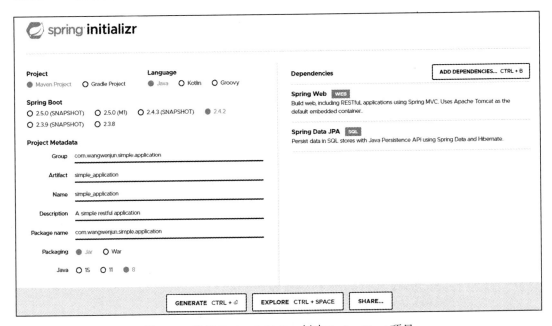

图 10-2　使用 Spring Initializr 创建 Spring Boot 项目

解压所生成的空项目，然后导入至 IDEA 开发工具中，由于需要用到关系型数据库，因此还要引入对 MySQL 驱动的依赖，完整的 pom.xml 文件如下所示。

```xml
<?xml version="1.0" encoding="UTF-8"?>
<project xmlns="http://maven.apache.org/POM/4.0.0" xmlns:xsi="
    http://www.w3.org/2001/XMLSchema-instance"
    xsi:schemaLocation="http://maven.apache.org/POM/4.0.0 https://maven.apache.
    org/xsd/maven-4.0.0.xsd">
<modelVersion>4.0.0</modelVersion>
<parent>
    <groupId>org.springframework.boot</groupId>
    <artifactId>spring-boot-starter-parent</artifactId>
    <version>2.4.2</version>
    <relativePath/>
</parent>
<groupId>com.wangwenjun.simple.application</groupId>
<artifactId>simple_application</artifactId>
<version>0.0.1-SNAPSHOT</version>
<name>simple_application</name>
<description>A simple restful application</description>
```

```xml
    <properties>
        <project.build.sourceEncoding>UTF-8</project.build.sourceEncoding>
        <maven.compiler.source>1.8</maven.compiler.source>
        <maven.compiler.target>1.8</maven.compiler.target>
    </properties>
    <dependencies>
        <dependency>
            <groupId>org.springframework.boot</groupId>
            <artifactId>spring-boot-starter-data-jpa</artifactId>
        </dependency>
        <dependency>
            <groupId>org.springframework.boot</groupId>
            <artifactId>spring-boot-starter-web</artifactId>
        </dependency>

        <dependency>
            <groupId>org.springframework.boot</groupId>
            <artifactId>spring-boot-starter-test</artifactId>
            <scope>test</scope>
        </dependency>

        <dependency>
            <groupId>mysql</groupId>
            <artifactId>mysql-connector-Java</artifactId>
            <version>5.1.40</version>
        </dependency>
        <dependency>
            <groupId>org.springdoc</groupId>
            <artifactId>springdoc-openapi-ui</artifactId>
            <version>1.5.2</version>
</dependency>
    </dependencies>

    <build>
        <plugins>
            <plugin>
                <groupId>org.springframework.boot</groupId>
                <artifactId>spring-boot-maven-plugin</artifactId>
            </plugin>
        </plugins>
    </build>
</project>
```

由于 simple_application 需要用到 MySQL 数据库，因此需要提前创建好数据库及数据表，创建脚本具体如下。

```sql
#数据库创建脚本。
CREATE DATABASE `simple_application`
#数据表创建脚本。
CREATE TABLE `employee` (
    `id` int(11) NOT NULL AUTO_INCREMENT,
    `name` varchar(48) NOT NULL,
    `address` varchar(256) NOT NULL,
    `created_at` date DEFAULT NULL,
    `updated_at` date DEFAULT NULL,
```

```
    `remark` varchar(1024) DEFAULT NULL,
    PRIMARY KEY (`id`)
) ;
```

在正式开发代码之前，需要对 Spring Boot 的 application.yml 进行简单的配置，配置代码如下所示。

```
logging:
    level:
        root: INFO
server:
    port: 18231
spring:
    jpa:
        hibernate:
            ddl-auto: none
        open-in-view: false
        naming:
            physical-strategy: org.hibernate.boot.model.naming.PhysicalNaming
                StrategyStandardImpl
    datasource:
        url: jdbc:mysql://192.168.88.7:3306/simple_application?useUnicode=
            true&characterEncoding=UTF-8&serverTimezone=UTC
        driverClassName: com.mysql.cj.jdbc.Driver
        username: root
        password: root
```

由于我们的应用程序是基于 RESTful API 风格的 HTTP 服务，因此需要提前定义好 Endpoint，本示例一共定义了五个 Endpoint，分别提供了对 Employee 的 CRUD 操作，具体如下。

（1）/employee

❑ HTTP Method：GET 方法。

❑ 描述：获取 Employee 列表。

（2）/employee/{id}

❑ HTTP Method：DELETE 方法。

❑ 描述：删除指定的 Employee。

（3）/employee/{id}

❑ HTTP Method：GET 方法。

❑ 描述：获取指定 Employee 的详细信息。

（4）/employee

❑ HTTP Method：PUT 方法。

❑ 描述：修改 Employee。

（5）/employee

❑ HTTP Method：POST 方法。

❑ 描述：新增 Employee。

图 10-3 所示的是 OpenAPI 生成 RESTful 接口的列表。

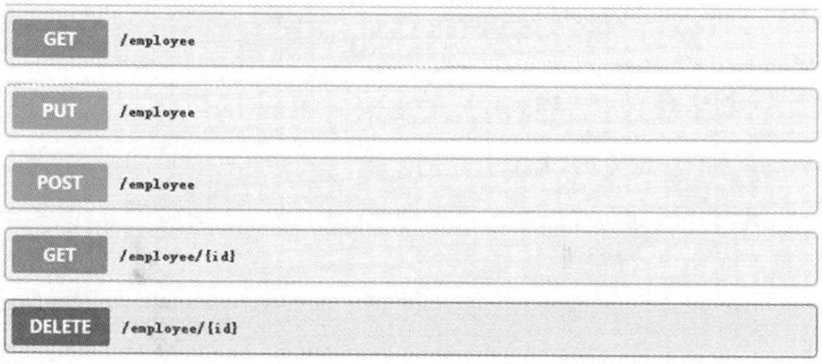
GET
/employee
PUT
/employee
POST
/employee
GET
/employee/{id}
DELETE
/employee/{id}

图 10-3　OpenAPI 生成 RESTful 接口列表

10.1.2　代码检查与分析

至此，我们已经准备好了 Spring Boot 的开发环境搭建和数据库数据模型的创建，在正式开发之前，还需要引入一系列插件，主要用于代码风格检查和静态代码分析等工作，这也是持续集成中不可缺少的一部分。很多企业或团队都会使用一些商业软件来做代码漏洞、格式和安全性的扫描，但在本章的案例中，只需要使用相关的 Maven 插件即可。

结合第 3 章中 Git 工作流程和 TDD 的知识，开发人员在本地开发过程中的详细流程如图 10-4 所示。

创建Feature分支
开发单元测试
开发源码
checkstyle检查代码风格
静态代码分析
第三方依赖安全性检查
运行单元测试

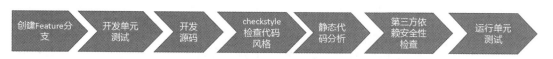

图 10-4　本地代码开发流程

1. 代码风格检查

无论采用哪种开发语言，相信每个公司或团队其内部都会有统一的代码规范，以便约束开发人员严格遵循统一的代码风格和格式，比如，函数体的代码长度、方法的命名约束、参数的数量、花括号是否换行、单行代码的最大长度等。一旦团队开始遵循统一的代码风格，就会为后期的系统维护带来极大的便利，也会促使开发人员形成良好的编码习惯。

那么，如何在代码提交至代码仓库之前就约束开发人员遵循统一的规范呢？这里需要借助于某些针对代码风格检查的工具和模板来帮助开发人员，其中，Checkstyle 是一个历史悠久、应用广泛且表现优异的工具，本节会将 Checkstyle 集成至应用程序的编译过程中，以用来协助代码风格的检查。

至于具体的代码格式模板，每个公司可能会有不同的要求，目前在全球使用最多的是 Sun 和 Google 提供的模板，而在国内，阿里集团提供的模板其应用也很广泛，本节将使用 Google 的代码模板来统一源码格式。

　　Google 的代码格式检查模板是比较严格的，对导入包的字典顺序排序、JavaDoc 文字结尾符号、单行代码的最大长度、Tab、空格等都提出了严格的要求。另外，需要注意的一点是：应尽量在项目开始阶段就引入代码风格检查，如果在项目中后期才引入，则会出现大量的错误，甚至还会为了修改代码风格，增加引入 Bug 的风险。

　　在 Maven 插件部分加入对 Checkstyle 的依赖，并进行一些简单的配置，默认情况下，Maven 插件自带了 Sun 和 Google 的 Checkstyle 模板，所以直接把配置项 configLocation 设置为 google_check.xml 即可。具体配置如下。

```xml
<plugin>
    <groupId>org.apache.maven.plugins</groupId>
    <artifactId>maven-checkstyle-plugin</artifactId>
    <version>${checkstyle-maven-plugin.version}</version>
    <dependencies>
        <dependency>
            <groupId>com.puppycrawl.tools</groupId>
            <artifactId>checkstyle</artifactId>
            <version>8.11</version>
        </dependency>
    </dependencies>
    <configuration>
        <configLocation>google_check.xml</configLocation>
        <encoding>UTF-8</encoding>
        <consoleOutput>true</consoleOutput>
        <failsOnError>true</failsOnError>
        <failOnViolation>true</failOnViolation>
    </configuration>
    <executions>
        <execution>
            <phase>process-classes</phase>
            <goals>
                <goal>check</goal>
            </goals>
        </execution>
    </executions>
</plugin>
```

　　执行"mvn package"命令，源代码在经过了 class 文件的编译之后，会触发格式代码检查目标的运行，然后会在 target 路径下生成一个文件 checkstyle-checker.xml。将该文件复制出来做一些个性化的配置，比如，增加新的规则，或者修改某个检查规则（这里对默认单行长度最大不能超过 100 个字符的限制做了修改），此后，整个团队就可以使用我们自定义的模板了。

```xml
<plugin>
    ...
    <configuration>
        <configLocation>${project.basedir}/analysis/checkstyle/google_check_
            styles.xml</configLocation>
        <encoding>UTF-8</encoding>
        <consoleOutput>true</consoleOutput>
        <failsOnError>true</failsOnError>
```

```
            <failOnViolation>true</failOnViolation>
        </configuration>
    ...
    </plugin>
```

如果想要通过 Checkstyle 插件生成 Report 文档，则需要在 pom 配置文件的 <reporting/> 部分添加插件，在执行"mvn site"命令时生成 Checkstyle 报告，但是这种方式没有在 build 部分中的声明严格。

```
<reporting>
    <plugins>
        <plugin>
            <groupId>org.apache.maven.plugins</groupId>
            <artifactId>maven-checkstyle-plugin</artifactId>
            <version>3.0.0</version>
            <configuration>
                <configLocation>${project.basedir}/analysis/checkstyle/google_
                    check_styles.xml</configLocation>
                <encoding>UTF-8</encoding>
                <consoleOutput>true</consoleOutput>
                <failsOnError>true</failsOnError>
                <failOnViolation>true</failOnViolation>
            </configuration>
        </plugin>
    </plugins>
</reporting>
```

工具的使用固然很重要，但是开发人员培养良好的编码风格更为重要。在此，笔者强烈推荐大家参考阅读 Google 关于 Java 编码格式的指导资料，资料地址为 https://google.github.io/styleguide/javaguide.html。

2. 静态代码分析（SpotBugs、PMD、FindBugs）

用于静态代码分析的工具相对来说是比较丰富的，比如，老牌的 FindBugs、PMD，以及新晋宠儿 SpotBugs（SpotBugs 可以媲美 Sonar Qube 静态代码分析工具），它们都能很好地帮助开发者在开发阶段分析代码问题，比如，有些变量定义了却未使用、代码中存在不必要的分支、循环语句和 try catch 语句，以及代码存在安全性漏洞等问题。

（1）FindBugs

FindBugs 插件的配置与 Checkstyle 类似，下面提供了 <build/> 和 <reporting/> 部分的配置。我们可以配置 FindBugs 在 class 文件编译成功之后强制执行检查，下面是具体的配置方法。

```
<build>
    <plugins>
        <plugin>
            <groupId>org.codehaus.mojo</groupId>
            <artifactId>findbugs-maven-plugin</artifactId>
            <version>3.0.4</version>
            <configuration>
                <effort>Max</effort>
```

```
                </configuration>
                <executions>
                    <execution>
                        <phase>process-classes</phase>
                        <goals>
                            <goal>check</goal>
                        </goals>
                    </execution>
                </executions>
            </plugin>
        </plugins>
    </build>
//这里省略部分代码。
    <reporting>
        <plugins>
            <plugin>
                <groupId>org.codehaus.mojo</groupId>
                <artifactId>findbugs-maven-plugin</artifactId>
                <version>3.0.4</version>
            </plugin>
        </plugins>
    </reporting>
```

执行“mvn package”命令，我们将会发现 FindBugs 可以正常工作，并且还发现了几个代码漏洞，具体如下。

```
[INFO] BugInstance size is 6
[INFO] Error size is 0
[INFO] Total bugs: 6
[INFO] com.wangwenjun.simple.application.domain.Employee.getCreatedAt() may
    expose internal representation by returning Employee.createdAt [com.wangwenjun
    .simple.application.domain.Employee] At Employee.java:[line 77] EI_EXPOSE_REP
[INFO] com.wangwenjun.simple.application.domain.Employee.getUpdatedAt() may
    expose internal representation by returning Employee.updatedAt [com.wangwenjun.
    simple.application.domain.Employee] At Employee.java:[line 85] EI_EXPOSE_REP
[INFO] new com.wangwenjun.simple.application.domain.Employee(String, String,
    Date, Date, String) may expose internal representation by storing an externally
    mutable object into Employee.createdAt [com.wangwenjun.simple.application.
    domain.Employee] At Employee.java:[line 47] EI_EXPOSE_REP2
[INFO] new com.wangwenjun.simple.application.domain.Employee(String, String,
    Date, Date, String) may expose internal representation by storing an externally
    mutable object into Employee.updatedAt [com.wangwenjun.simple.application.
    domain.Employee] At Employee.java:[line 48] EI_EXPOSE_REP2
[INFO] com.wangwenjun.simple.application.domain.Employee.setCreatedAt(Date)
    may expose internal representation by storing an externally mutable object
    into Employee.createdAt [com.wangwenjun.simple.application.domain.Employee]
    At Employee.java:[line 81] EI_EXPOSE_REP2
[INFO] com.wangwenjun.simple.application.domain.Employee.setUpdatedAt(Date)
    may expose internal representation by storing an externally mutable object
    into Employee.updatedAt [com.wangwenjun.simple.application.domain.Employee]
    At Employee.java:[line 89] EI_EXPOSE_REP2
[INFO]
```

认真阅读错误提示信息，我们会发现 FindBugs 对代码的分析非常准确和透彻，由于我们在 Employee 的构造函数和 set/get 方法中均设置了 Date 这个引用类型，因此我们应该为

get 方法的返回值创建一个备份，以避免外部对该引用值执行写操作，而构造函数或 set 方法同样也存在该问题，下面根据提示做一些修改。

```
public Employee(String name, String address, Date createdAt, Date updatedAt,
    String remark) {
    this.name = name;
    this.address = address;
    this.createdAt = createdAt != null ? new Date(createdAt.getTime()) : null;
    this.updatedAt = updatedAt != null ? new Date(updatedAt.getTime()) : null;
    this.remark = remark;
}

public Date getCreatedAt() {
    return createdAt != null ? new Date(createdAt.getTime()) : null;
}
public void setCreatedAt(Date createdAt) {
    this.createdAt = createdAt != null ? new Date(createdAt.getTime()) : null;
}
public Date getUpdatedAt() {
    return updatedAt != null ? new Date(updatedAt.getTime()) : null;
}
public void setUpdatedAt(Date updatedAt) {
    this.updatedAt = updatedAt != null ? new Date(updatedAt.getTime()) : null;
}
```

修改后再次执行 "mvn package" 命令，我们将会发现这次没有任何错误了，当然了，Employee 类型的对象只会在客户端访问 RESTful Endpoint 时传入，没有必要进行克隆做一些不可变的处理，我们也可以通过配置 FindBugs 忽略对它的检查，具体做法如下所示。

首先，需要引入 Findbugs 的相关依赖，pom 的 scope 为 provided，意思是不参与运行时工作。具体配置如下。

```xml
<dependency>
    <groupId>com.google.code.findbugs</groupId>
    <artifactId>annotations</artifactId>
    <version>3.0.1</version>
    <scope>provided</scope>
</dependency>
<dependency>
    <groupId>com.google.code.findbugs</groupId>
    <artifactId>jsr305</artifactId>
    <version>3.0.1</version>
    <scope>provided</scope>
</dependency>
```

然后，通过 @SuppressFBWarnings 标记目标方法，忽略错误，代码如下。

```java
@SuppressFBWarnings(value = { "EI_EXPOSE_REP", "EI_EXPOSE_REP2" },
justification = "I prefer to suppress these FindBugs warnings")
public void setUpdatedAt(Date updatedAt) {
    this.updatedAt = updatedAt;
}
```

为了方便使用 FindBugs，我们还可以在开发工具中安装 FindBugs 的插件，图 10-5 所示的是笔者安装插件后执行代码分析时，IDEA 插件分析出来的代码漏洞。

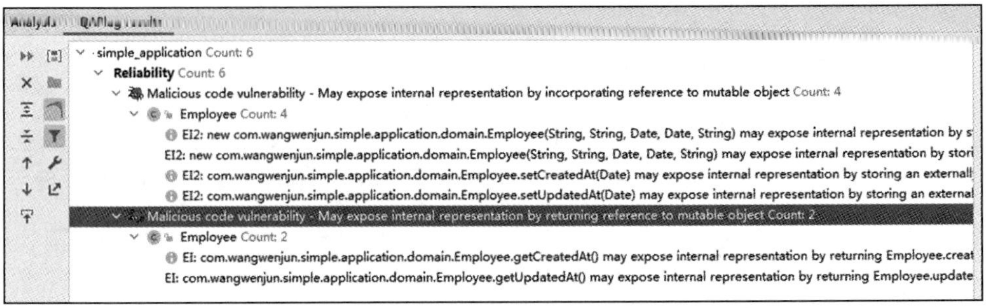

图 10-5　IDEA FindBugs 插件分析出来的代码漏洞

（2）PMD

PMD 与 FindBugs 的作用极为类似，它们都是用于执行静态代码分析的工具，都能非常有效地帮助开发人员指出代码中的安全隐患，但是它们的运行原理却有着本质上的不同，FindBugs 分析的是 Java 文件编译后的字节码文件（即 class 文件），而 PMD 则是直接面向 Java 文本源代码进行分析。

引入 PMD 的方式共有两种，分别是在 <build/> 和 <reporting/> 中进行插件声明，具体配置如下。

```
<plugin>
    <groupId>org.apache.maven.plugins</groupId>
    <artifactId>maven-pmd-plugin</artifactId>
    <version>3.14.0</version>
    <executions>
        <execution>
            //由于PMD是基于源码的分析，因此phase设置应该在compile之前。
            <phase>process-resources</phase>
            <goals>
                <goal>check</goal>
            </goals>
        </execution>
    </executions>
</plugin>
//此处忽略reporting部分的配置。
```

相较于 FindBugs，除了运行原理存在差异之外，PMD 最大的优势在于其具有灵活的规则定义和配置，我们可以在 PMD Plugin 配置中通过 <configuration/> 对规则进行配置，配置代码如下。

```
<configuration>
    <rulesets>
        <ruleset>...</ruleset>
    </rulesets>
</configuration>
```

（3）SpotBugs

SpotBugs 可以看作是新一代的 FindBugs，其对代码的安全性进行静态分析的能力可以媲美于 SonarQube，由于 SpotBugs 师承 FindBugs，因此其在用法上与 FindBugs 几乎完全一样，只要简单地配置 Maven 插件即可引入使用。配置代码具体如下。

```
<plugin>
    <groupId>com.github.spotbugs</groupId>
    <artifactId>spotbugs-maven-plugin</artifactId>
    <version>4.2.0</version>
    <dependencies>
        <dependency>
            <groupId>com.github.spotbugs</groupId>
            <artifactId>spotbugs</artifactId>
            <version>4.2.1</version>
        </dependency>
    </dependencies>
    <executions>
        <execution>
            <phase>process-classes</phase>
            <goals>
                <goal>check</goal>
            </goals>
        </execution>
    </executions>
</plugin>
```

需要说明的一点是，在本章的示例中，关于静态代码检查部分，只保留了 SpotBugs 作为主要的技术手段。

3. 第三方依赖分析安全性 OWASP

代码风格检查 Checkstyle 可以确保团队的所有开发人员都使用统一的编码风格，SpotBugs 静态代码检查可用于检测代码中存在的风险和漏洞，但这些还不足以确保代码的安全性。众所周知，当下的软件开发项目不可避免地会使用来自第三方的组件，即使开发者开发的软件足够安全，也可能会引入第三方存在"安全隐患"的类库，从而对系统的安全带来隐患，因此我们也需要对项目中引入的第三方类进行安全性分析。

本节将使用 OWASP 插件检查第三方依赖的安全性，该插件的配置虽然不难，但是笔者在引入它的过程中经历了多次失败，最后才总结出了如下的配置。

```
<plugin>
    <groupId>org.owasp</groupId>
    <artifactId>dependency-check-maven</artifactId>
    <version>5.2.2</version>
    <configuration>
        <cveUrlModified>https://nvd.nist.gov/feeds/json/cve/1.1/nvdcve-1.1-
            modified.json.gz</cveUrlModified>
        <cveUrlBase>https://nvd.nist.gov/feeds/json/cve/1.1/nvdcve-1.1-%d.json.gz
            </cveUrlBase>
        <failBuildOnCVSS>8</failBuildOnCVSS>
        <assemblyAnalyzerEnabled>false</assemblyAnalyzerEnabled>
```

```
            <failOnError>true</failOnError>
        </configuration>
        <executions>
            <execution>
                <phase>process-classes</phase>
                <goals>
                    <goal>check</goal>
                </goals>
            </execution>
        </executions>
    </plugin>
```

　　执行"mvn dependency-check:check"命令，OWASP 插件会帮助我们分析 simple-application 项目所用到的第三方依赖的安全性，分析完成后会在 target 中生成分析文档，用浏览器打开即可查看分析结果，如图 10-6 所示。

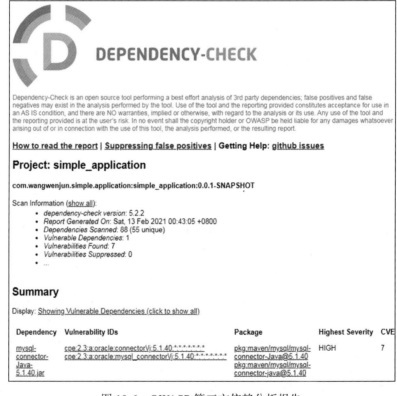

图 10-6　OWASP 第三方依赖分析报告

　　通过漏洞分析报告我们不难看出，MySQL 驱动存在漏洞，点击查看明细会看到该版本的驱动已多次出现安全问题，最后我们将 MySQL 驱动升级为 8.0.22 版本，再次执行分析才没有失败。

　　需要注意的是，首次执行 OWASP 插件时，会将最近二十多年的第三方漏洞库下载到本地，因此下载的时间会比较长，请尽量保持插件的运行不要中断，因为 OWASP 插件的执行时间比较长，尤其是在更新第三方漏洞库的时候。建议仅在软件正式发布之前的时间节点执行该插件，否则会拖慢整个持续集成的速度。要想忽略 OWASP 插件的执行，只需要增加参数"-Ddependency-check.skip"即可跳过这一步骤，在本章的最后一部分，笔者也选择了跳过 OWASP 插件的执行。

```
...
[INFO] NVD CVE requires several updates; this could take a couple of minutes.
[INFO] Download Started for NVD CVE - 2009
[INFO] Download Started for NVD CVE - 2012
[INFO] Download Complete for NVD CVE - 2012   (193511 ms)
[INFO] Download Started for NVD CVE - 2013
[INFO] Processing Started for NVD CVE - 2012
[INFO] Download Complete for NVD CVE - 2009   (235257 ms)
[INFO] Download Started for NVD CVE - 2017
[INFO] Processing Started for NVD CVE - 2009
...
```

10.1.3　基于测试驱动开发完成应用程序开发

本节将基于测试驱动开发（TDD）的方法论，以快速迭代的方式为应用程序逐渐迭代新的功能。在正式开始之前，需要完成一些与 Git 相关的操作，使应用程序的开发过程全程都在版本管理之下进行。

1）在 GitHub 上创建新的 repository 仓库。

```
git@github.com:wangwenjun/simple_application.git
```

2）初始化本地项目，增加远程仓库。

```
git init
git add --all
git commit -m "initialize commit"
git branch -M main
git remote add origin git@github.com:wangwenjun/simple_application.git
git push -u origin main
```

3）创建 develop 分支和 features 分支。

每个新功能都会基于 features 分支的版本进行开发，当开发的代码通过了本地测试之后，才会发起 features 分支合并（Merge）至 develop 分支的请求，并且指定团队成员进行代码审核（Review）。一旦 develop 分支有新的提交（从 features 分支合并过来的变动），就会触发 Jenkins Job 的自动化执行。一切都顺利完成之后，应用程序还将自动化部署到内部集成环境（SIT 或 UAT），并启动运行。具体操作过程如下所示。

```
git checkout -b develop//基于main分支创建develop分支，并切换至develop分支。
git push -u origin develop//将develop分支推送至远程仓库origin。
git checkout -b features/restful_dev//基于develop分支创建features/restful_dev分
支，并切换至features/restful_dev分支。
git push -u origin features/restful_dev//将features/restful_dev分支推送至远程仓库origin。
```

当 develop 和 features 分支创建并推送至远程仓库 origin 后，分支列表如图 10-7 所示。

```
wangwenjun@wangwenjun-pc MINGW64 ~/IdeaProjects/simple_application (features/restful_dev)
$ git branch -a --list
  develop
* features/restful_dev
  main
  remotes/origin/develop
  remotes/origin/features/restful_dev
  remotes/origin/main
```

图 10-7 Git 分支列表

第 1 章曾提到过，对于需要依赖外部资源才能工作的源代码进行单元测试，可以采用两种方式：mock 技术和沙箱技术。很显然，simple-application 需要依赖于外部数据库才能正常提供服务，因此我们需要在单元测试阶段引入嵌入式数据库 H2 替换外部数据库 MySQL。具体做法是，在 application.yml 配置文件中新增 test 的 profile，用嵌入式数据库 H2 相关的配置代替原本对于 MySQL 数据库的设置，配置代码具体如下。

```
---
spring:
  config:
    activate:
      on-profile: test
  jpa:
    hibernate:
      ddl-auto: update
  datasource:
    url: jdbc:h2:mem:db;DB_CLOSE_DELAY=-1
    driverClassName: org.h2.Driver
    username: sa
    password: sa
```

不要忘记在 pom.xml 中引入对 H2 数据库的依赖，由于本书完全基于 JUnit 4 进行单元测试，所以这里需要排除（exclude）JUnit 5.x 相关的依赖，pom 配置片段如下。

```
<dependency>
    <groupId>org.springframework.boot</groupId>
    <artifactId>spring-boot-starter-test</artifactId>
<scope>test</scope>
//排除JUnit 5.x版本的相关依赖。
    <exclusions>
        <exclusion>
            <groupId>org.junit.jupiter</groupId>
            <artifactId>junit-jupiter</artifactId>
        </exclusion>
        <exclusion>
            <groupId>org.junit.jupiter</groupId>
            <artifactId>junit-jupiter-api</artifactId>
        </exclusion>
        <exclusion>
            <groupId>org.junit.platform</groupId>
            <artifactId>junit-platform-commons</artifactId>
        </exclusion>
```

```
        </exclusions>
    </dependency>
    //引入H2嵌入数据库的依赖。
    <dependency>
        <groupId>com.h2database</groupId>
        <artifactId>h2</artifactId>
        <version>1.4.200</version>
        <scope>test</scope>
    </dependency>
    //引入JUnit 4.13版本的依赖。
    <dependency>
        <groupId>junit</groupId>
        <artifactId>junit</artifactId>
        <version>4.13</version>
        <scope>test</scope>
    </dependency>
```

我们构建的应用程序是基于 Spring Boot 开发的，而 Spring Boot 又深度依赖于 Spring IOC 容器，为了测试 Spring Boot 及 Spring 上下文配置的正确性，下面需要编写一个简单的单元测试来进行验证，单元测试如程序代码 10-1 所示。

程序代码10-1　SimpleApplicationTests.java

```java
package com.wangwenjun.simple.application;

import org.junit.Test;
import org.junit.runner.RunWith;
import org.springframework.boot.test.context.SpringBootTest;
import org.springframework.context.annotation.ComponentScan;
import org.springframework.test.context.ActiveProfiles;
import org.springframework.test.context.junit4.SpringJUnit4ClassRunner;

@RunWith(SpringJUnit4ClassRunner.class)
@SpringBootTest(classes = SimpleApplication.class)
@ComponentScan("com.wangwenjun.simple.application")
@ActiveProfiles("test")
public class SimpleApplicationTests {

    @Test
    public void contextLoads() {
    }
}
```

若单元测试类 SimpleApplicationTests 中的方法 contextLoads 执行成功，则表明当前的 Spring Boot 环境配置正确。

> 提示　限于篇幅，这里无法全部展示应用程序的基础代码，大家可以在 GitHub 上找到 simple-application 的全部源代码和测试代码。

1. 获取所有 Employee 的 Endpoint

我们通过 GET 方法访问 /employee URI 时，希望返回结果是 Employee 的列表，实现代码如下。

```
[
{
    "id":1,
    "name":"Alex",
    "address":"China",
    "createdAt":"2021-02-13",
    "updatedAt":"2021-02-13",
    "remark":"Alex Remark"
},
{
    "id":2,
    "name":"Tina",
    "address":"China",
    "createdAt":"2021-02-13",
    "updatedAt":"2021-02-13",
    "remark":"Tina Remark"
},
{
    "id":3,
    "name":"Jack",
    "address":"America",
    "createdAt":"2021-02-13",
    "updatedAt":"2021-02-13",
    "remark":"Jack Remark"
}
]
```

接下来，根据 RESTful Endpoint 的 URI 和访问方法进行单元测试，单元测试代码如下所示。

```
@Test
public void getAllEmployeeAPI() throws Exception {
    mvc.perform(MockMvcRequestBuilders
            .get("/employee")
            .accept(MediaType.APPLICATION_JSON))
            .andDo(print())
            .andExpect(status().isOk())
            .andExpect(MockMvcResultMatchers.jsonPath("$").isNotEmpty())
            .andExpect(MockMvcResultMatchers.jsonPath("$.[0].name", equalTo("Alex")));
}
```

由于并未开发相关的 Controller 方法，因此执行该单元测试方法肯定会失败，于是我们在 EmployeeController 中开发用于获取 Employee 列表的方法。获取 Employee 列表方法的代码如下。

```
@GetMapping(produces = MediaType.APPLICATION_JSON_VALUE)
public ResponseEntity<Iterable<Employee>> list() {
    final ResponseEntity<Iterable<Employee>> response;
    try {
        Iterable<Employee> employees = this.employeeService.listEmployee();
        if (null != employees) {
            response = new ResponseEntity<>(employees, HttpStatus.OK);
        } else {
```

```
        response = new ResponseEntity<>(Collections.emptyList(), HttpStatus.OK);
        }
        return response;
    } catch (Exception e) {
        throw new ApiException("list employee error", e);
    }
}
```

2. 获取指定 Employee ID 的 Endpoint

我们通过 GET 方法访问 /employee/{id} URI 时，希望返回结果是某个指定 Employee 的详细信息，如果该指定 Employee 不存在，则 HTTP 状态码为 404。实现代码具体如下。

```
{
    "id":1,
    "name"."Alex",
    "address":"China",
    "createdAt":"2021-02-13",
    "updatedAt":"2021-02-13",
    "remark":"Alex Remark"
}
```

根据业务描述，单元测试代码中应该包含两个方法，分别是正确获取 Employee 的信息和 Employee 不存在时返回的 404 HTTP 状态码。单元测试代码具体如下。

```
@Test
public void getSpecificEmployeeAPI() throws Exception {
    mvc.perform(MockMvcRequestBuilders
            .get("/employee/1")
            .accept(MediaType.APPLICATION_JSON))
            .andDo(print())
            .andExpect(status().isOk())
            .andExpect(MockMvcResultMatchers.jsonPath("$").isNotEmpty())
            .andExpect(MockMvcResultMatchers.jsonPath("$.name", equalTo("Alex")));
}

@Test
public void getSpecificEmployeeNotExistAPI() throws Exception {
    mvc.perform(MockMvcRequestBuilders
            .get("/employee/1000")
            .accept(MediaType.APPLICATION_JSON))
            .andDo(print())
            .andExpect(status().is4xxClientError());
}
```

由于没有相关的 Controller 方法，因此运行这两个单元测试方法会失败，接下来，我们需要开发对应的 Controller 方法，以便单元测试能够顺利通过。对应 Controller 方法的实现代码如下。

```
@GetMapping(path = "/{id}", produces = MediaType.APPLICATION_JSON_VALUE)
public ResponseEntity<Employee> getEmployeeById(@PathVariable("id") Integer id)
{
    try {
        Optional<Employee> empOptional = this.employeeService.getEmployeeById(id);
```

```
        return empOptional.map(employee -> new ResponseEntity<>(employee, HttpStatus.OK))
                .orElseGet(() -> new ResponseEntity<>(HttpStatus.NOT_FOUND));
    } catch (Exception e) {
        throw new ApiException("get the employee error", e);
    }
}
```

3. 删除指定 Employee ID 的 Endpoint

我们通过 DELETE 方法访问 /employee/{id} URI 时，希望运行结果是删除某个指定
Employee 的数据库记录，如果该指定 Employee 不存在，则返回 404 HTTP 状态码。根据这
个基本的要求，单元测试代码中也应该包含两个方法，分别是成功删除和 Employee 不存在
时返回的 404 HTTP 状态码。单元测试代码具体如下。

```
@Test
public void deleteSpecificEmployeeAPI() throws Exception {
    mvc.perform(MockMvcRequestBuilders
            .delete("/employee/3")
            .accept(MediaType.APPLICATION_JSON))
            .andDo(print())
            .andExpect(status().isOk());
}

@Test
public void deleteSpecificEmployeeNotExistAPI() throws Exception {
    mvc.perform(MockMvcRequestBuilders
            .delete("/employee/1000")
            .accept(MediaType.APPLICATION_JSON))
            .andDo(print())
            .andExpect(status().is4xxClientError());
}
```

由于没有相关的 Controller 方法，因此运行这两个单元测试方法会失败，接下来，我们
需要开发对应的 Controller 方法，以便单元测试能够顺利通过。对应 Controller 方法的实现
代码如下。

```
@DeleteMapping(path = "/{id}", produces = MediaType.APPLICATION_JSON_VALUE)
public ResponseEntity<Employee> deleteEmployeeById(@PathVariable("id") Integer
id) {
    final ResponseEntity<Employee> response;
    try {
        Optional<Employee> employeeOptional = this.employeeService.getEmployeeById(id);
        if (!employeeOptional.isPresent()) {
            response = new ResponseEntity<>(HttpStatus.NOT_FOUND);
        } else {
            this.employeeService.deleteEmployee(id);
            response = new ResponseEntity<>(HttpStatus.OK);
        }
        return response;
    } catch (Exception e) {
        throw new ApiException("delete the employee error", e);
    }
}
```

4. 更新指定 Employee 的 Endpoint

我们通过 PUT 方法访问 /employee URI 时，希望运行结果是修改某个指定 Employee 的数据库记录，如果该指定 Employee 不存在，则 HTTP 状态码为 404。根据这个基本的要求，单元测试代码中也应该包含两个方法，分别是成功修改后的 Employee 和 Employee 不存在时返回的 404 HTTP 状态码。单元测试代码具体如下。

```java
@Test
public void updateSpecificEmployeeAPI() throws Exception {
    ObjectMapper mapper = new ObjectMapper();
    Employee employee = new Employee("Alex Wang", "China", new Date(System.
        currentTimeMillis()),
            new Date(System.currentTimeMillis()), "Alex Remark");
    employee.setId(1);
    mvc.perform(MockMvcRequestBuilders
            .put("/employee")
            .content(mapper.writeValueAsString(employee))
            .contentType(MediaType.APPLICATION_JSON)
            .accept(MediaType.APPLICATION_JSON))
            .andDo(print())
            .andExpect(status().isOk())
            .andExpect(MockMvcResultMatchers.jsonPath("$.name", equalTo("Alex Wang")));
}

@Test
public void updateSpecificEmployeeNotExistAPI() throws Exception {
    ObjectMapper mapper = new ObjectMapper();
    Employee employee = new Employee("Alex Wang", "China", new Date(System.
        currentTimeMillis()),
            new Date(System.currentTimeMillis()), "Alex Remark");
    employee.setId(1000);
    mvc.perform(MockMvcRequestBuilders
            .put("/employee")
            .content(mapper.writeValueAsString(employee))
            .contentType(MediaType.APPLICATION_JSON)
            .accept(MediaType.APPLICATION_JSON))
            .andDo(print())
            .andExpect(status().is4xxClientError());
}
```

由于没有相关的 Controller 方法，因此运行这两个单元测试方法会失败，接下来，我们需要开发对应的 Controller 方法，以便单元测试能够顺利通过。对应 Controller 方法的实现代码如下。

```java
@PutMapping(consumes = MediaType.APPLICATION_JSON_VALUE, produces = MediaType.
APPLICATION_JSON_VALUE)
public ResponseEntity<Employee> updateEmployee(@RequestBody Employee employee) {
    final ResponseEntity<Employee> response;
    try {
        Optional<Employee> employeeOptional = this.employeeService.
            getEmployeeById(employee.getId());
        if (!employeeOptional.isPresent()) {
            response = new ResponseEntity<>(HttpStatus.NOT_FOUND);
```

```
        } else {
            response = new ResponseEntity<>(this.employeeService.updateEmployee
                (employee), HttpStatus.OK);
        }
        return response;
    } catch (Exception e) {
        throw new ApiException("update the employee error", e);
    }
}
```

5. 新增 Employee 的 Endpoint

我们通过 POST 方法访问 /employee URI 时，希望运行结果是在数据库中新增一条 Employee 记录，由于 ID 主键的自增是由数据库负责维护的，因此当记录新增成功后会返回一条新的数据库记录，同时还会自动生成主键 ID。单元测试代码具体如下。

```
@Test
public void createSpecificEmployeeAPI() throws Exception {
    ObjectMapper mapper = new ObjectMapper();
    Employee employee = new Employee("Andy Liu", "China",
new Date(System.currentTimeMillis()),
        new Date(System.currentTimeMillis()), "Andy Liu Remark");
    mvc.perform(MockMvcRequestBuilders
        .post("/employee")
        .content(mapper.writeValueAsString(employee))
        .contentType(MediaType.APPLICATION_JSON)
        .accept(MediaType.APPLICATION_JSON)
        .andDo(print())
        .andExpect(status().isOk())
        .andExpect(MockMvcResultMatchers.jsonPath("$.name", equalTo("Andy Liu")))
        .andExpect(MockMvcResultMatchers.jsonPath("$.id", greaterThan(3)));
}
```

由于没有相关的 Controller 方法，因此运行单元测试方法会失败，接下来，我们需要开发对应的 Controller 方法，以便单元测试能够顺利通过。对应 Controller 方法的实现代码如下。

```
@PostMapping(consumes = MediaType.APPLICATION_JSON_VALUE, produces = MediaType.
    APPLICATION_JSON_VALUE)
public ResponseEntity<Employee> createEmployee(@RequestBody Employee employee) {
    try {
        return new ResponseEntity<>(this.employeeService.createEmployee
            (employee), HttpStatus.OK);
    } catch (Exception e) {
        throw new ApiException("update the employee error", e);
    }
}
```

如果所有的单元测试方法都能够成功运行，则代表着 simple-application 应用程序的基本功能已经开发完成。TDD（红 – 绿 – 重构）的过程是一个不断思考并迭代的过程，该应用程序还有很多可以提高的空间，比如，当服务器出现错误时如何以更友好的方式返回给客户端，当客户端 Payload 非法时如何处理等，大家可以基于本书的示例，进一步完善单元测试和软件源码。

10.1.4　使用 Cucumber 开发自动化功能测试程序

即使所有的单元测试全部执行成功，也并不意味着应用程序就能够百分之百地提供功能服务，每个功能的背后都包含着复杂的调用流程，所以我们需要从功能使用的维度对应用程序进行测试，以确保应用程序能够提供正确的服务。本节将使用 Cucumber 作为验收测试工具，开发 simple_application_acceptance 项目，以用于软件部署后的功能自动化验收。

首先，我们创建一个新的 Maven 项目，引入对 Cucumber 及 REST-Assured 的依赖，配置如下。

```xml
<?xml version="1.0" encoding="UTF-8"?>
<project xmlns="http://maven.apache.org/POM/4.0.0"
        xmlns:xsi="http://www.w3.org/2001/XMLSchema-instance"
        xsi:schemaLocation="http://maven.apache.org/POM/4.0.0 http://maven.
           apache.org/xsd/maven-4.0.0.xsd">
    <modelVersion>4.0.0</modelVersion>

    <groupId>com.wangwenjun.simple.application</groupId>
    <artifactId>simple_application_acceptance</artifactId>
    <version>1.0-SNAPSHOT</version>
    <properties>
        <project.build.sourceEncoding>UTF-8</project.build.sourceEncoding>
        <project.reporting.outputEncoding>UTF-8</project.reporting.outputEncoding>
    </properties>
    <dependencies>
        <dependency>
            <groupId>junit</groupId>
            <artifactId>junit</artifactId>
            <version>4.13</version>
            <scope>test</scope>
            <exclusions>
                <exclusion>
                    <groupId>org.hamcrest</groupId>
                    <artifactId>hamcrest-core</artifactId>
                </exclusion>
            </exclusions>
        </dependency>

        <dependency>
            <groupId>org.hamcrest</groupId>
            <artifactId>hamcrest-core</artifactId>
            <version>2.2</version>
            <scope>test</scope>
        </dependency>

        <dependency>
            <groupId>io.rest-assured</groupId>
            <artifactId>rest-assured</artifactId>
            <version>4.3.1</version>
            <scope>test</scope>
        </dependency>

        <dependency>
```

```xml
            <groupId>io.cucumber</groupId>
            <artifactId>cucumber-java8</artifactId>
            <version>6.7.0</version>
            <scope>test</scope>
        </dependency>

        <dependency>
            <groupId>io.cucumber</groupId>
            <artifactId>cucumber-java</artifactId>
            <version>6.7.0</version>
            <scope>test</scope>
        </dependency>

        <dependency>
            <groupId>io.cucumber</groupId>
            <artifactId>cucumber-junit</artifactId>
            <version>6.7.0</version>
            <scope>test</scope>
        </dependency>

        <dependency>
            <groupId>com.fasterxml.jackson.core</groupId>
            <artifactId>jackson-databind</artifactId>
            <version>2.11.1</version>
            <scope>test</scope>
        </dependency>

    </dependencies>
    <build>
        <plugins>
            <plugin>
                <groupId>org.apache.maven.plugins</groupId>
                <artifactId>maven-compiler-plugin</artifactId>
                <version>3.8.1</version>
                <configuration>
                    <source>1.8</source>
                    <target>1.8</target>
                </configuration>
            </plugin>

            <plugin>
                <groupId>org.apache.maven.plugins</groupId>
                <artifactId>maven-surefire-plugin</artifactId>
                <version>2.19.1</version>
                <configuration>
                    <includes>
                        <include>**/*Runner.java</include>
                    </includes>

                    <systemPropertyVariables>
                        <concordion.output.dir>target/concordion</concordion.output.dir>
                    </systemPropertyVariables>
                </configuration>
            </plugin>
```

```xml
            <plugin>
                <groupId>com.trivago.rta</groupId>
                <artifactId>cluecumber-report-plugin</artifactId>
                <version>1.10.1</version>
                <executions>
                    <execution>
                        <id>report</id>
                        <phase>post-integration-test</phase>
                        <goals>
                            <goal>reporting</goal>
                        </goals>
                    </execution>
                </executions>
                <configuration>
                    <sourceJsonReportDirectory>
                        ${project.build.directory}/cucumber-report
                    </sourceJsonReportDirectory>
                    <generatedHtmlReportDirectory>
                        ${project.build.directory}/generated-report
                    </generatedHtmlReportDirectory>
                </configuration>
            </plugin>
        </plugins>
    </build>
</project>
```

编辑 Feature 文档，验证 simple_application 能否正常提供服务，建议大家在不同的 Feature 文档中编辑各个 RESTful 接口的功能测试代码。这里为了节省篇幅，笔者将所有代码都编辑在了同一个 Feature 文档中，请大家不要效仿。

```gherkin
@acceptance
Feature: Acceptance Function testing for Simple Application

    Background: give the simple application url and port
        Given use the url "http://192.168.88.9" and port 18231

    Scenario: list all of employee
        When get "/employee"
        Then verify the list of result and http status code is 200


    Scenario Outline: get specify employee by id.
        When get "/employee/<ID>"
        Then the employee status code is 200 and employ name "<Name>"
        Examples:
            | ID | Name |
            | 1  | Alex |
            | 2  | Tina |
            | 3  | Jack |

    Scenario: delete the specify employee
            but should create the new one first
        Given The name is "Alice",address is "UK" and remark is "Alice Remark"
        And Create new Employee Alice by uri "/employee"
        When Delete new Employee Alice by uri "/employee"
```

```
        Then The delete status code is 200

    Scenario: update the specify employee
        But should create the new one first.
        Given The name is "Alice",address is "UK" and remark is "Alice Remark"
        And Create new Employee Alice by uri "/employee"
        When Update Alice name to "Alice Wang" and uri "/employee"
        Then the update status code is 200 and updated name is "Alice Wang"
        And Delete new Employee for clean test data
```

由于 DELETE 和 UPDATE 的功能测试都需要插入一条新的数据来验证，因此我们并没有针对 POST 方法进行额外的功能测试，上述 Feature 文档内容虽然比较多，但是理解起来并不是很难，尤其是有了第 8 章的基础之后。

接下来，我们基于 Cucumber 表达式和 Java 8 Lambda 的方式开发步骤方法程序，详细代码如下所示。

```java
package com.wangwenjun.simple.application.acceptance;

import com.fasterxml.jackson.databind.ObjectMapper;
import io.cucumber.java8.En;
import io.restassured.RestAssured;
import io.restassured.response.ValidatableResponse;
import java.util.HashMap;
import java.util.Map;

import static io.restassured.RestAssured.given;
import static io.restassured.RestAssured.when;
import static org.hamcrest.CoreMatchers.equalTo;
import static org.hamcrest.CoreMatchers.is;

public class AcceptanceTestingStepDefs implements En {

    private ValidatableResponse response;

    private Map<String, Object> createPayload = new HashMap<>();
    private ObjectMapper mapper = new ObjectMapper();
    private int newId;

    public AcceptanceTestingStepDefs() {
        //background
        Given("use the url {string} and port {int}", (String url, Integer port) ->
        {
            RestAssured.baseURI = url;
            RestAssured.port = port;
        });

        // 获取所有employee的信息。
        When("get {string}", (String endpoint) ->
        {
            response = when().get(endpoint).then();
        });

        Then("verify the list of result and http status code is {int}", (Integer code) ->
```

```
{
    response.statusCode(is(200));
});

//通过ID获取指定employee的信息。
Then("the employee status code is {int} and employ name {string}",
    (Integer code, String name) ->
{
    response.statusCode(is(200)).body("name", is(equalTo(name)));
});

Given("The name is {string},address is {string} and remark is {string}",
        (String name, String address, String remark) ->
        {
            createPayload.clear();
            createPayload.put("name", name);
            createPayload.put("address", address);
            createPayload.put("remark", remark);
            createPayload.put("createdAt", "2021-02-15");
            createPayload.put("updatedAt", "2021-02-15");
        });

Given("Create new Employee Alice by uri {string}", (String uri) ->
{
    newId = given().header("Content-Type", "application/json")
            .body(mapper.writeValueAsString(createPayload))
            .when().post(uri).then().statusCode(equalTo(200))
            .extract().body().jsonPath().getInt("id");
});

When("Delete new Employee Alice by uri {string}", (String uri) ->
{
    response = when().delete(uri + "/" + newId).then();
});

Then("The delete status code is {int}", (Integer statusCode) ->
{
    response.statusCode(is(200));
});

When("Update Alice name to {string} and uri {string}", (String newName,
    String uri) ->
{
    createPayload.put("id", newId);
    createPayload.put("name", "Alice Wang");
    response = given().header("Content-Type", "application/json")
            .body(mapper.writeValueAsString(createPayload))
            .when().put(uri).then();
});

Then("the update status code is {int} and updated name is {string}",
    (Integer code, String name) ->
{
    response.statusCode(is(200)).body("name", is(equalTo(name)));
});
```

```
And("Delete new Employee for clean test data", () ->
{
    when().delete("employee/" + nowId).then().statusCode(is(200));
});

//hook for clean resource.
After("acceptance", RestAssured::reset);
}
}
```

在正式提交代码之前，请先在本地执行各种测试，以确保开发了正确的功能测试代码。执行"mvn test"命令，功能测试代码成功运行，运行情况如图 10-8 所示。

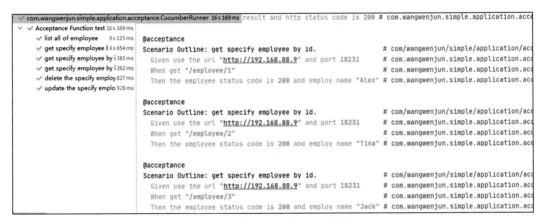

图 10-8　功能测试代码成功执行

simple_application_acceptance 项目不会部署在任何环境中，只会由 Jenkins 的 Job 运行，其主要用于验证部署后的 simple_application 应用程序是否能够正常工作，当然在某些情况下，验收测试可能会部署至目标主机，比如，在生产环境中做冒烟测试（Smoking Testing）。

接下来，我们需要编写一个 Jenkinsfile，用于描述 Jenkins Pipeline Job 如何运行 simple_application_acceptance 项目，具体的脚本内容如下。

```
pipeline{
    agent {label 'devops'}
    tools{
        maven 'maven-3.5.2'
        jdk   'jdk1.8'
    }
    stages{
        stage("Initialize"){
            steps{
                sh '''
                    echo "PATH=${PATH}"
                    echo "MAVEN_HOME=${MAVEN_HOME}"
```

```
                '''
            }
        }
        stage("Clone source code"){
            steps{
                git branch: 'master', url: 'git@github.com:wangwenjun/simple_
                    application_acceptance.git'
            }
        }

        stage("Acceptance Test for Simple Application"){
            steps{
                sh 'mvn test "-Dtest=*Runner"'
            }
        }

        stage("Publish Function Testing Report"){
            steps{
                sh 'mvn cluecumber-report:reporting'
            }
        }
    }
}
```

完整的 simple_application_acceptance 代码获取地址为 git@github.com:wangwenjun/simple_application_acceptance.git。

10.2　Nexus 私服

无论使用的是 Maven 还是 Gradle，在使用的过程中都需要从中央仓库将软件开发所需要的第三方依赖拉取到本地，要么参与编译，要么直接使用，因为中央仓库中管理着开源项目几乎所有的版本。

除了直接使用业内提供的优秀开源软件之外，我们还会开发自己的软件项目。那么，在公司或团队内部，应该如何管理软件包的不同版本呢？其他团队如果想要直接使用我们的劳动成果，又该如何处理呢？直接将自己所开发的软件发布到中央仓库，然后在团队内部使用，这种方式其实是没有问题的（如果公司允许的话），但更多时候，公司内部会搭建一套仓库管理系统，而 Nexus 则是这方面表现最专业的软件之一。本节将介绍如何使用 Nexus 搭建企业内部的 Maven 仓库。

Nexus 私服在实际工作中会带来哪些实质上的好处呢？

❑ 可以存储公司内部上传的软件包。

❑ 可以很好地管理相同软件包的不同版本，无论是 SNAPSHOT 版本还是 Release 版本。

❑ 可以缓存从中央仓库下载而来的第三方软件包，避免个人单独下载，减少企业网络带宽浪费，提高下载效率。

❑ 可以提高不同团队之间的合作效率，当 A 团队开发的软件上传至内部私服后，B 团队可以直接在项目中引入。

❑ 可以降低中央仓库的负载。由于私服的存在，因此大多数组件的下载可以直接通过企业内部私服而不是中央仓库完成，这样可以有效降低中央仓库的网络负载。

无论是私服还是中央仓库，对 Maven 用户来说均是远程仓库，只不过私服是部署在企业内部的一种特殊的远程仓库，图 10-9 所示的是私服与各个远程仓库之间的关系图。

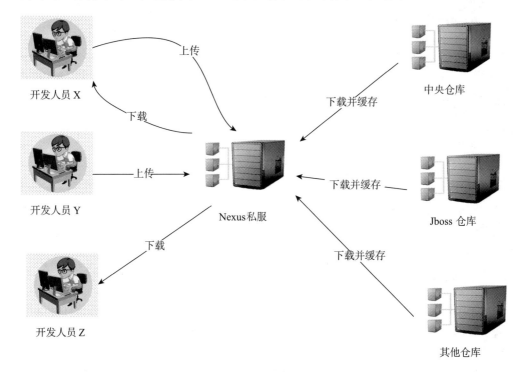

图 10-9　Nexus 私服与其他远程仓库的关系图

10.2.1　搭建 Nexus 私服

在简单了解了 Nexus 私服的相关知识之后，我们需要在局域网搭建一套 Nexus 私服，用于管理应用程序软件包。

首先，我们从 Nexus 官方网站下载匹配当前操作系统版本的安装文件（以 Linux 环境为例，其软件包为 nexus-3.15.2-01-unix.tar.gz），解压到适当的路径下（比如，/opt/nexus-3.15.2-01）。软件包解压后，进入目录（/opt/nexus-3.15.2-01/bin）执行 nexus 命令，我们会看到有一些参数可供选择，其中，nexus start 是启动 Nexus 服务的命令，代码如下。

```
wangwenjun@slave01:/opt/nexus-3.15.2-01/bin$ ./nexus
Usage: ./nexus {start|stop|run|run-redirect|status|restart|force-reload}
wangwenjun@slave01:/opt/nexus-3.15.2-01/bin$ ./nexus start
```

```
Nexus is Starting...
```

关于 Nexus 私服的搭建，我们需要注意如下几点。

1）Nexus 服务的启动比较耗时，硬件配置比较高的，相对来说则会稍快一些，但总的来说，启动过程会稍微有些慢。

2）在安装启动 Nexus 服务之前，必须提前安装 JDK，本书中所用的 JDK 版本为 1.8。

3）Nexus 的安装最好是在一个独立的操作系统用户中进行，系统通常会新建一个名为"nexus"的账号。

4）由于 Nexus 的启动比较耗费时间，因此建议将 Nexus 配置为操作系统启动服务，执行命令 chkconfig nexus on 进行操作即可。

在 Nexus 服务顺利完成启动之后，就可以通过端口 8081（默认端口）进行访问，首次通过浏览器打开 Nexus 时会完成一些初始化的操作，如图 10-10 所示。

图 10-10 Nexus 服务初始化加载界面图

完成初始化加载之后，即可进入 Nexus 的主页面，点击右上角的 Sign in（登录）按钮，输入默认用户名 admin 和默认密码 admin123 即可成功登录。只要成功登入 Nexus 系统，就可以证明 Nexus 的安装和启动均已成功完成。10.2.2 节将在 Nexus 私服上配置仓库，并且将私服仓库应用于本地 Maven 的 settings.xml 文件中。

10.2.2 私服仓库配置

本节将对 Nexus 私服进行一些简单的配置，让中央仓库通过阿里云（aliyun）的镜像进行下载，并在本地的 settings.xml 文件中配置 release 和快照（snapshot）仓库。

1. 配置代理仓库

用默认账号 admin 登录（sign in）Nexus，点击设置按钮对仓库（Repository）进行配置（如图 10-11 所示）。

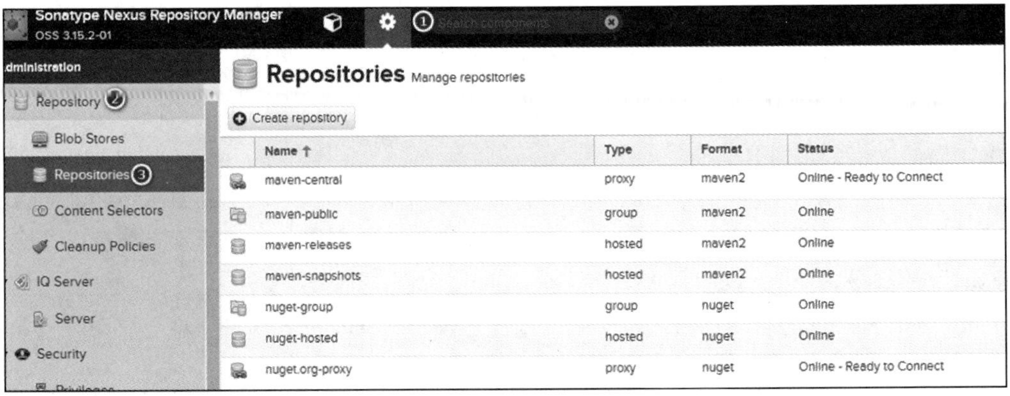

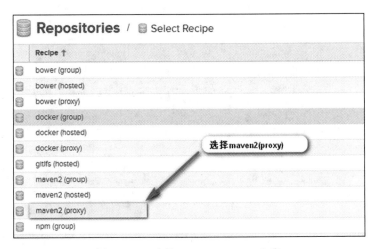

图 10-11 Nexus 仓库列表

在 Nexus 仓库列表中点击左上角的 <kbd>⊕ Create repository</kbd>（创建仓库）按钮，选择 Maven 2 的 proxy 类型仓库（如图 10-12 所示）。

图 10-12 选择 Maven2(proxy) 仓库

将新建的仓库命名为 aliyun_repository，代理的远程地址为 http://maven.aliyun.com/ nexus/content/groups/public/，其他的则保持不变，然后点击"创建"按钮，这样一个新的代理远程仓库就创建完成了（如图 10-13 所示）。

成功创建仓库之后，我们会发现在仓库列表中多了一个名为 aliyun_repository 的代理仓库，接下来我们需要将其加至 maven-public 的 group 中，在仓库列表中点击" maven-public"，如图 10-14 所示。

在 maven-public 仓库的配置中，需要将 Available 中的 aliyun_repository 加至该组成员中，并且通过控制按钮将 aliyun_repository 提升到首要位置，然后点击"保存"按钮（如图 10-15 所示）。

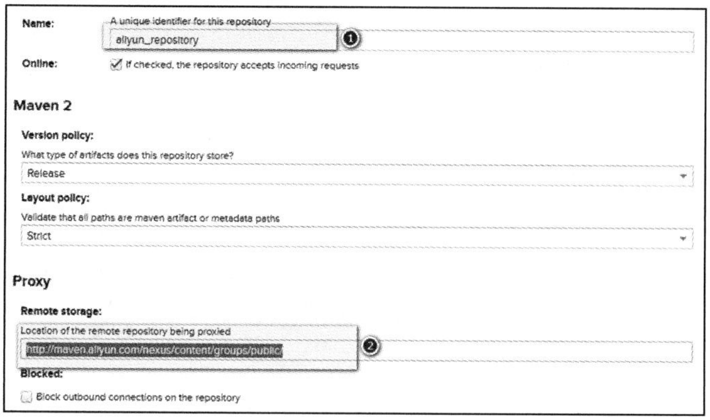

图 10-13　创建 Maven2(proxy) 仓库

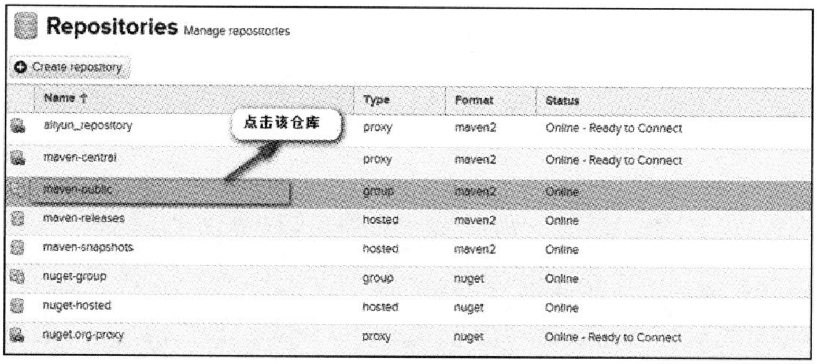

图 10-14　配置 maven-public 仓库

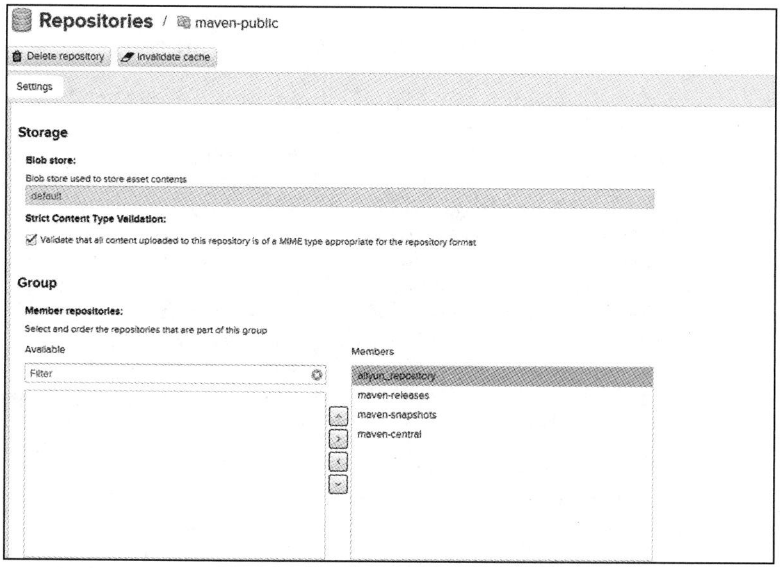

图 10-15　修改 maven-public 仓库组成员

至此，我们就完成了 Nexus 私服的基本配置。当然，Nexus 上还提供了很多有用的功能，比如，权限控制、LADP 的集成、集群搭建、Lucene 索引创建等。限于篇幅，这里就不做过多介绍了，大家如有需要可以自行学习。

2. 本地 settings.xml 配置

完成了私服 Maven 2（proxy）仓库的创建和 maven-public 仓库的更新后，接下来就是验证上文搭建的私服是否能够正常工作。首先，打开本地 Maven 环境中的配置文件 settings.xml，在镜像代理部分增加上文中创建的私服（maven-public）作为镜像，配置如下。

```
<mirror>
    <id>nexus</id>
    <name>private nexus maven repo</name>
    <url>http://192.168.88.109:8081/repository/maven-public/</url>
    <mirrorOf>central</mirrorOf>
</mirror>
```

对任意一个 Maven 工程执行 mvn package 命令，我们将会看到应用程序在构建过程中，会从上文创建的私服中下载所需的依赖，代码如下。

```
//这里省略部分代码。
Downloaded from nexus: http://192.168.88.109:8081/repository/maven-public/org/
    apache/maven/maven-settings/3.0/maven-settings-3.0.jar (0 B at 0 B/s)
Downloading from nexus: http://192.168.88.109:8081/repository/maven-public/org/
    sonatype/aether/aether-impl/1.7/aether-impl-1.7.jar
Downloaded from nexus: http://192.168.88.109:8081/repository/maven-public/org/
    apache/maven/maven-repository-metadata/3.0/maven-repository-metadata-
    3.0.jar (0 B at 0 B/s)
Downloading from nexus: http://192.168.88.109:8081/repository/maven-public/org/
    sonatype/aether/aether-spi/1.7/aether-spi-1.7.jar
Downloading from nexus: http://192.168.88.109:8081/repository/maven-public/org/
    apache/maven/maven-aether-provider/3.0/maven-aether-provider-3.0.jar (0 B
    at 0 B/s)
Downloading from nexus: http://192.168.88.109:8081/repository/maven-public/org/
    sonatype/aether/aether-api/1.7/aether-api-1.7.jar
Downloaded from nexus: http://192.168.88.109:8081/repository/maven-public/org/
    apache/maven/maven-core/3.0/maven-core-3.0.jar (0 B at 0 B/s)
Downloading from nexus: http://192.168.88.109:8081/repository/maven-public/org/
    codehaus/plexus/plexus-classworlds/2.2.3/plexus-classworlds-2.2.3.jar
Downloaded from nexus: http://192.168.88.109:8081/repository/maven-public/org/
    apache/maven/maven-model-builder/3.0/maven-model-builder-3.0.jar (0 B at 0 B/s)
Downloading from nexus: http://192.168.88.109:8081/repository/maven-public/org/
    codehaus/plexus/plexus-java/0.9.2/plexus-java-0.9.2.jar
Downloaded from nexus: http://192.168.88.109:8081/repository/maven-public/org/
    sonatype/aether/aether-spi/1.7/aether-spi-1.7.jar (0 B at 0 B/s)
Downloading from nexus: http://192.168.88.109:8081/repository/maven-public/org/
    ow2/asm/asm/6.0_BETA/asm-6.0_BETA.jar
Downloaded from nexus: http://192.168.88.109:8081/repository/maven-public/org/
    sonatype/aether/aether-impl/1.7/aether-impl-1.7.jar (0 B at 0 B/s)
Downloading from nexus: http://192.168.88.109:8081/repository/maven-public/com/
    thoughtworks/qdox/qdox/2.0-M7/qdox-2.0-M7.jar
Downloaded from nexus: http://192.168.88.109:8081/repository/maven-public/org/
    codehaus/plexus/plexus-java/0.9.2/plexus-java-0.9.2.jar (0 B at 0 B/s)
```

Downloading from nexus: http://192.168.88.109:8081/repository/maven-public/org/
    codehaus/plexus/plexus-compiler-api/2.8.2/plexus-compiler-api-2.8.2.jar
Downloaded from nexus: http://192.168.88.109:8081/repository/maven-public/org/
    codehaus/plcxus/plexus-classworlds/2.2.3/plexus-classworlds-2.2.3.jar (0 B
    at 0 B/s)
Downloading from nexus: http://192.168.88.109:8081/repository/maven-public/org/
    codehaus/plexus/plexus-compiler-manager/2.8.2/plexus-compiler-manager-2.8.2.jar
Downloaded from nexus: http://192.168.88.109:8081/repository/maven-public/org/
    sonatype/aether/aether-api/1.7/aether-api-1.7.jar (0 B at 0 B/s)
//这里省略部分代码。
```

私服除了可以帮助我们从中央仓库或其他镜像中下载依赖包之外，另外一个非常重要的功能是，可以存储并且管理开发者部署（deploy）的软件包（snapshot 和 release 版本），供其他团队或开发者使用。因此我们还需要在本地的 settings.xml 文件中增加远程仓库的 snapshot 和 release 版本。

接下来继续修改 settings.xml 文件，在 servers 中增加 release 和 snapshot 相关的 server 配置。需要注意的是，这里使用的是管理员账号，建议大家在稍具规模的团队中不要直接使用管理员账号，而是在 nexus 上配置其他账号，或者与企业内部的 LDAP 进行集成。

```xml
<servers>
    //其他server配置
    <server>
        <id>release</id>
        <username>admin</username>
        <password>admin123</password>
    </server>

    <server>
        <id>snapshots</id>
        <username>admin</username>
        <password>admin123</password>
    </server>
    //其他server配置
</servers>
```

接下来，我们需要在 profiles 中创建一个新的 profile 配置项，用于配置 snapshort 和 release 版本的私有仓库，配置代码片段如下所示。

```xml
<profile>
    <id>default_profile</id>
    <repositories>
        <repository>
            <id>private_repo</id>
            <name>nexus_repository</name>
            <releases>
                <enabled>true</enabled>
                <updatePolicy>never</updatePolicy>
                <checksumPolicy>warn</checksumPolicy>
            </releases>
            <snapshots>
                <enabled>true</enabled>
                <updatePolicy>always</updatePolicy>
```
```

```
            <checksumPolicy>warn</checksumPolicy>
        </snapshots>
        <url>http://192.168.88.109:8081/repository/maven-public/</url>
        <layout>default</layout>
    </repository>
</repositories>

<pluginRepositories>
    <pluginRepository>
        <id>private_repo</id>
        <name>nexus_repository</name>
        <url>http://192.168.88.109:8081/repository/maven-public/</url>
        <releases>
            <enabled>true</enabled>
        </releases>
        <snapshots>
            <enabled>true</enabled>
        </snapshots>
    </pluginRepository>
</pluginRepositories>
</profile>
```

最后，不要忘记在 settings.xml 中激活新的 profile 配置，配置代码片段如下所示。

```
<activeProfiles>
    <activeProfile>default_profile</activeProfile>
</activeProfiles>
```

至此，settings.xml 文件配置已经完成。通常情况下，一个开发团队会共享同一份 Maven 的 settings.xml 配置。现在，我们可以在项目的 pom.xml 文件中，使用私服配置，测试将软件包部署（deploy）至私服仓库的功能。首先，在 pom.xml 中增加如下配置信息。

```
<distributionManagement>
    <repository>
        <id>release</id>
        <name>user release version</name>
        <url>http://192.168.88.109:8081/repository/maven-releases/</url>
    </repository>
    <snapshotRepository>
        <id>snapshots</id>
        <name>user snapshots version</name>
        <url>http://192.168.88.109:8081/repository/maven-snapshots/</url>
    </snapshotRepository>
</distributionManagement>
```

这里需要说明的一点是，repository 和 snapshotRepository 中的 id 必须与 settings.xml 文件中 server 部分的 id 配置保持一致，否则就有可能会出现仓库认证失败的问题。另外，我们并未单独创建 snapshots 和 release 仓库，而是直接使用了 Nexus 中提供的仓库，如图 10-16 所示。

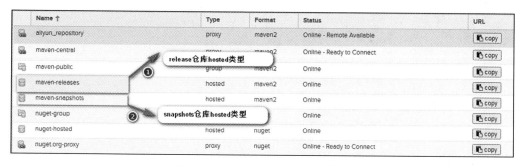

图 10-16 release 和 snapshot 仓库

执行"mvn deploy"命令，我们会看到 simple-application 程序编译打包后已成功上传至 Nexus 私服中，代码如下。

```
[INFO] --- maven-deploy-plugin:2.8.2:deploy (default-deploy) @ simple_application ---
Downloading from snapshots: http://192.168.88.109:8081/repository/maven-
    snapshots/com/wangwenjun/simple/application/simple_application/0.0.1-
    SNAPSHOT/maven-metadata.xml
Uploading to snapshots: http://192.168.88.109:8081/repository/maven-snapshots/
    com/wangwenjun/simple/application/simple_application/0.0.1-SNAPSHOT/simple_
    application-0.0.1-20210213.115306-1.jar
Uploaded to snapshots: http://192.168.88.109:8081/repository/maven-snapshots/
    com/wangwenjun/simple/application/simple_application/0.0.1-SNAPSHOT/simple_
    application-0.0.1-20210213.115306-1.jar (47 MB at 482 kB/s)
Uploading to snapshots: http://192.168.88.109:8081/repository/maven-snapshots/
    com/wangwenjun/simple/application/simple_application/0.0.1-SNAPSHOT/simple_
    application-0.0.1-20210213.115306-1.pom
Uploaded to snapshots: http://192.168.88.109:8081/repository/maven-snapshots/
    com/wangwenjun/simple/application/simple_application/0.0.1-SNAPSHOT/simple_
    application-0.0.1-20210213.115306-1.pom (10 kB at 1.9 kB/s)
Downloading from snapshots: http://192.168.88.109:8081/repository/maven-
    snapshots/com/wangwenjun/simple/application/simple_application/maven-
    metadata.xml
Uploading to snapshots: http://192.168.88.109:8081/repository/maven-snapshots/
    com/wangwenjun/simple/application/simple_application/0.0.1-SNAPSHOT/maven-
    metadata.xml
Uploaded to snapshots: http://192.168.88.109:8081/repository/maven-snapshots/
    com/wangwenjun/simple/application/simple_application/0.0.1-SNAPSHOT/maven-
    metadata.xml (801 B at 179 B/s)
Uploading to snapshots: http://192.168.88.109:8081/repository/maven-snapshots/
    com/wangwenjun/simple/application/simple_application/maven-metadata.xml
Uploaded to snapshots: http://192.168.88.109:8081/repository/maven-snapshots/
    com/wangwenjun/simple/application/simple_application/maven-metadata.xml
    (311 B at 191 B/s)
```

在 Nexus 私服中搜索 simple_application 会看到软件包已成功上传，这样其他开发者或团队就可以直接引用我们开发的组件了，如图 10-17 所示。

实际上，Nexus 不仅可以用于 Maven 的远程仓库，还可以用于 Python pip、Docker 镜像、yum、apt 等仓库。限于篇幅，对于 Nexus 的介绍就到此为止了，如有需要请自行扩展阅读。

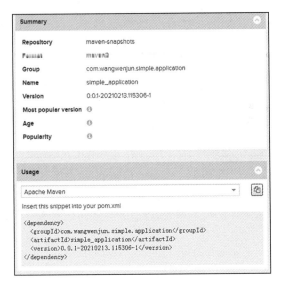

图 10-17 在 Nexus 私服中搜索 simple_application

10.3 RedHat Ansible

10.1 节完成了应用程序的开发、单元测试、功能测试代码的编写工作，并且通过一些工具插件对软件的代码风格、代码安全等进行了检查；10.2 节使用 Nexus 搭建了团队内部的 Maven 远程仓库——私服，并且成功将软件包发布到了私服仓库中。本节将使用 Ansible 这一自动化工具，将提交至 Nexus 私服的软件包部署到目标机器，并执行解压、启动及运行等操作。

前文图 10-1 所示的持续集成和持续交付架构图中，Ansible 会从 Nexus 仓库中下载指定版本的软件包到目标机器，然后对其进行解压、启动及运行等操作。结合日常工作中的实际应用，这一部分的流程还可以进一步细化，具体如图 10-18 所示。

图 10-18 Ansible 程序自动化部署流程

本节将介绍如何通过 Ansible 完成应用程序自动化部署的功能。

10.3.1 Ansible 的安装

Ansible 是一个开源的自动化软件，主要用于自动化地进行软件发布、主机网络编排，以及云服务资源调配等工作。相较于其他类似的工具（比如，Puppet），Ansible 更加轻量级，它以 Open SSH 的安全通信为基础，架构方式为 Agent-Less，这就意味着，无须在目标主机上安装代理即可实现对目标主机的配置和软件部署等操作，图 10-19 所示的是 Ansible 的工作原理图。

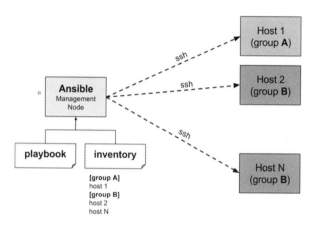

图 10-19　Ansible 工作原理图

在自动化内容分发、软件部署、主机网络配置这些领域，Ansible 既不是孤立的，也不是最早的，与它同类型的软件或解决方案还有很多，比如，Chef、Puppet、SaltStack 等。

Chef 是一个开源的客户端－服务器配置管理工具。它提供了灵活的基础设施自动化框架，使用 Ruby 和领域特定语言（DSL）管理主机。Chef 涵盖了所有类型的主机，包括裸机、虚拟主机和云主机。得益于 Chef 在大型云部署中的灵活性、稳定性和可靠性，它在实际应用中也很常见。然而，相对于 Ansible，Chef 的学习成本要更高一些，新用户可能需要一些时间才能真正掌握它。

Puppet 同样也基于 Ruby 语言开发，是典型的 Master-Agent 的架构方式，所有的目标主机只有在安装了 Puppet Agent 之后，才能与 Master 节点进行交互，而命令或指示的发起方则是 Master 节点。

SaltStack 基于 Python 语言开发，采用 Master-Agent 的架构方式。SaltStack 通过 YAML Markdown 语言组织其任务编排。Master 服务器与 Agent 节点通过 SSH 进行通信。SaltStack 具有很强的可扩展性，这就意味着它能够很好地响应环境变化，易于使用，并且拥有强大的社区。但是它的安装对新用户来说可能会比较困难，用户界面也不够友好。

相较于上述解决方案，Ansible 更加年轻，它充分汲取了其他工具的优点并努力弥补它们的短板，大大简化了任务自动化编排和执行的复杂度。Ansible 基于 Python 语言开发，使用 YAML 脚本语言对自动化任务进行声明，采用 SSH 作为通信手段，采用 Agent-Less 的架构方式，易于扩展，Ansible 也允许开发者自定义新的模块，以用于完成某些特殊任务。

2015 年，红帽子（Red Hat）收购了 Ansible，致力于将其打造成为 DevOps 领域新的领导者，有了红帽子的全力支持，Ansible 这几年的市场占有率可谓是直线上升，遥遥领先于其他同类型软件，图 10-20 是 Ansible 市场占有率近 15 年的走势图。

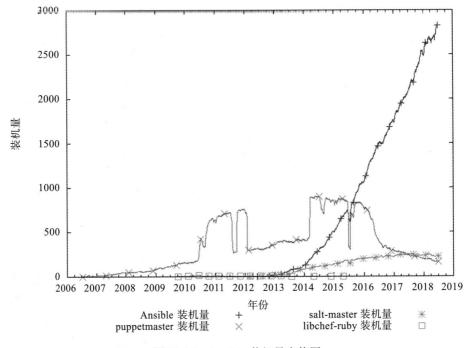

图 10-20　Ansible 装机量走势图

大致了解了 Ansible 是什么之后，现在需要将其应用在我们的集成环境中，Ansible 的安装比较简单，可以通过多种方式进行安装。

❑ 通过下载 DEB 或 RPM 包的方式安装。

❑ 通过源码编译的方式安装。

❑ 由于 Ansible 是 Python 语言开发的，因此也可以直接通过 pip 或 pip3 的方式安装。

❑ 通过 yum 或 apt 的方式安装，本书使用的是 Ubuntu 操作系统，因此可以直接通过 apt 的方式进行安装，下面是具体的安装命令。

```
sudo apt-get update
sudo apt-get install ansible -y
```

对于其他的安装方式，这里就不做过多介绍了，如果想要了解更多关于 Ansible 的安装方式，大家可以自行参考官方文档（非常详尽），地址为 https://docs.ansible.com/ansible/latest/installation_guide/index.html。

在 Ansible 成功安装之后，我们可以执行"ansible –version"命令查看 Ansible 的版本信息，命令如下。

```
ansible --version
ansible 2.5.1
```

```
config file = /etc/ansible/ansible.cfg
configured module search path = [u'/home/wangwenjun/.ansible/plugins/
    modules', u'/usr/share/ansible/plugins/modules']
ansible python module location = /usr/lib/python2.7/dist-packages/ansible
executable location = /usr/bin/ansible
python version = 2.7.17 (default, Sep 30 2020, 13:38:04) [GCC 7.5.0]
```

请注意，本章会使用 Ansible 的 maven_artifact 模块，根据 Nexus 仓库中构件的坐标下载安装软件，该模块需要依赖 lxml Python 库才能正常运行，因此我们还需要将该 Python 模块安装到 Ansible 所在的主机中，安装命令如下（笔者使用的是阿里云的 pip 源）。

```
sudo pip install lxml --trusted-host mirrors.aliyun.com
```

完成了 Ansible 的安装之后，我们还需要进行一些简单的配置，编辑 /etc/ansible 目录下的 ansible.cfg 文件，打开 inventory= /etc/ansible/hosts 和 log_path =/var/log/ ansible.log 的注释，使其生效。接下来，我们需要编辑 /etc/ansible/hosts 文件配置目标主机的清单分组，代码如下。

```
[servers]
192.168.88.109

[local]
127.0.0.1
```

在每组主机清单下面可以有多个目标主机，使用 Ansible 进行操作时，只需要通过清单分组名称来操作即可，比如，servers。由于 Ansible 是基于 SSH 来实现与目标主机的通信，因此最后别忘了将 Ansible 所在主机的 SSH 公钥复制至目标主机（当然了，Ansbile 也支持以用户名和密码的方式与目标主机进行交互，但是这种方式不太安全，因此不建议使用），本书的 9.2.2 节也有类似的操作，具体步骤大家可以参考前文，此处就不再赘述了。

一切工作准备就绪后，下面就来通过简单的模块使用案例验证当前 Ansible 是否能够正常工作，如下代码将对 local 和 servers 的所有主机进行 ping 操作。

```
#ping主机清单local下的所有主机。
wangwenjun@wangwenjun:~$ ansible local -m ping
127.0.0.1 | SUCCESS => {
    "changed": false,
    "ping": "pong"
}
#ping主机清单services下的所有主机。
wangwenjun@wangwenjun:~$ ansible servers -m ping
192.168.88.109 | SUCCESS => {
    "changed": false,
    "ping": "pong"
}
#ping所有主机清单下的所有主机。
wangwenjun@wangwenjun:~$ ansible all -m ping
192.168.88.109 | SUCCESS => {
    "changed": false,
    "ping": "pong"
}
```

```
127.0.0.1 | SUCCESS => {
    "changed": false,
    "ping": "pong"
}
```

如果上面的操作能够正确完成，就代表当前的 Ansible 环境安装和配置都是正确的。

10.3.2　Ad-hoc 及 Playbook 简介

虽然针对 Ansible 的使用可以有非常多的形式，比如，商业软件 Ansible Tower、社区免费版 Ansible Awx、Ansible Galaxy 等，但 Ansible 最底层的执行还是通过 Ad-hoc 或 Playbook 的形式完成的，本节将通过两个示例分别演示实现相同功能的 Ad-hoc 和 Playbook 的用法。

Ansible 完全是凭借某个或某几个模块来完成特定的任务，在安装 Absible 时，默认的模块也会一并安装，可以使用"ansible-doc -l"命令列出当前 Ansible 环境中所有的模块（如图 10-21 所示），当然，Ansible 也允许安装其他模块及自定义模块。

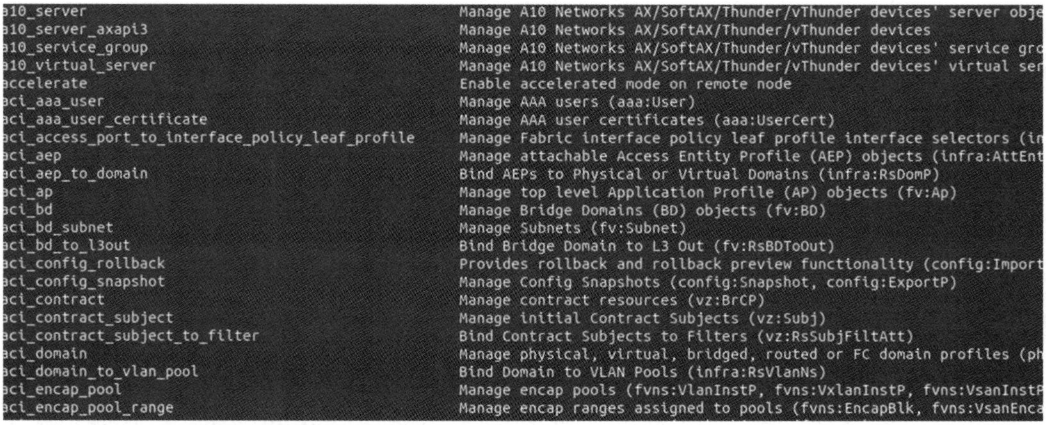

图 10-21　通过"ansible-doc -l"命令列出所有模块

实践是最好的学习方法，下面我们将基于 Ansible 的 Ad-hoc 和 Playbook，在目标主机的某个路径下创建一个新的文件，然后在新建的文件中写入一些内容的操作。

1）Ad-hoc：以命令行交互的方式操作目标主机，命令如下。

```
ansible servers -m file -a "path=/home/wangwenjun/ansible-adhoc.txt state=touch
group=wangwenjun"
```

在 Ansible 所在的主机上执行上述命令后，主机清单 servers 下所有的目标主机都会创建一个空的文件 ansible-adhoc.txt（如图 10-22 所示），其中，"-m"参数用于指定模块，"-a"参数用于指定模块 file 所需要的一些参数。

检查目标主机我们将会发现，/home/wangwenjun 路径下多了一个空的文件 ansible-adhoc.txt（如图 10-23 所示）。

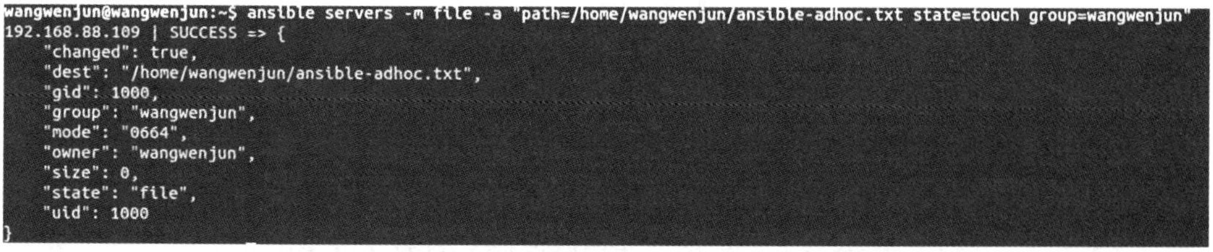

```
wangwenjun@wangwenjun:~$ ansible servers -m file -a "path=/home/wangwenjun/ansible-adhoc.txt state=touch group=wangwenjun"
192.168.88.109 | SUCCESS => {
    "changed": true,
    "dest": "/home/wangwenjun/ansible-adhoc.txt",
    "gid": 1000,
    "group": "wangwenjun",
    "mode": "0664",
    "owner": "wangwenjun",
    "size": 0,
    "state": "file",
    "uid": 1000
}
```

图 10-22　通过 Ansible Ad-hoc 命令在目标主机上创建一个空的文件

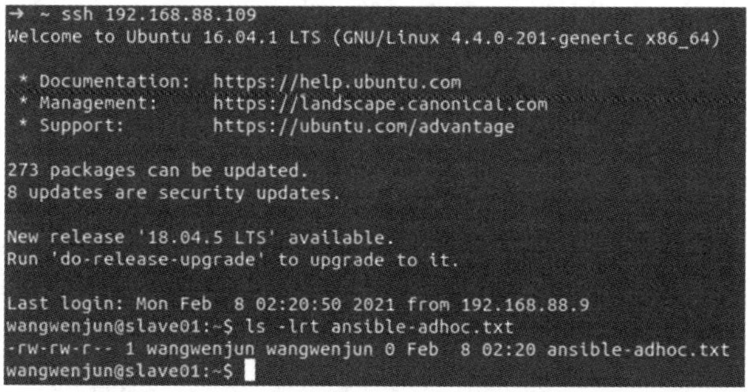

```
→ ~ ssh 192.168.88.109
Welcome to Ubuntu 16.04.1 LTS (GNU/Linux 4.4.0-201-generic x86_64)

 * Documentation:  https://help.ubuntu.com
 * Management:     https://landscape.canonical.com
 * Support:        https://ubuntu.com/advantage

273 packages can be updated.
8 updates are security updates.

New release '18.04.5 LTS' available.
Run 'do-release-upgrade' to upgrade to it.

Last login: Mon Feb  8 02:20:50 2021 from 192.168.88.9
wangwenjun@slave01:~$ ls -lrt ansible-adhoc.txt
-rw-rw-r-- 1 wangwenjun wangwenjun 0 Feb  8 02:20 ansible-adhoc.txt
wangwenjun@slave01:~$
```

图 10-23　文件已在目标主机上成功创建

接下来，我们使用 Ansible 的 Shell 模块，追加目标主机的 /home/wangwenjun/ansible-adhoc.txt 文件的内容。如果 Ad-hoc 命令运行成功，那么我们将会看到目标主机的文件内容发生了变化。内容追加命令如下。

```
ansible servers -m shell -a "echo 'Hello, this is ansible.' >>/home/wangwenjun/
ansible-adhoc.txt"
```

2）Playbook：以 YAML 脚本的方式操作目标主机

在 Ad-hoc 中，我们通过前后两个 Ansible 命令完成了在目标主机创建文件、追加内容的操作。如果操作的步骤比较多，并且想要重复使用，那么这种方式很显然就不够高效了，因此 Ansible 还提供了以 YAML 脚本的方式进行任务编排的形式，即 Playbook。要想更好地理解 Ad-hoc 与 Playbook 的关系，可以将其想象为 Linux/Unix 命令与 Shell 脚本之间的关系。示例代码如下。

```
---
- name: create file and append contents at remote server
  #指定主机清单分组名。
  hosts: servers
  gather_facts: true
  #定义两个任务（task）。
  tasks:
    #第一个任务：使用file模块在目标机器上创建一个空文件。
    - name: create a empty file at remote server
      file:
        state: touch
        group: wangwenjun
```

```
        path: /home/wangwenjun/ansible_playbook.txt
#第二个任务：使用shell模块对文件进行修改。
- name: append lines of content
  shell: |
    echo 'Hello
    Ansible
    Come from Ansible' >> /home/wangwenjun/ansible_playbook.txt
```

Playbook 基于 YAML 文件进行编辑，如果读者不熟悉 YMAL 文档的格式，则可以参考以下网址的教程进行学习：https://yaml.org/。

在正式执行该 YAML 文档之前，建议首先进行语法检查，类似于 Cucumber 中的 dryRun 参数，语法检查的命令为"ansible-playbook -C create_edit_file.yml"。图 10-24 所示的是使用"ansible-playbook -C"命令检查 yml 文件的界面。

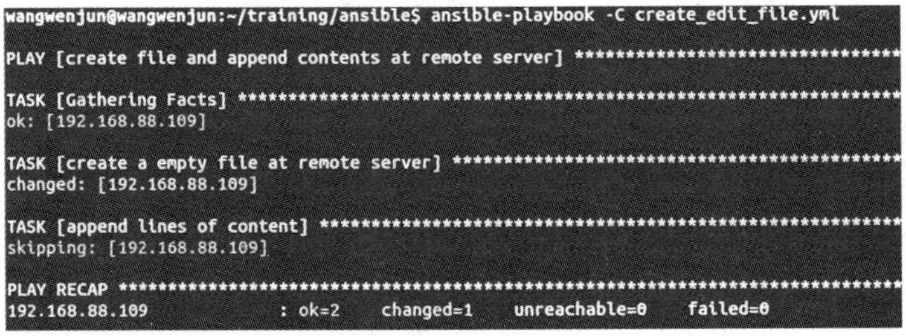

图 10-24　使用"ansible-playbook -C"命令检查 yml 文件

如果检查顺利通过，就可以正式执行"ansible-playbook create_edit_file.yml"命令了，命令的运行过程与"ansible-playbook -C create_edit_file.yml"基本上类似。如果该 Playbook 文件成功执行，那么我们将会看到目标主机中多了一个文件，并且其内容有三行与在 YAML 文件中的定义完全一致。

Ansible 提供了非常多的模块，我们可以使用"ansible-doc 模块名"的命令获得模块的使用帮助（如图 10-25 所示），这一点有些类似于 Linux/Unix 操作系统的 man 手册。

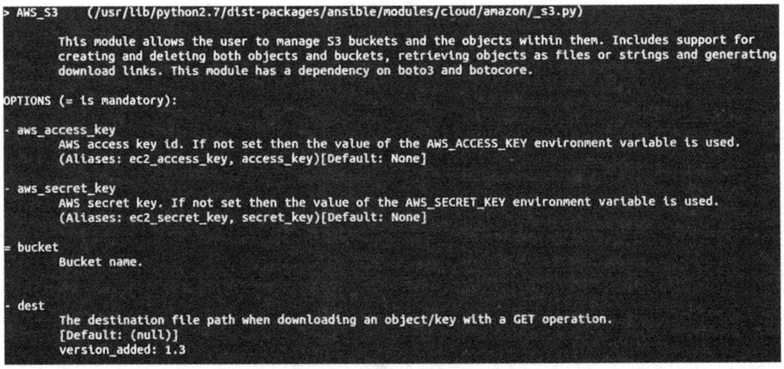

图 10-25　通过"ansible-doc s3"命令查看 s3 模块的用法和参数

10.3.3　Ansible 模板引擎 jinjia2

虽然在发布 simple_application 软件包时不会用到 jinjia2 模板引擎，但是笔者还是觉得有必要为大家介绍一下该引擎。熟悉 Python 开发的开发者对 jinjia2 这样的模板引擎应该不会陌生，其在 Flask、Apache Airflow 中均有大量使用，那么在 Ansible 中为何也要使用这样的模板引擎呢？它的主要使用场景又在哪里呢？

假设我们要将一个应用程序同时部署到多台服务器上，这些应用程序配置文件的结构一模一样，不同的是这些应用程序分发到了不同的主机上，我们应该将程序所在主机的 IP 地址作为 TCP 端口的监听地址，甚至它们的监听端口也要有所不同。这时就可以借助于 jinjia2 这样的模板技术，事先编辑好模板文件，当目标主机的应用程序部署完成之后，再通过模板渲染替换配置文件，如此一来就可以做到同时在一批目标主机上对应用程序进行自动化部署，并且实现配置文件的差异化。

假设 Nginx 服务的配置文件如下所示，绝大多数配置都是相同的，只有虚拟主机的 IP 地址和 HTTP 服务的监听端口存在差异。

```
user wangwenjun;

worker_processes 2;
error_log logs/nginx-error.log error;

daemon on;
lock_file logs/nginx.lock;
master_process on;
pid logs/nginx.pid;
worker_cpu_affinity auto;
worker_rlimit_nofile 1024;

events {
    use epoll;
    worker_connections 1024;
    worker_aio_requests 32;
    multi_accept on;
    accept_mutex off;
    accept_mutex_delay 500ms;
}

http {
    log_format  main  '$remote_addr - $remote_user [$time_local] "$request" '
        '$status $body_bytes_sent "$http_referer" '
        '"$http_user_agent" "$http_x_forwarded_for"';

    include /usr/local/nginx/conf/mime.types;
    access_log logs/nginx-access.log main;

    server {
        server_name 192.168.88.109;
        listen *:80;

        location / {
```

```
            root html;
            index index.html;
        }
    ]
}
```

明确了要做什么，以及 Nginx 的配置文件之后，接下来就可以着手借助于 Ansible 实现对不同主机的个性化配置了。

首先，需要在 Ansible 的 inventory 清单文件 /etc/ansible/hosts 中增加一组关于 Nginx 的主机列表，代码如下。

```
[nginx]
192.168.88.9 host=192.168.88.9 port=12881
192.168.88.109 host=192.168.88.109 port=12882
```

然后，再编写相关的 Playbook 脚本文件 nginx_conf_substitute.yml，代码如下所示。

```
---
- name: substitue the nginx configuration
  hosts: nginx
  gather_facts: false
  tasks:
    - name: substitue
      template:
        src: /home/wangwenjun/training/ansible/nginx_conf.j2
        dest: /home/wangwenjun/nginx.conf
      with_items:
        - "{{ groups['nginx'] }}"
```

上述 YAML 文件使用了 template 模块，并且其 src 属性指向了一个由 jinjia2 语法编写的模板文档 nginx_conf.j2。Ansible 最终会根据 jinjia2 模板渲染后的结果，生成真正的 Nginx 配置文件，然后将其分发至所有的 Nginx 服务器主机上。

接下来，我们需要编辑 jinjia2 的模板文件，在模板文件中，将虚机主机的 IP 地址和端口通过 jinjia2 的变量进行替换即可，具体代码如下。

```
user wangwenjun;
worker_processes 2;
error_log logs/nginx-error.log error;

daemon on;
lock_file logs/nginx.lock;
master_process on;
pid logs/nginx.pid;
worker_cpu_affinity auto;
worker_rlimit_nofile 1024;

events {
    use epoll;
    worker_connections 1024;
    worker_aio_requests 32;
    multi_accept on;
    accept_mutex off;
```

```
        accept_mutex_delay 500ms;
}

http {
    log_format  main  '$remote_addr - $remote_user [$time_local] "$request" '
        '$status $body_bytes_sent "$http_referer" '
        '"$http_user_agent" "$http_x_forwarded_for"';

    include /usr/local/nginx/conf/mime.types;
    access_log logs/nginx-access.log main;

    server {
        server_name {{ host }};
        listen *:{{ port }};
        location / {
            root html;
            index index.html;
        }
    }
}
```

最后，使用 ansible-playbook 命令执行 nginx_conf_substitute.yml 文件，运行结果如图
10-26 所示。

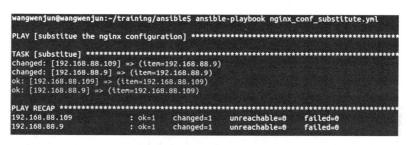

图 10-26　替换并分发 Nginx 配置文件

通过图 10-26 我们不难看出，Nginx 的配置文件完成了模板变量的替换，并且分发到了
所有目标主机，我们可以在目标主机上通过 Nginx 命令验证配置文件是否合法，命令如下。

```
wangwenjun@wangwenjun:~$ sudo /usr/local/nginx/sbin/nginx -t -c /home/
wangwenjun/nginx.conf
nginx: the configuration file /home/wangwenjun/nginx.conf syntax is ok
nginx: configuration file /home/wangwenjun/nginx.conf test is successful
```

10.3.4　通过 Playbook 逐步完成软件自动化部署

掌握了 Ansible 的基本用法之后，现在需要将其应用到软件交付的环节中。本节将编
写一个 Playbook 脚本文件，该脚本文件将声明若干个 task，用于从 Nexus 私服中将软件包
下载至目标主机，然后执行解压缩、创建软连接，最后在目标主机启动应用程序等一系列
动作。

通常情况下，我们会将软件打成 tar.gz 包，其中不仅包含了运行时所需要的 jar 包，还包含了启动停止脚本及配置文件等，这些工作都可以借助于 Maven 的 Assembly 插件来完成。

在项目的 pom.xml 文件中引入 Assembly 插件，并进行简单配置，配置内容如下所示。

```
<plugin>
    <artifactId>maven-jar-plugin</artifactId>
    <version>2.4</version>
</plugin>
<plugin>
    <groupId>org.apache.maven.plugins</groupId>
    <artifactId>maven-assembly-plugin</artifactId>
    <version>2.6</version>
    <configuration>
        <descriptors>
            <descriptor>assembly/assembly.xml</descriptor>
        </descriptors>
        <appendAssemblyId>false</appendAssemblyId>
    </configuration>
    <executions>
        <execution>
            <id>trigger-assembly</id>
            <phase>package</phase>
            <goals>
                <goal>single</goal>
            </goals>
        </execution>
    </executions>
</plugin>
```

Assembly 插件中有一个自定义的描述符文件 assembly/assembly.xml，其内容具体如下。

```
<assembly
        xmlns="http://maven.apache.org/plugins/maven-assembly-plugin/assembly/1.1.3"
        xmlns:xsi="http://www.w3.org/2001/XMLSchema-instance"
        xsi:schemaLocation="http://maven.apache.org/plugins/maven-assembly-
            plugin/assembly/1.1.3 http://maven.apache.org/xsd/assembly-1.1.3.xsd">
    <id>simple_application</id>
    <formats>
        <format>tar.gz</format>
    </formats>
    <includeBaseDirectory>false</includeBaseDirectory>

    <fileSets>
        <fileSet>
            <directory>${basedir}/scripts</directory>
            <outputDirectory>bin</outputDirectory>
            <filtered>true</filtered>
            <fileMode>0744</fileMode>
            <includes>
                <include>*.sh</include>
            </includes>
        </fileSet>
```

```
    <fileSet>
        <directory>${project.build.directory}</directory>
        <outputDirectory>lib</outputDirectory>
        <includes>
            <include>*.jar</include>
        </includes>
    </fileSet>
  </fileSets>
</assembly>
```

　　准备好了 Assembly 插件和描述文件之后，再次执行“ mvn deploy”命令即可将 tar.gz 发布至 Nexus 私服中（如图 10-27 所示）。

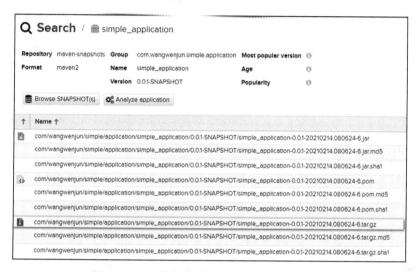

图 10-27　将软件包发布到 Nexus 远程仓库中

　　接下来，我们将编写一个稍微复杂一些的 Playbook 脚本，在目标主机上实现软件的自动化部署过程。

（1）定义常用的变量

　　Playbook 脚本支持对变量进行定义，我们可以将下文中会多次使用到的诸如文件路径、软件版本号、group_id 等内容定义成变量，具体的实现脚本如下。

```
---
# 简单描述该Playbook脚本的用途。
- name: deploy the simple_application to apps server
  #目标主机清单为apps，请不要忘记在/etc/ansible/hosts中定义主机清单分组。
  hosts: apps
  #定义变量。
  vars:
    # 软件的group id应与pom文件中的定义一致。
    group_id: com.wangwenjun.simple.application
    #软件的artifact_id应与pom文件中的定义一致。
    artifact_id: simple_application
    #软件发布的根路径（目标主机）。
```

```
    app_path: /home/wangwenjun/apps/simple_application
    #时间戳。
    timestamp: "{{ansible_date_time.iso8601_basic}}"
    #软件解压后的路径（在目标主机上）。
    dest_location: "{{app_path}}/{{artifact_id}}-{{version}}-{{timestamp}}"
  gather_facts: true
```

（2）创建软件在目标主机上的部署路径

在将软件正式部署至目标主机之前，我们需要在目标主机上提前创建部署路径，这里需要用到 file 模块，代码如下。

```
- name: create the application deploy path
    # 使用file模块。
    file:
      # 创建的路径名，获取自定义的变量。
      path: "{{app_path}}"
      # 创建目录而不是文件。
      state: directory
      # 指定该目录的用户组。
      group: wangwenjun
      # 以递归的方式创建（类似于mkdir -p /xxx/xx/xx命令）。
      recurse: yes
      # 将该任务的执行结果注册为一个新的变量init_var。
    register: init_var
#debug 输出信息。
- debug:
    msg:
      - "The {{app_path}} already exists or create done."
      - "Details: {{init_var}}"
```

（3）下载软件包（Tarball）

从 Nexus 私服中下载软件包，需要用到 maven_artifact 模块，该模块依赖 lxml Python 库，所以请确保 Ansible 所在的主机安装了该库，否则执行将不会成功。该模块会根据 group_id、artifact_id 和 version 信息从 Nexus 私服中下载软件包到目标主机，代码如下。

```
- name: download simple_application artifact package
  # 使用maven_artifact 模块。
  maven_artifact:
    # 软件包的group_id。
    group_id: "{{group_id}}"
    # 软件包的artifact_id。
    artifact_id: "{{artifact_id}}"
    # 软件包的版本。
    version: "{{version}}"
    # Nexus仓库地址。
    repository_url: 'http://192.168.88.109:8081/repository/maven-snapshots/'
    keep_name: yes
    # 下载到目标主机的磁盘路径。
    dest: "{{app_path}}"
    # 登录Nexus仓库的用户名。
    username: admin
    # 登录Nexus仓库的密码。
    password: admin123
```

```
  # 软件包的后缀。
  extension: 'tar.gz'
  # 将该任务的执行结果注册为一个新的变量download_var。
  register: download_var
#debug信息。
- debug:
  msg:
    - "The {{group_id}}:{{artifact_id}}:{{version}} download done."
    - "Details: {{download_var}}"
```

需要注意的是，Playbook 脚本中并未定义 version 变量，该变量会在执行 Playbook 命令时传入，以防止硬编码的方式导致只能部署某个特定版本的软件包。

（4）创建解压目录

SNAPSHOT 版本会有一些特殊之处，同一个版本可以允许多个快照版本的存在，因此在部署不同的快照版本时，首先需要创建一个新的解压目录，这也是要在变量定义中使用 timestamp 的原因，下面是具体的 task 声明。

```
- name: create history version directory
  file:
    path: "{{dest_location}}"
    state: directory
    group: wangwenjun
  # 条件执行声明，只有当下载（download）任务有变化时才会执行。
  when: download_var.changed
#将当前任务的执行结果注册为一个新的变量create_his_var。
  register: create_his_var
- debug:
    msg: "The {{dest_location}} directory create done."
```

需要注意的是，这里用到了 Ansible 的条件执行声明，只有当某个上游任务发生改变（比如，执行成功）时才会触发，否则将会忽略当前任务的执行。

（5）解压软件包

将软件包解压到已经创建好的目标主机路径，这里需要用到 unarchive 模块，下面是具体的任务声明。

```
- name: unarchive the package
  unarchive:
    # tarball 全路径。
    src: "{{app_path}}/{{artifact_id}}-{{version}}.tar.gz"
    # 解压目录。
    dest: "{{dest_location}}"
    remote_src: true
    list_files: yes
  # 条件执行声明。
  when: create_his_var.changed
  # 将当前任务的执行结果注册为一个新的变量unarchive_var。
  register: unarchive_var
- debug:
    msg:
      - "The {{app_path}}/{{artifact_id}}-{{version}}.tar.gz unarchive done."
      - "Details: {{unarchive_var}}"
```

（6）创建软连接，以方便操作

创建软连接，使得当前（current）的软件连接永远指向最新部署的版本，后续的操作只需要进入到 current 路径下进行操作即可，这里同样需要用到 file 模块，代码如下。

```
- name: create the soft link
    file:
        src: "{{dest_location}}"
        dest: "{{app_path}}/current"
        state: link
    # 条件执行声明。
    when: unarchive_var.changed
    # 通知handlers。
    notify: Start Application
```

软连接成功创建之后会通知 handlers 启动应用程序。

（7）在目标主机中启动并运行软件

声明 handlers，在 handlers 中启动应用程序。在这里，我们使用 Shell 模块执行软件包中的启动脚本，代码如下。

```
handlers:
    - name: Start Application
        shell:
            cmd: sh startup.sh
            chdir: "{{app_path}}/current/bin"
```

下面是完整的 Playbook 脚本。YAML 虽然语法简单，易于理解，但是它对格式缩进的要求是比较苛刻的，所以在正式运行之前最好先进行 "-C" 检查。

```
---
- name: deploy the simple_application to apps server
  hosts: apps
  vars:
    group_id: com.wangwenjun.simple.application
    artifact_id: simple_application
    app_path: /home/wangwenjun/apps/simple_application
    timestamp: "{{ansible_date_time.iso8601_basic}}"
    dest_location: "{{app_path}}/{{artifact_id}}-{{version}}-{{timestamp}}"
  gather_facts: true
  tasks:
    - name: create the application deploy path
      file:
        path: "{{app_path}}"
        state: directory
        group: wangwenjun
        recurse: yes
      register: init_var
    - debug:
        msg:
          - "The {{app_path}} already exists or create done."
          - "Details: {{init_var}}"

    - name: download simple_application artifact package
      maven_artifact:
```

```
        group_id: "{{group_id}}"
        artifact_id: "{{artifact_id}}"
        version: "{{version}}"
        repository_url: 'http://192.168.88.109:8081/repository/maven-snapshots/'
        keep_name: yes
        dest: "{{app_path}}"
        username: admin
        password: admin123
        extension: 'tar.gz'
      register: download_var
    - debug:
        msg:
          - "The {{group_id}}:{{artifact_id}}:{{version}} download done."
          - "Details: {{download_var}}"

    - name: create history version directory
      file:
        path: "{{dest_location}}"
        state: directory
        group: wangwenjun
      when: download_var.changed
      register: create_his_var
    - debug:
        msg: "The {{dest_location}} directory create done."

    - name: unarchive the package
      unarchive:
        src: "{{app_path}}/{{artifact_id}}-{{version}}.tar.gz"
        dest: "{{dest_location}}"
        remote_src: true
        list_files: yes
      when: create_his_var.changed
      register: unarchive_var
    - debug:
        msg:
          - "The {{app_path}}/{{artifact_id}}-{{version}}.tar.gz unarchive done."
          - "Details: {{unarchive_var}}"

    - name: create the soft link
      file:
        src: "{{dest_location}}"
        dest: "{{app_path}}/current"
        state: link
      when: unarchive_var.changed
      notify: Start Application

  handlers:
    - name: Start Application
      shell:
        cmd: sh startup.sh
        chdir: "{{app_path}}/current/bin"
```

　　Playbook 脚本开发完毕。接下来，我们就可以使用 ansible-playbook 命令来执行该脚本了。需要特别注意的是，version 变量是在命令行传入的，因此在正式执行之前最好先进行

"-C"检查。执行 Playbook 脚本的命令如下。

```
ansible-playbook simple_application_deploy.yml --extra-vars "version=0.0.1-SNAPSHOT" -v
```

运行结果如图 10-28 所示。

```
tory", "uid": 1000}

TASK [debug] **********************************************************************
ok: [192.168.88.9] => {
    "msg": [
        "The /home/wangwenjun/apps/simple_application/simple_application-0.0.1-SNAPSHOT.tar.gz unarchive don
e.",
        "Details: {u'files': [u'bin/shutdown.sh', u'bin/startup.sh', u'lib/simple_application-0.0.1-SNAPSHOT
.jar'], u'src': u'/home/wangwenjun/apps/simple_application/simple_application-0.0.1-SNAPSHOT.tar.gz', u'grou
p': u'wangwenjun', u'uid': 1000, u'dest': u'/home/wangwenjun/apps/simple_application/simple_application-0.0.
1-SNAPSHOT-20210214T164144312646', u'changed': True, u'extract_results': {u'cmd': [u'/bin/tar', u'--extract'
, u'-C', u'/home/wangwenjun/apps/simple_application/simple_application-0.0.1-SNAPSHOT-20210214T164144312646'
, u'-z', u'-f', u'/home/wangwenjun/apps/simple_application/simple_application-0.0.1-SNAPSHOT.tar.gz'], u'rc'
: 0, u'err': u'', u'out': u''}, 'failed': False, u'state': u'directory', u'handler': u'TgzArchive', u'mode':
u'0775', u'owner': u'wangwenjun', u'gid': 1000, u'size': 4096}"
    ]
}

TASK [create the soft link] ******************************************************
changed: [192.168.88.9] => {"changed": true, "dest": "/home/wangwenjun/apps/simple_application/current", "gi
d": 1000, "group": "wangwenjun", "mode": "0777", "owner": "wangwenjun", "size": 96, "src": "/home/wangwenjun
/apps/simple_application/simple_application-0.0.1-SNAPSHOT-20210214T164144312646", "state": "link", "uid": 1
000}

RUNNING HANDLER [Start Application] ********************************************
changed: [192.168.88.9] => {"changed": true, "cmd": "sh startup.sh", "delta": "0:00:01.009204", "end": "2021
-02-14 16:42:25.704768", "rc": 0, "start": "2021-02-14 16:42:24.695564", "stderr": "", "stderr_lines": [], "
stdout": "", "stdout_lines": []}

PLAY RECAP *********************************************************************
192.168.88.9               : ok=11    changed=5    unreachable=0    failed=0
```

图 10-28　运行 simple_application_deploy.yml 自动部署软件

从图 10-28 中我们可以看出，simple_application 已成功部署并且顺利启动，图 10-29 为软件成功部署后的目录结构。

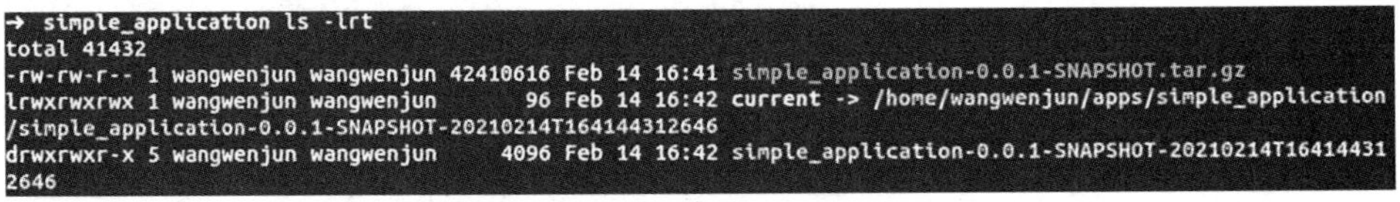

```
→ simple_application ls -lrt
total 41432
-rw-rw-r-- 1 wangwenjun wangwenjun 42410616 Feb 14 16:41 simple_application-0.0.1-SNAPSHOT.tar.gz
lrwxrwxrwx 1 wangwenjun wangwenjun       96 Feb 14 16:42 current -> /home/wangwenjun/apps/simple_application
/simple_application-0.0.1-SNAPSHOT-20210214T164144312646
drwxrwxr-x 5 wangwenjun wangwenjun     4096 Feb 14 16:42 simple_application-0.0.1-SNAPSHOT-20210214T16414431
2646
```

图 10-29　simple_application 软件成功部署后的目录结构

接下来，我们再到 current/logs 路径下检查程序的日志输出，以进行进一步的验证。

```
23391 [main] INFO  c.w.s.application.SimpleApplication - No active profile set,
    falling back to default profiles: default
44608 [main] INFO  o.s.d.r.c.RepositoryConfigurationDelegate - Bootstrapping
    Spring Data JPA repositories in DEFAULT mode.
45642 [main] INFO  o.s.d.r.c.RepositoryConfigurationDelegate - Finished Spring
    Data repository scanning in 848 ms. Found 1 JPA repository interfaces.
61207 [main] INFO  o.s.b.w.e.tomcat.TomcatWebServer - Tomcat initialized with
    port(s): 18231 (http)
62076 [main] INFO  o.a.coyote.http11.Http11NioProtocol - Initializing
    ProtocolHandler ["http-nio-18231"]
62134 [main] INFO  o.a.catalina.core.StandardService - Starting service [Tomcat]
62134 [main] INFO  o.a.catalina.core.StandardEngine - Starting Servlet engine:
```

```
[Apache Tomcat/9.0.41]
63557 [main] INFO  o.a.c.c.C.[Tomcat].[localhost].[/] - Initializing Spring
    embedded WebApplicationContext
63559 [main] INFO  o.s.b.w.s.c.ServletWebServerApplicationContext - Root
    WebApplicationContext: initialization completed in 38223 ms
73233 [main] INFO  o.h.jpa.internal.util.LogHelper - HHH000204: Processing
    PersistenceUnitInfo [name: default]
75325 [main] INFO  org.hibernate.Version - HHH000412: Hibernate ORM core
    version 5.4.27.Final
77964 [main] INFO  o.h.annotations.common.Version - HCANN000001: Hibernate
    Commons Annotations {5.1.2.Final}
80700 [main] INFO  com.zaxxer.hikari.HikariDataSource - HikariPool-1 -
    Starting...
89245 [main] INFO  com.zaxxer.hikari.HikariDataSource - HikariPool-1 - Start
    completed.
91139 [main] INFO  org.hibernate.dialect.Dialect - HHH000400: Using dialect:
    org.hibernate.dialect.MySQL55Dialect
104112 [main] INFO  o.h.e.t.j.p.i.JtaPlatformInitiator - HHH000490: Using
    JtaPlatform implementation: [org.hibernate.engine.transaction.jta.platform.
    internal.NoJtaPlatform]
104347 [main] INFO  o.s.o.j.LocalContainerEntityManagerFactoryBean -
    Initialized JPA EntityManagerFactory for persistence unit 'default'
117111 [main] INFO  o.s.s.c.ThreadPoolTaskExecutor - Initializing
    ExecutorService 'applicationTaskExecutor'
156996 [main] INFO  o.a.coyote.http11.Http11NioProtocol - Starting
    ProtocolHandler ["http-nio-18231"]
157911 [main] INFO  o.s.b.w.e.tomcat.TomcatWebServer - Tomcat started on
    port(s): 18231 (http) with context path ''
158082 [main] INFO  c.w.s.application.SimpleApplication - Started
    SimpleApplication in 147.409 seconds (JVM running for 164.841)
162238 [main] INFO  c.w.s.a.conf.InitialTableRunner - The initial data exist
    already.
```

至此，整个软件的下载、部署和启动等工作全程自动化完成，无须人工介入。

10.4　创建 Jenkins Pipeline

至此，我们的旅程即将结束，simple_application 应用程序和针对它进行功能测试的项目 simple_application_acceptance 都已经开发完毕，并且从中陆续掌握了一些工具的用法，接下来我们需要将这些工具的使用方法串联起来，形成一个 Jenkins Pipeline Job。

在正式创建 Jenkins Pipeline Job 之前，我们先根据图 10-1 再进一步详细描述 CI、CD 的整个过程，以及每个流程步骤所扮演的职责（如图 10-30 所示）。

10.4.1　创建 CI/CD Jenkins Pipeline Job

根据图 10-30 所示的详细流程，集成 + 交付 + 验收三部分都会整合到 Jenkins Pipeline Job 中，因此要想 Jenkins 能够集成 Ansible，我们还需要下载并安装 Jenkins 的 Ansible 插件，插件的具体安装方法请参考 9.2.3 节 Jenkins 插件管理的相关内容。

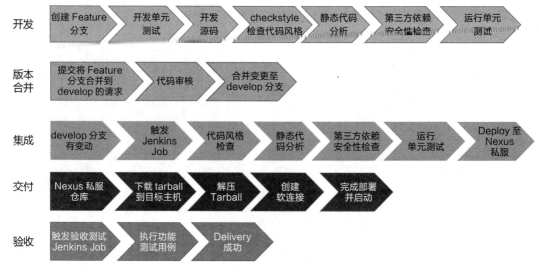

图 10-30 持续集成和持续交付的详细流程

　　首先，在 simple_application 的根目录创建 Jenkinsfile 文件，然后编辑 Jenkins Pipeline 脚本，脚本内容具体如下。

```
pipeline{
    agent {label 'devops'}
    tools{
        maven 'maven-3.5.2'
        jdk   'jdk1.8'
    }
    stages{
        stage("Initialize"){
            steps{
                sh '''
                    echo "PATH=${PATH}"
                    echo "MAVEN_HOME=${MAVEN_HOME}"
                '''
            }
        }
        stage("Clone source code"){
            steps{
                git branch: 'develop', url: "git@github.com:wangwenjun/simple_
                    application.git"
            }
        }

        stage("Deploy to Nexus Repo"){
            steps{
                sh 'mvn -Ddependency-check.skip clean deploy '
            }
            post{
                success{
                    junit '**/target/surefire-reports/*.xml'
```

```
                }
            }
        }

        stage("Deployment to Apps Host"){
            steps{
                    ansiblePlaybook(
                        playbook: '/home/wangwenjun/training/ansible/simple_
                            application_deploy.yml',
                        extraVars: [
                            version: '0.0.1-SNAPSHOT'
                        ],
                        colorized: true)
            }
        }

        stage("Function Acceptance Testing"){
            steps{
echo "Sleep 120 seconds make sure simple application startup done."
sleep(time: 120, unit: "SECONDS")
build job: 'DEV_Simple_Application_Acceptance', wait: true
            }
        }
    }
}
```

然后，创建 Jenkins Pipeline Job（关于如何创建一个 Jenkins Pipeline Job，请参考 9.4
节的相关内容），图 10-31 所示的是 Jenkins Job 关键部分的配置。

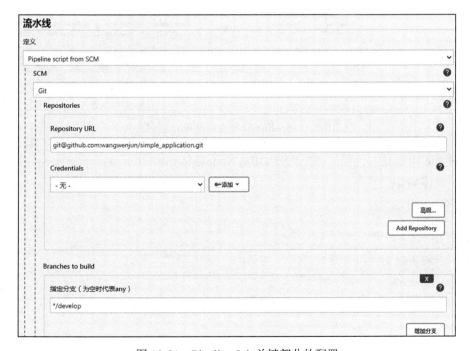

图 10-31　Pipeline Job 关键部分的配置

最后，点击"立即构建"按钮，我们将会看到整个 Job 的执行过程，如果不出错的话，最终 simple_application 会在目标主机上部署并启动，然后触发另外一个 simple_application_acceptance Job 的构建，并完成对应用程序的功能验收测试。

需要注意的是，simple_application_acceptance 也会配置成一个 Jenkins Pipeline Job，限于篇幅，这里省去 simple_application_acceptance Jenkins Job 的配置过程，大家可以从随书代码中找到构建它的 Jenkinsfile 文件。由于 simple_application 的启动需要一些时间，因此在 stage 中做了 2 分钟的休眠之后才触发 simple_application_acceptance Job 的构建运行，以确保 simple_application_acceptance Job 能够成功运行。Pipeline 的阶段视图及单元测试报告如图 10-32 所示。

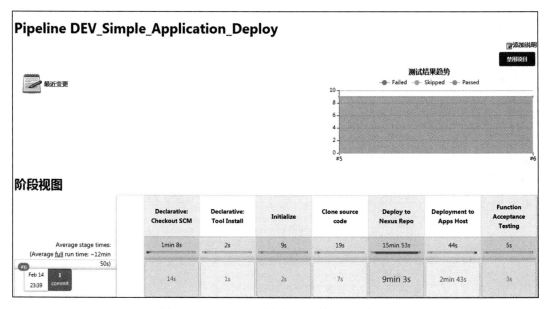

图 10-32　Pipeline 阶段视图及单元测试报告

通过 Job 构建日志，我们可以发现 DEV_Simple_Application_Acceptance Job 是被自动触发的，具体如下。

```
Sleep 120 seconds make sure simple application startup done.
[Pipeline] sleep
Sleeping for 2 min 0 sec
[Pipeline] build (Building DEV_Simple_Application_Acceptance)
#这里将触发DEV_Simple_Application_Acceptance Job的自动化运行。
Scheduling project: DEV_Simple_Application_Acceptance
Starting building: DEV_Simple_Application_Acceptance #2
[Pipeline] }
[Pipeline] // withEnv
[Pipeline] }
[Pipeline] // stage
[Pipeline] }
```

```
[Pipeline] // withEnv
[Pipeline] }
[Pipeline] // withEnv
[Pipeline] }
[Pipeline] // node
[Pipeline] End of Pipeline
Finished: SUCCESS
```

由于功能验收测试的存在，因此我们完全不用担心 simple_application 的正常部署和启动，这就是持续集成与持续交付的优势所在，图 10-33 所示的是 Blue Ocean 视图下的构建过程。

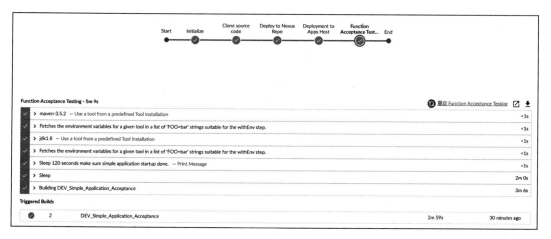

图 10-33　Blue Ocean 视图下的构建过程

DEV_Simple_Application_Acceptance 的构建过程如图 10-34 所示。

Pipeline DEV_Simple_Application_Acceptance

Simple Application Acceptance Testing

📝 最近变更

阶段视图

	Declarative: Checkout SCM	Declarative: Tool Install	Initialize	Clone source code	Acceptance Test for Simple Application	Publish Function Testing Report
Average stage times: (Average full run time: ~6min 40s)	8s	926ms	2s	7s	4min 25s	55s
#2 Feb 15 15:45　No Changes	5s	467ms	1s	5s	1min 53s	36s

图 10-34　DEV_Simple_Application_Acceptance 的构建过程

需要注意的是，由于我们使用的是自己搭建的 Nexus 私服，因此 Jenkins 所在主机的 Maven settings.xml 也需要进行相应的配置，否则 simple_application 将无法正确部署，具体配置请参考 10.2.2 节的相关内容。

10.4.2　GitHub WebHook 自动触发 Jenkins Job

现在，我们已经完成了一个非常棒的自动化流程，不过，其中所有的 Jenkins Job 构建都是基于手动触发的，如果 develop 分支收到新的更新（push）后能够自动触发 Jenkins Job 的构建，那么整个流程就实现了完全自动化。本节将讲解如何让 GitHub 触发 Jenkins Job 的自动化执行。

在 GitHub 上，针对代码仓库的所有动作都可以看作是事件（Event），我们将选择其中一个最受关注的事件，比如，将 Push 动作作为触发 Jenkins Job 的事件源，由 GitHub 通过 HTTP POST 方法推送给 Jenkins，进而触发 Jenkins Job 的构建。

要想让 GitHub 与 Jenkins 环境集成，Jenkins 环境必须搭建在外网上，否则 GitHub 就会无法访问到 Jenkins 环境。如果没有外网环境，那么我们也可以选择在企业内部搭建 GitLab（很多企业内部都有自己的 GitLab 代码仓库服务器，笔者所在的公司使用的是 GitHub 的企业版），以完成与 Jenkins 的集成，具体操作大同小异，大致可以分为如下几个步骤。

1）选择一个 GitHub Repo，这里以 simple_application 为例，依次选择 Settings->Webhooks ->Add webhook（如图 10-35 所示）。

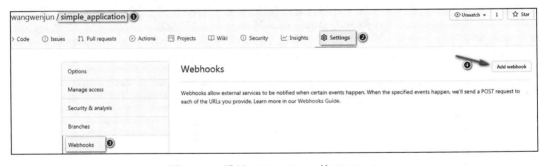

图 10-35　设置 GitHub Repo 的 Webhook

2）配置 Webhook，具体设置如图 10-36 所示。

需要特别说明的一点是，/github-webhook/ 为固定写法，如果写成 /github-webhook 则会出现 3xx 错误。

3）选择 GitHub 事件并添加 Webhook，具体设置如图 10-37 所示。

成功配置后，我们将会看到 Webhook 列表中多了一个刚才配置的 Webhook，如图 10-38 所示。

4）修改 Jenkins 项目，勾选 "GitHub hook trigger for GITScm polling" 触发器。

5）修改项目 simple_application 并推送到 develop 分支。

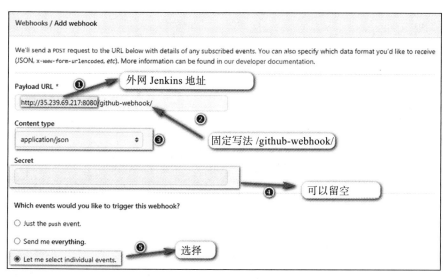

图 10-36　配置 Webhook

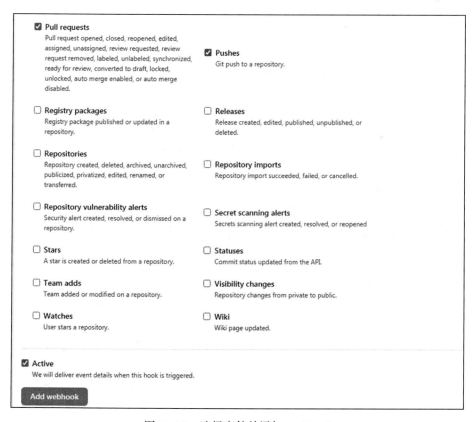

图 10-37　选择事件并添加 Webhook

图 10-38　成功配置 Webhook 后的界面

6）观察 Jenkins 日志，收到来自 GitHub 的推送事件，日志如下。

```
2021-02-15 13:40:11.562+0000 [id=13]    INFO    o.j.p.g.w.s.DefaultPushGHEventS
    ubscriber#onEvent: Received PushEvent for https://github.com/wangwenjun/
    simple_application from 140.82.115.244 ⇒ http://35.239
.69.217:8080/github-webhook/
2021-02-15 13:40:11.643+0000 [id=13]    INFO    o.j.p.g.w.s.DefaultPushGHEventS
    ubscriber$1#run: Poked DEV_Simple_Application_Deploy
2021-02-15 13:40:11.939+0000 [id=235]   INFO    c.c.jenkins.GitHubPushTrigger$1
    #run: SCM changes detected in DEV_Simple_Application_Deploy. Triggering #2
```

7）观察 Jenkins Job 的构建日志，我们将会看到是由 GitHub 触发的本次构建，日志如下。

```
Started by GitHub push by wangwenjun
Running as SYSTEM
Building in workspace /var/lib/jenkins/workspace/DEV_Simple_Application_Deploy
The recommended git tool is: NONE
using credential wangwenjun
```

8）在 GitHub 上观察 Webhook 的推送日志，如图 10-39 所示。

图 10-39　Webhook 的推送日志记录

10.5 本章总结

本章是本书所学知识的综合应用，同时也引入了一些新的内容，比如，Spring Boot，代码风格检查 Checkstyle，静态代码分析插件 SpotBugs、PMD、FindBugs，第三方依赖库的分析插件 OWASP、Nexus、Ansible 等。

本章先从开发一个简单的 Spring Boot 应用程序开始，到如何进行单元测试、功能测试，创建企业级 Nexus 私服搭建，再到如何使用 Ansible 逐步完成软件的部署与启动，最后基于 Cucumber 开发的功能测试程序验证 Spring Boot 应用是否能够正确提供服务。

至此，我们成功构建了一个较为完整的 CI、CD 环境，并且实现了在本章初始时设定的目标。当然了，我们选择的工具并非都是最理想的，比如，CheckStyle、SpotBugs、PMD、FindBugs 等都可以通过 SonarQube 服务来代替，OWASP 也可以通过 Nexus IQ Scan 及 Check Marx 在线服务来代替，甚至还可以直接使用 Ansible Awx、Ansible Galaxy、Ansible Tower，而不是像本章使用 Ansible Playbook 脚本。限于篇幅，本章无法介绍所有这些工具，大家如有需要，可以基于本书提供的信息自行拓展阅读。

【拓展阅读】

1）Spring initializr，网址为 https://start.spring.io/。

2）Google Java 代码格式见 https://google.github.io/styleguide/javaguide.html。

3）Maven PMD 插件，网址为 https://maven.apache.org/plugins/maven-pmd-plugin。

4）FindBugs 插件，网址为 https://gleclaire.github.io/findbugs-maven-plugin/。

5）Spotsbugs 插件，网址为 https://spotbugs.github.io/。

6）CheckStyle 插件，网址为 https://maven.apache.org/plugins/maven-checkstyle-plugin/。

7）OWASP，网址为 https://www.owasp.org/index.php/OWASP_Dependency_Check。

8）Sonatype Nexus，网址为 https://www.sonatype.com/。

9）Ansible 官方网址为 https://www.ansible.com/。

10）Ansible 快速入门，网址为 https://www.ansible.com/resources/get-started。

11）Ansible 帮助文档，网址为 https://docs.ansible.com/core.html。

12）Jinjia 模板引擎，网址为 https://jinja.palletsprojects.com/en/2.11.x/。

13）Ansible Jenkins 插件，网址为 https://plugins.jenkins.io/ansible/。

14）simple_application 项目 git 地址为 git@github.com:wangwenjun/simple_application.git。

15）simple_application_acceptance 项目 git 地址为 git@github.com:wangwenjun/simple_application_acceptance.git。

16）本章 Ansible 脚本 git 地址为 git@github.com:wangwenjun/ansible_tutorial.git。

推荐阅读

推荐阅读

企业级业务架构设计：方法论与实践

作者：付晓岩

从业务架构"知行合一"角度阐述业务架构的战略分析、架构设计、架构落地、长期管理，以及架构方法论的持续改良

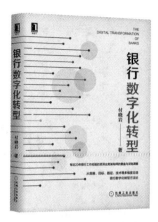

银行数字化转型

作者：付晓岩

有近20年银行工作经验的资深业务架构师的复盘与深刻洞察，从思维、目标、路径、技术多维度总结银行数字化转型方法论

凤凰架构：构建可靠的大型分布式系统

作者：周志明

超级畅销书《深入理解Java虚拟机》作者最新力作，从架构演进、架构设计思维、分布式基石、不可变基础设施、技术方法论5个维度全面探索如何构建可靠的大型分布式系统

架构真意：企业级应用架构设计方法论与实践

作者：范钢 孙玄

资深架构专家撰写，提供方法更优的企业级应用架构设计方法论详细阐述当下热门的分布式系统和大数据平台的架构方法，提供可复用的经验，可操作性极强，助你领悟架构的本质，构建高质量的企业级应用

 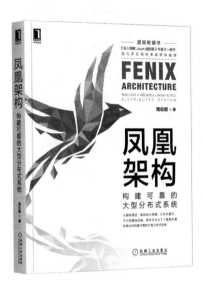

架构师的自我修炼：技术、架构和未来

作者：李智慧 ISBN：978-7-111-67936-3

简介：架构师的4项自我修炼，软件开发技术与方法的38项精粹！

· 从操作系统到数据结构的基础知识修炼

· 从设计原则到设计模式的程序设计修炼

· 从高性能到高可用的架构方法修炼

· 从自我成长到人际沟通的思维方式修炼

凤凰架构：构建可靠的大型分布式系统

作者：周志明 ISBN：978-7-111-68391-9

简介：

· 超级畅销书《深入理解Java虚拟机》作者最新力作，国内多位架构专家联袂推荐

· 从架构演进、架构设计思维、分布式基石、不可变基础设施、技术方法论5个维度全面探索如何构建可靠的大型分布式系统

作者简介

心 蓝

某外资零售银行电子渠道高级开发总监、技术专家，有超过十年的系统设计、开发经验，对团队管理、项目管理有自己独到的见解。拥有多年移动网关通信研发，以及移动互联网开发与产品运营、云计算、B2C 电子商务平台开发经验，热衷于技术分享，录制的 20 余套技术视频在互联网上广泛传播。所著图书包括《Java 高并发编程详解：多线程与架构设计》《Java 高并发编程详解：深入理解并发核心库》等。

快速投稿通道：
联系人：杨福川
邮箱：yfc@hzbook.com
微信：linux1689

封面设计 · 姜吉龙

当下，越来越多的公司和团队在追求以最快的速度交付软件，从而应对灵活多变的业务场景需求。"快"的前提是高质量的交付，高质量的交付离不开一套稳健的持续环境。所谓持续，并不是一直运行的意思，而是具备持续运行的能力。基于持续概念衍生出持续集成、持续交付、持续部署等工程实践，在每一个细分领域又诞生了琳琅满目的工具和工具组合。如何在如此之多的工具中挑选出合适的工具集来构建自己的持续环境？这正是本书所要解决的问题。只有真正理解了什么是持续集成、持续交付、持续部署，才能理解单元测试、功能测试，以及集成环境中每一个环节的作用和重要性。

本书结合理论和实践为读者讲解持续集成、持续部署环节不同工具的整合使用，以便读者能够快速搭建适合自己团队的持续构建环境。

本书的主要内容和特色

▲ **循序渐进** 本书内容由浅入深，结合实际应用开发精准阐述如何基于测试驱动开发的方法论进行软件开发，能帮助读者系统化地对知识点进行梳理和归纳。

▲ **内容丰富** 不仅囊括了 Hamcrest 对象匹配库中各种匹配器的用法及其与 JUnit 的整合，还展示了众多工具和插件的使用方法，从而帮助开发者开发出高质量的代码。

▲ **真实案例** 书中所包含的案例都源于实践，通过案例重点解读了当下主流的单元测试 mock 工具（Mockito、Powermock）和功能测试框架（Cucumber、Concordion），读者在练习过程中会发现这些案例与日常工作十分切合。

▲ **延展阅读** 每章的最后都会给出拓展资料，方便读者在掌握本书知识的基础上进一步提升。

扫码查看
更多数字资源

扫码查看
更多图书资讯

投稿热线：(010) 88379604
读者信箱：hzjsj@hzbook.com
客服电话：(010) 88361066 88379833 68326294

华章网站：www.hzbook.com
网上购书：www.china-pub.com
数字阅读：www.hzmedia.com.cn

上架指导：计算机/系统工程

ISBN 978-7-111-69020-7

9 787111 690207

定价：99.00元